“十三五”职业教育规划教材

应用高等数学

主　编　秦立春　徐　珍

副主编　罗柳容　程　晨　陈　溥

何闰丰　吴　昊

中国铁道出版社有限公司

CHINA RAILWAY PUBLISHING HOUSE CO., LTD.

内 容 简 介

本书是高职高专院校数学基础教学用书，内容包括三角函数、函数的极限、导数与微分及其应用、积分及其应用、线性代数初步。

本书结合高职高专学生特点和专业需求，对传统高等数学的知识点进行筛选、整合，适当简化数学理论推导，更注重实例分析和方法应用，内容重点突出，实用性强，且难度适中。同时，本书将思想政治教育引入"数学史"等知识拓展中，贯彻国家把"立德树人"作为教育根本任务的教育理念，特别适合中专中职起点的高等职业院校学生使用，也适合高中起点的、少课时的工科类高职生使用。

图书在版编目(CIP)数据

应用高等数学/秦立春，徐珍主编. —北京：中国铁道出版社有限公司，2020.9(2024.7重印)
"十三五"职业教育规划教材
ISBN 978-7-113-27243-2

Ⅰ.①应… Ⅱ.①秦…②徐… Ⅲ.①高等数学-高等职业教育-教材 Ⅳ.①O13

中国版本图书馆CIP数据核字(2020)第167569号

书　　名：应用高等数学
作　　者：秦立春　徐　珍

策　　划：徐盼欣　　**编辑部电话：**(010)63551006
责任编辑：徐盼欣
封面设计：刘　颖
责任校对：张玉华
责任印制：樊启鹏

出版发行：中国铁道出版社有限公司(100054，北京市西城区右安门西街8号)
网　　址：https://www.tdpress.com/51eds/
印　　刷：三河市国英印务有限公司
版　　次：2020年9月第1版　2024年7月第7次印刷
开　　本：787 mm×1 092 mm　1/16　**印张：**12.5　**字数：**289千
书　　号：ISBN 978-7-113-27243-2
定　　价：36.00元

前言

随着我国高等教育普及化的不断深入，我国社会的人才评价体系正在发生改革，“学历社会”正在向“能力社会”转型。高职高专院校作为培养专业技术型人才的重要阵地，所设专业及课程应当重点突出，具备更强的实用性。编者在结合现今高职高专院校生源多样性特点、探索高职高专院校数学教学发展方向的基础上，编写出适合工科类高职高专各专业使用的应用高等数学教材。本书内容根据高职高专的人才培养目标和课程目标进行遴选，同时围绕着学生的个体能力和知识水平进行设计。

本书力求突出如下特色：

(1)注重数学思维应用。简化数学理论推导，更注重实例分析和方法应用。将实际应用有机结合到教学中，将实用性体现在例题和习题中，增加数学软件(MATLAB)和科学计算器的学习和实操，引导学生在学习中探索、总结数学规律及方法，并运用总结的规律和方法解决新的问题。

(2)内容为专业服务。充分考虑高职各专业对数学知识的需求，内容设置为三角函数、函数的极限、导数与微分及其应用、积分及其应用、线性代数初步，均为各专业学科必备的高等数学知识。

(3)充分考虑学生的能力层次。语言表述精练准确，通俗易懂，章节内容循序渐进，深入浅出，例题由易到难，紧扣内容，配合了层次教学的需要。

(4)引入“翻转课堂”理念。设置“课前导学”环节，内容包括本章节知识点概览和课前练习，一方面更大程度地发挥学生的主观能动性，获得课堂学习的主动权，提高课堂教学的效率；另一方面，培养学生自学习惯和自学能力，提高学生独立思考问题的能力。

(5)课程思政。本书落实立德树人根本任务，坚定文化自信，践行二十大报告精神，充分认识党的二十大报告提出的“实施科教兴国战略，强化现代人才建设支撑”的精神。通过发掘数学知识中蕴藏的思想政治理论教育资源，如：数学史、数学家简介、哲学思想、工匠精神等，充分发挥课堂教学立德树人主渠道的作用。教材的编写还注意落实“加强教材建设和管理”新要求。

本书由高职院校具有丰富教学经验的一线教师编写而成。由柳州铁道职业技术学院秦立春、徐珍任主编，罗柳容、程晨、陈溥、何闰丰、吴昊任副主编。具体编写分工如下：

第1、2章由程晨编写，第3章由徐珍、陈溥共同编写，第4、5章由徐珍、秦立春共同编写，习题参考答案由何闰丰、吴昊、罗柳容共同编写，每章的MATLAB程序由陈溥编写。全书的微课由秦立春制作与录制，最后由秦立春、徐珍统稿定稿。参与编写的人员还有张琪、石秋宁、倪艳华。

由于编者水平有限，加之时间仓促，书中疏漏和不妥之处在所难免，敬请各位读者批评指正。

编　者

2023年6月

目录

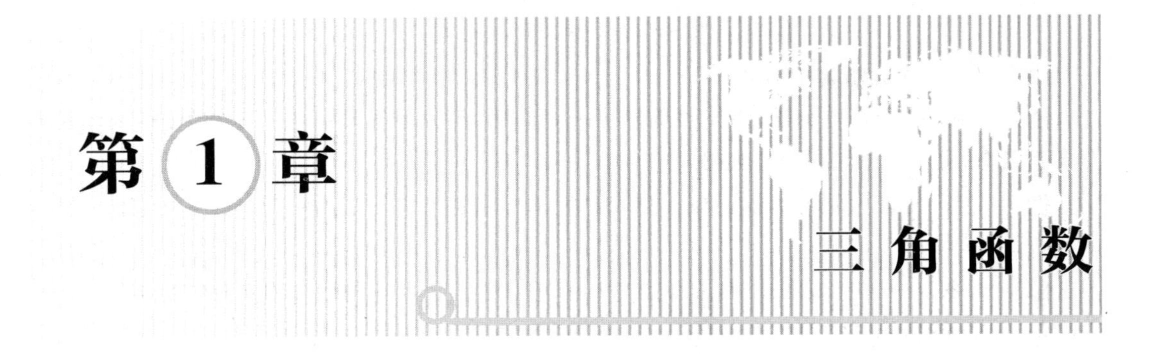

三角函数是一类基本的重要的函数，它具有公式多、变化灵活、渗透性强等特点，是描述周期现象的数学模型. 三角函数在数学、其他科学以及生产实践中都有广泛的应用，是学好专业知识的基础.

1.1 角的概念和弧度制

【课前导学】

(1)了解角的各种定义.

(2)掌握角的度量制度以及角度与弧度的换算公式.

圆心角弧度数=______________ 除以__________.

1 弧度=____________ 度;1 度=____________弧度.

(3)掌握特殊角的弧度数及弧长公式.

1.1.1 角的概念推广

1. 任意角的定义

定义 在平面内，一条射线绕它的端点从初始位置旋转到终止位置形成的图形称为**角**. 按旋转方向的不同，规定按逆时针旋转而成的角称为**正角**；按顺时针旋转而成的角称为**负角**；当射线没有旋转时，称为**零角**.

如图 1.1.1 所示，射线 OA 绕端点 O 旋转到 OB 位置所成的角，记作$\angle AOB$，其中 OA 称为$\angle AOB$ 的**始边**，OB 称为$\angle AOB$ 的**终边**，$\angle AOB=120°$. 如果以 OB 为始边，以 OA 为终边，则有 $\angle BOA=-120°$.

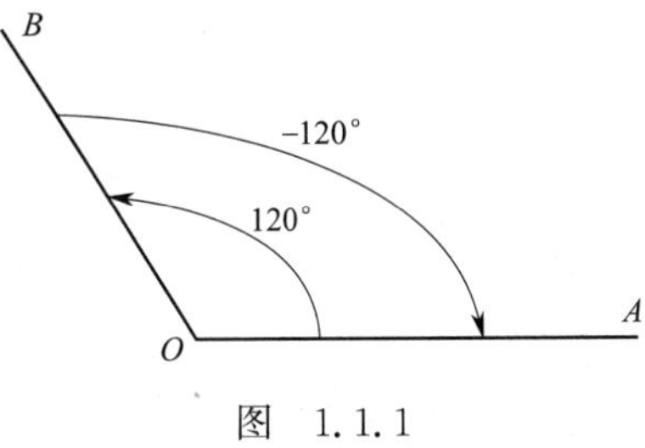

图 1.1.1

2. 终边相同的角

设 α 表示任意角，若角 β 的顶点及始边与角 α 的顶点及始边重合，且角 β 的终边与角 α 的终边重合，则称角 β 是角 α **终边相同的角**. 与 α 终边相同的角有无数个，可以表示为

$$\beta=\alpha+k\cdot 360°,\quad k\in \mathbf{Z};$$

或表示为集合

$$\{\beta|\beta=\alpha+k\cdot 360°,k\in\mathbf{Z}\}.$$

当$k=0$时,对应角为α本身.

注: 在两角重合的前提下,相等的角终边一定相同,终边相同的角不一定相等.终边相同的角有无数个,它们相差360°的整数倍.

例1 在0°～360°范围内,找出与$-680°$角终边相同的角,并写出所有与$-680°$终边相同的角的集合.

解 $-680°=-2\times 360°+40°$,故在0°～360°范围内,与$-680°$角终边相同的角是40°.

与$-680°$终边相同的角的集合是

$$\{\beta|\beta=-680°+k\cdot 360°,k\in\mathbf{Z}\},\quad 或\quad \{\beta|\beta=40°+k\cdot 360°,k\in\mathbf{Z}\}.$$

3. 象限角与轴线角

为了更好地运用数学工具研究角,今后通常在平面直角坐标系内讨论角.在平面内任意一个角都可以通过移动,使角的顶点与坐标原点重合,角的始边与x轴正半轴重合.这时,角的终边在第几象限,就把这个角称为**第几象限角**;如果终边在坐标轴上,则这个角是**轴线角**,轴线角不属于任何象限.

例2 在图1.1.2所示的直角坐标系中,指出下列各角是第几象限的角.

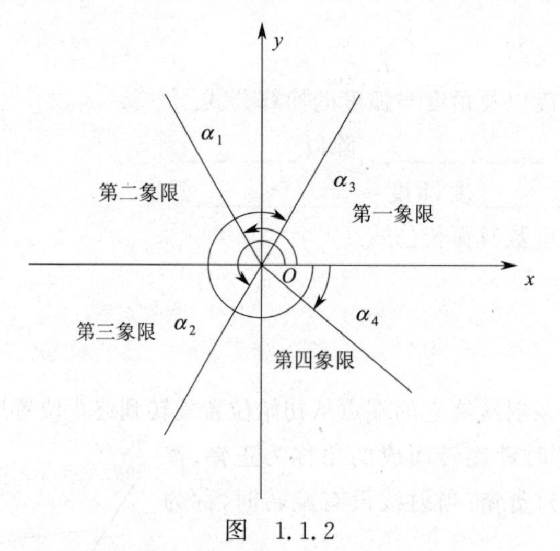

图 1.1.2

(1)120°; (2)240°; (3)$-300°$; (4)$-40°$.

解 分别为第二、三、一、四象限角.

轴线角的集合:

终边落在x轴的正半轴上,角的集合为$\{x|x=k\cdot 360°,k\in\mathbf{Z}\}$.

终边落在x轴的负半轴上,角的集合为$\{x|x=k\cdot 360°+180°,k\in\mathbf{Z}\}$.

终边落在x轴上,角的集合为$\{x|x=k\cdot 180°,k\in\mathbf{Z}\}$.

终边落在y轴的正半轴上,角的集合为$\{x|x=k\cdot 360°+90°,k\in\mathbf{Z}\}$.

终边落在y轴的负半轴上,角的集合为$\{x|x=k\cdot 360°-90°,k\in\mathbf{Z}\}$.

终边落在y轴上,角的集合为$\{x|x=k\cdot 180°+90°,k\in\mathbf{Z}\}$.

终边落在坐标轴上,角的集合为$\{x|x=k\cdot 90°,k\in\mathbf{Z}\}$.

1.1.2　弧度制

1. 弧度制的定义

如图 1.1.3 所示,长度等于半径长的圆弧所对的圆心角称为 1 **弧度**(rad)的角.这种以弧度为单位来度量角的制度称为**弧度制**.

若在半径为 r 的圆中,弧长为 l 的弧长所对圆心角为 α rad,则

$$\alpha=\frac{l}{r}.$$

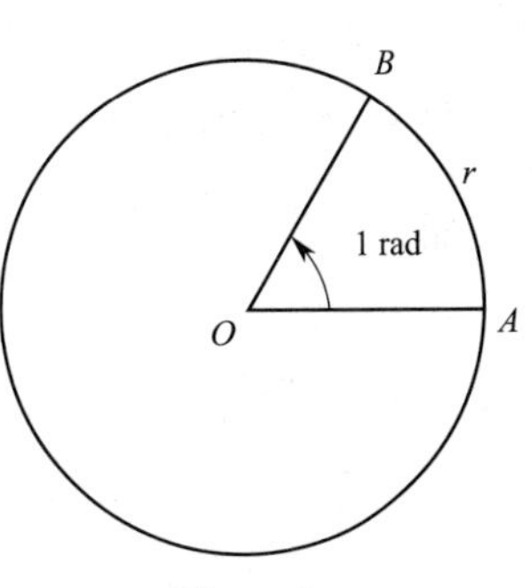

图　1.1.3

2. 角度与弧度之间的互化

(1)将角度化为弧度.

$360°=2\pi$ rad;　$180°=\pi$ rad;　$1°=\frac{\pi}{180}\approx0.171\ 45$ rad.

(2)将弧度化为角度.

2π rad$=360°$;　π rad$=180°$;　1 rad$=\left(\frac{180}{\pi}\right)°\approx57.30°=57°18'$.

(3)需记住几个特殊角的弧度数,如表 1.1.1 所示.

表　1.1.1

度	0°	15°	30°	45°	60°	75°	90°	120°	135°	150°
弧度	0	$\frac{\pi}{12}$	$\frac{\pi}{6}$	$\frac{\pi}{4}$	$\frac{\pi}{3}$	$\frac{5\pi}{12}$	$\frac{\pi}{2}$	$\frac{2\pi}{3}$	$\frac{3\pi}{4}$	$\frac{5\pi}{6}$
度	180°	210°	225°	240°	270°	300°	315°	330°	360°	
弧度	π	$\frac{7\pi}{6}$	$\frac{5\pi}{4}$	$\frac{4\pi}{3}$	$\frac{3\pi}{2}$	$\frac{5\pi}{3}$	$\frac{7\pi}{4}$	$\frac{11\pi}{6}$	2π	

例 3　角度与弧度的互化.

(1)把$\frac{5\pi}{6}$化成角度;

(2)把 255°化为弧度;

(3)67°30′化为弧度.

解　(1)$\frac{5\pi}{6}=\frac{5}{6}\times180°=150°$.

(2)$255°=255\times\frac{\pi}{180}\text{rad}=\frac{17\pi}{12}\text{rad}$.

(3)$67°30'=\left(\frac{135}{2}\right)°=\frac{135}{2}\times\frac{\pi}{180}\text{rad}=\frac{3}{8}\pi\text{ rad}$.

注意

弧度的单位可以省略不写.

3. 弧长公式和扇形面积公式

在弧度制下,弧长公式和扇形面积公式分别为

$$l=|\alpha|\cdot r;\quad S=\frac{1}{2}l\cdot r=\frac{1}{2}|\alpha|\cdot r^2.$$

在角度制下，弧长公式和扇形面积公式分别为

$$l=\frac{n\pi r}{180};\quad S=\frac{n\pi r^2}{360},$$

其中 n 为圆心角.

例 4 已知扇形的圆心角为 120°，半径等于 10 cm，求扇形的弧长和面积.

解 $120°=\frac{2\pi}{3}$;

$$l=|\alpha|\cdot r=\frac{2\pi}{3}\times 10=\frac{20\pi}{3}\approx 20.94(\text{cm});$$

$$S=\frac{1}{2}l\cdot r=\frac{1}{2}\times\frac{20\pi}{3}\times 10\approx 104.72(\text{cm}^2).$$

习 题 1.1

1. 填空题.

(1) 3.76°=__________度__________分__________秒；0.5°=__________分.

(2) 与 1 991° 终边相同的最小正角是__________.

(3) $-\frac{7}{5}\pi$ 化为角度应为__________；20° 化为弧度应为__________.

(4) 4 弧度角的终边在第__________象限.

(5) $\frac{11}{6}\pi$ 化为角度应为__________；−72° 化为弧度应为__________.

2. 选择题.

(1) 与 385° 角终边相同的角是（　　）.

A. −45°　　B. −405°　　C. 25°　　D. 135°

(2) 若 $\alpha=65°+k\cdot 180°(k\in\mathbf{Z})$，则 α 的终边在第（　　）象限.

A. 一或三　　B. 二或三　　C. 二或四　　D. 三或四

(3) 在直角坐标系中，判断下列说法正确的是（　　）.

A. 第一象限的角一定是锐角　　B. 终边相同的角一定相等

C. 零角的始边与终边一定相同　　D. 小于 90° 的角一定是锐角

(4) 下列说法正确的是（　　）.

A. 1 弧度角的大小与圆的半径无关

B. 大圆中 1 弧度角比小圆中的 1 弧度角大

C. 圆心角为 1 弧度的扇形的弧长都相等

D. 用弧度表示的角都是正角

(5) 某扇形半径为 1 cm，它的弧长为 3 cm，那么该扇形圆心角的大小为（　　）.

A. 2°　　B. 3 rad　　C. 3°　　D. 2 rad

3. 把下列各角换算成度、分、秒格式.

(1)30.3°；　(2)100.22°；　(3)66.65°；　(4)35.12°；　(5)57.6°.

4. 已知扇形的圆心角为 150°,半径等于 20 cm,求扇形的弧长和面积.

1.2　任意角的三角函数

【课前导学】

1. 理解任意角三角函数的定义

设 $P(x,y)$ 是 α 的终边上的任意一点(异于原点),$r=\sqrt{x^2+y^2}>0$,那么 $\sin\alpha=$________；$\cos\alpha=$________；$\tan\alpha=$________；$\cot\alpha=$________；$\sec\alpha=$________；$\csc\alpha=$________.

2. 了解各象限角的三角函数值的正负

α 所在象限	$\sin\alpha$	$\cos\alpha$	$\tan\alpha$	$\cot\alpha$
第一象限				
第二象限				
第三象限				
第四象限				

3. 掌握特殊角的三角函数值

$\sin\frac{\pi}{6}=$________；$\cos\frac{\pi}{4}=$________；$\tan\frac{\pi}{3}=$________.

4. 掌握同角三角函数的关系

倒数关系：$\tan\alpha\cdot\cot\alpha=$________,$\cos\alpha\cdot\sec\alpha=$________,$\sin\alpha\cdot\csc\alpha=$________；

平方关系：$\sin^2\alpha+\cos^2\alpha=$________；

商数关系：$\frac{\sin\alpha}{\cos\alpha}=$________.

5. 写出下列二倍角的三角函数公式

$\sin 2\alpha=$________；

$\cos 2\alpha=$________=________=________；

$\tan 2\alpha=$________.

1.2.1　任意角的三角函数定义

定义　设 α 是任意角,如图 1.2.1 所示,$P(x,y)$ 是 α 的终边上非原点的任意一点,它与原点的距离是 $r=\sqrt{x^2+y^2}$,那么：

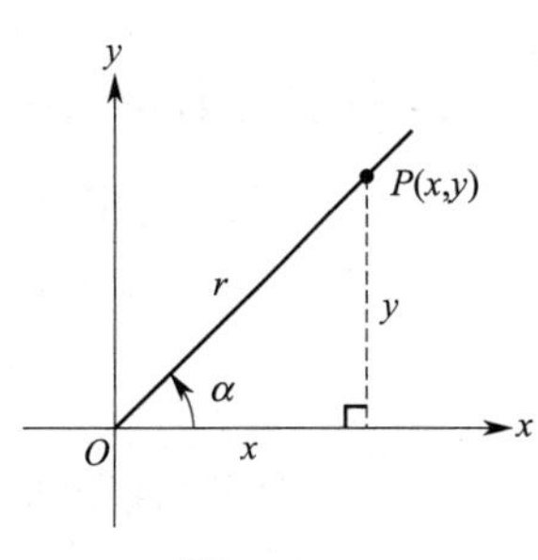

图　1.2.1

$\sin\alpha=\frac{y}{r}$ 称为**正弦函数**；

$\cos\alpha=\frac{x}{r}$ 称为**余弦函数**；

$\tan\alpha=\dfrac{y}{x}(x\neq0)$称为**正切函数**；

$\cot\alpha=\dfrac{x}{y}(y\neq0)$称为**余切函数**；

$\sec\alpha=\dfrac{r}{x}(x\neq0)$称为**正割函数**；

$\csc\alpha=\dfrac{r}{y}(y\neq0)$称为**余割函数**.

注 意

(1)三角函数值只与角的大小有关,而与终边上点 P 的位置的选取无关.

(2)终边相同的角的同一三角函数值相等,即：

$\sin(\alpha+k\cdot360°)=\sin\alpha$ 或 $\sin(\alpha+2k\pi)=\sin\alpha$；

$\cos(\alpha+k\cdot360°)=\cos\alpha$ 或 $\cos(\alpha+2k\pi)=\cos\alpha$；

$\tan(\alpha+k\cdot360°)=\tan\alpha$ 或 $\tan(\alpha+2k\pi)=\tan\alpha$(其中 $k\in\mathbf{Z}$).

这组公式的作用是可以把任意角的三角函数值转化为区间$[0,2\pi]$上的角的三角函数值.

例 1 已知角 α 的终边经过点 $P(-5,12)$,求 α 的各三角函数值.

解 $x=-5,y=12,r=\sqrt{x^2+y^2}=\sqrt{(-5)^2+12^2}=13$,故

$$\sin\alpha=\frac{y}{r}=\frac{12}{13};\quad \cos\alpha=\frac{x}{r}=-\frac{5}{13};$$

$$\tan\alpha=\frac{y}{x}=-\frac{12}{5};\quad \cot\alpha=\frac{x}{y}=-\frac{5}{12};$$

$$\sec\alpha=\frac{r}{x}=-\frac{13}{5};\quad \csc\alpha=\frac{r}{y}=\frac{13}{12}.$$

例 2 如图 1.2.2 所示,已知 A 的坐标(x_A,y_A)及距离 D_{AB},AB 边的方位角 α_{AB},求 B 点坐标(x_B,y_B).(即点坐标的正算)

解 $\Delta x_{AB}=D_{AB}\times\cos\alpha_{AB}$；

$\Delta y_{AB}=D_{AB}\times\sin\alpha_{AB}$；

$x_B=x_A+D_{AB}\times\cos\alpha_{AB}$；

$y_B=y_A+D_{AB}\times\sin\alpha_{AB}$.

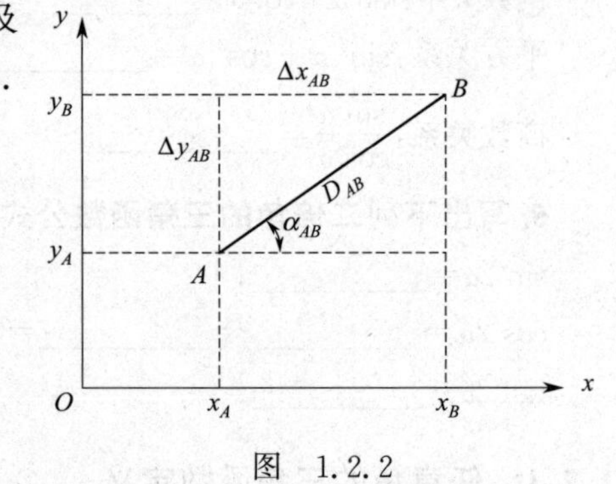

图 1.2.2

1.2.2 三角函数值的符号

根据三角函数的定义,各象限角的三角函数值的正负如下：

(1)当 α 是第一象限角时,有 $x>0,y>0,r>0$,则

$$\sin\alpha=\frac{y}{r}>0;\quad \cos\alpha=\frac{x}{r}>0;\quad \tan\alpha=\frac{y}{x}>0.$$

(2)当 α 是第二象限角时,有 $x<0,y>0,r>0$,则

$$\sin\alpha=\frac{y}{r}>0;\quad \cos\alpha=\frac{x}{r}<0;\quad \tan\alpha=\frac{y}{x}<0.$$

(3)当 α 是第三象限角时,有 $x<0,y<0,r>0$,则

$$\sin\alpha=\frac{y}{r}<0;\quad \cos\alpha=\frac{x}{r}<0;\quad \tan\alpha=\frac{y}{x}>0.$$

(4)当 α 是第四象限角时,有 $x>0,y<0,r>0$,则

$$\sin\alpha=\frac{y}{r}<0;\quad \cos\alpha=\frac{x}{r}>0;\quad \tan\alpha=\frac{y}{x}<0.$$

由于 $\cot\alpha$、$\sec\alpha$、$\csc\alpha$ 的正负分别与 $\tan\alpha$、$\cos\alpha$、$\sin\alpha$ 一致,因此它们不必再列出.

可利用图 1.2.3 所示进行记忆.

也可记口诀"一全正,二正弦,三正切,四余弦".

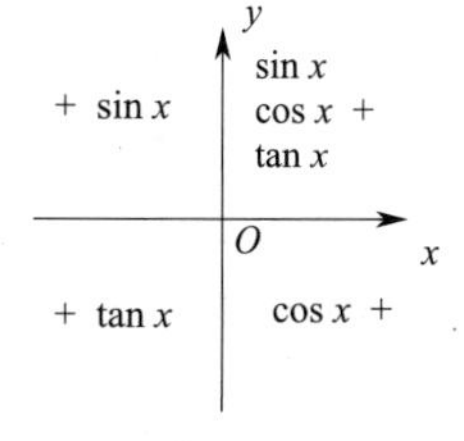

图 1.2.3

1.2.3 特殊角的三角函数值

特殊角的三角函数值如表 1.2.1 所示.

表 1.2.1

函数	角						
	30° $\left(\frac{\pi}{6}\right)$	45° $\left(\frac{\pi}{4}\right)$	60° $\left(\frac{\pi}{3}\right)$	0° (0)	90° $\left(\frac{\pi}{2}\right)$	180° (π)	270° $\left(\frac{3\pi}{2}\right)$
$\sin\alpha$	$\frac{1}{2}$	$\frac{\sqrt{2}}{2}$	$\frac{\sqrt{3}}{2}$	0	1	0	-1
$\cos\alpha$	$\frac{\sqrt{3}}{2}$	$\frac{\sqrt{2}}{2}$	$\frac{1}{2}$	1	0	-1	0
$\tan\alpha$	$\frac{\sqrt{3}}{3}$	1	$\sqrt{3}$	0	—	0	—
$\cot\alpha$	$\sqrt{3}$	1	$\frac{\sqrt{3}}{3}$	—	0	—	0

1.2.4 同角三角函数的基本关系式

由任意角三角函数的定义,可推出同一个角的三角函数之间存在下列关系.

(1)倒数关系:

$$\tan\alpha\cdot\cot\alpha=1;\quad \sin\alpha\cdot\csc\alpha=1;\quad \cos\alpha\cdot\sec\alpha=1.$$

(2)商数关系:

$$\frac{\sin\alpha}{\cos\alpha}=\tan\alpha;\quad \frac{\cos\alpha}{\sin\alpha}=\cot\alpha.$$

(3)平方关系:

$$\sin^2\alpha+\cos^2\alpha=1;\quad \sec^2\alpha=1+\tan^2\alpha;\quad \csc^2\alpha=1+\cot^2\alpha.$$

同角三角函数的基本关系式的基本作用是:已知一个角的三角函数值,求此角的其他三角函数值.

例 3 已知 $\sin\alpha=-\frac{3}{5}$,并且 α 是第三象限角,求 α 的其他三角函数值,

解 因为 $\sin^2\alpha+\cos^2\alpha=1$,$\alpha$ 是第三象限角,所以

$$\cos\alpha=-\sqrt{1-\sin^2\alpha}=-\sqrt{1-\left(\frac{3}{5}\right)^2}=-\frac{4}{5};$$

又 $\tan\alpha=\frac{\sin\alpha}{\cos\alpha}=\frac{-\frac{3}{5}}{-\frac{4}{5}}=\frac{3}{4}$,所以

$$\cot\alpha=\frac{1}{\tan\alpha}=\frac{4}{3},\quad \csc\alpha=\frac{1}{\sin\alpha}=-\frac{5}{3},\quad \sec\alpha=\frac{1}{\cos\alpha}=-\frac{5}{4}.$$

例 4 已知 $\tan\alpha=2$,求 $\sin\alpha$ 的值.

解 因为 $\tan\alpha=\frac{\sin\alpha}{\cos\alpha}=2$,即

$$\sin\alpha=2\cos\alpha; \tag{1.2.1}$$

根据平方关系

$$\sin^2\alpha+\cos^2\alpha=1; \tag{1.2.2}$$

结合式(1.2.1)和式(1.2.2),得

$$4\cos^2\alpha+\cos^2\alpha=1\Rightarrow\cos\alpha=\pm\frac{\sqrt{5}}{5},$$

则

$$\sin\alpha=2\cos\alpha=\pm\frac{2\sqrt{5}}{5}.$$

1.2.5 二倍角的三角函数公式

三角函数的公式有很多组,在微积分的研究过程中,经常会用到下列一组公式:

$$\sin 2\alpha=2\sin\alpha\cos\alpha; \tag{$S_{2\alpha}$}$$

$$\cos 2\alpha=\cos^2\alpha-\sin^2\alpha=2\cos^2\alpha-1=1-2\sin^2\alpha; \tag{$C_{2\alpha}$}$$

$$\tan 2\alpha=\frac{2\tan\alpha}{1-\tan^2\alpha}; \tag{$T_{2\alpha}$}$$

公式($S_{2\alpha}$)、($C_{2\alpha}$)、($T_{2\alpha}$)统称**二倍角的三角函数公式**,简称**二倍角公式**.

结合三角函数的平方关系 $\sin^2\alpha+\cos^2\alpha=1$,可以得到公式($C_{2\alpha}$)的变化形态:

$$\cos^2\alpha=\frac{1+\cos 2\alpha}{2};\qquad \sin^2\alpha=\frac{1-\cos 2\alpha}{2}.$$

以上两个公式又称**三角函数的降幂公式**.

例 5 不查表,求下列各式的值.

(1) $\sin 15^\circ\cos 15^\circ$; (2) $\cos^2\frac{3\pi}{8}-\sin^2\frac{3\pi}{8}$;

(3) $1-2\sin^2 75^\circ$; (4) $\dfrac{2\tan\frac{\pi}{8}}{1-\tan^2\frac{\pi}{8}}$.

解 (1) $\sin 15^\circ\cos 15^\circ=\frac{1}{2}\sin(2\times15^\circ)=\frac{1}{2}\sin 30^\circ=\frac{1}{4}$;

(2) $\cos^2\frac{3\pi}{8}-\sin^2\frac{3\pi}{8}=\cos\left(2\times\frac{3\pi}{8}\right)=\cos\frac{3\pi}{4}=-\frac{\sqrt{2}}{2}$；

(3) $1-2\sin^2 75°=\cos(2\times75°)=\cos 150°=-\frac{\sqrt{3}}{2}$；

(4) $\dfrac{2\tan\frac{\pi}{8}}{1-\tan^2\frac{\pi}{8}}=\tan\left(2\times\frac{\pi}{8}\right)=\tan\frac{\pi}{4}=1$.

习　题　1.2

1. 填空题.

(1) $\sin\frac{\pi}{3}=$________；　(2) $\sin\frac{\pi}{6}=$________；　(3) $\sin\left(-\frac{\pi}{3}\right)=$________；

(4) $\sin\left(-\frac{\pi}{6}\right)=$________；　(5) $\cos\frac{\pi}{3}=$________；　(6) $\cos\left(-\frac{\pi}{3}\right)=$________；

(7) $\tan\left(-\frac{\pi}{3}\right)=$________；　(8) $\cot\left(-\frac{\pi}{3}\right)=$________；

(9) $\cos^2 39°+\sin^2 39°=$________.

2. 选择题.

(1) 设 α 是第四象限角，则 $\sin\alpha$、$\cos\alpha$、$\tan\alpha$ 的符号分别是(　　).

A. +、+、−　　B. −、+、−　　C. +、−、−　　D. −、−、+

(2) 设 α 角属于第二象限，且 $\left|\cos\frac{\alpha}{2}\right|=-\cos\frac{\alpha}{2}$，则 $\frac{\alpha}{2}$ 角属于(　　).

A. 第一象限　　B. 第二象限　　C. 第三象限　　D. 第四象限

(3) $\dfrac{2\tan 22.5°}{1-\tan^2 22.5°}=$(　　).

A. −1　　B. 0　　C. 1　　D. 2

3. 已知角 α 的终边经过点 $P(-4,3)$，求 α 的各三角函数值.

4. 已知 $\sin\alpha=\frac{4}{5}$，并且 α 是第二象限的角，求 α 的其他三角函数值.

5. 已知 $\cos\alpha=-\frac{8}{17}$，求 $\sin\alpha$、$\tan\alpha$ 的值.

6. 已知 $\tan\alpha=-3$，求 $\sin\alpha$、$\cos\alpha$ 的值.

7. 求值.

(1) $\sin 22.5°\cos 22.5°$；　(2) $2\cos^2\frac{\pi}{8}-1$；　(3) $\sin^2\frac{\pi}{8}-\cos^2\frac{\pi}{8}$.

【知识拓展】三角函数的发展历史

三角学(Trigonometry)，原意为三角形的测量，或者解三角形. 现代三角学一词最初见于希腊文，当时三角学还没有形成一门独立的科学，而是依附于天文学. 解三角形构成了古代三角学的实用基础.

早期的解三角形是因天文观测的需要而引起的.在很早的时候,由于垦殖和畜牧的需要,人们开始作长途迁移.后来,贸易的发展和求知的欲望又促使他们去长途旅行.在当时,这样的迁移和旅行是一种很冒险的行为.人们要穿越无边无际、荒无人烟的草地和原始森林,或者经水路沿着海岸线作长途航行.但无论是哪种方式,都首先要明确方向.那时,人们白天以太阳为路标,夜里则以星星为路标.太阳和星星给跋山涉水的商队指出了正确的道路,也给那些沿着异域海岸航行的人指出了正确的道路.就这样,最初的以太阳和星星为目标的天文观测,以及为这种观测服务的原始的三角测量就应运而生了.因此可以说,三角学就是紧密地同天文学相联系而迈出自己发展史的第一步的.

三角学理论的基础,是对三角形各元素之间相依关系的认识.一般认为,这一认识最早是由希腊天文学家获得的.当时,希腊天文学家为了正确地测量天体的位置.研究天体的运行轨道,力求把天文学发展成为一门以精确的观测和正确的计算为基础的定量分析学科.后来,阿拉伯数学家开始对三角学进行专门的整理和研究,他们的工作也可以算作是使三角学从天文学中独立出来的表现,但是严格地说,他们并没有创立起一门独立的三角学.1464年,雷基奥蒙坦纳斯发表了《论各种三角形》.其中,他把以往散见于各种书中的三角学知识系统地综合了起来,终于使三角学成为数学的一个分支.

我国古代没有出现角的函数概念,只用勾股定理解决了一些三角学范围内的问题.据《周髀算经》记载,约与泰勒斯同时代的陈子已利用勾股定理测量太阳的高度,其方法后来被称为重差术.1631年西方三角学首次输入,以德国传教士邓玉涵、汤若望和我国学者徐启光合编的《大测》为代表.同年徐启光等人还编写了《测量全义》,其中有平面三角和球面三角的论述.1653年薛风祚与波兰传教士穆尼阁合编《三角算法》,以三角取代大测,确立了三角的名称.1877年华蘅煦等人对三角级数展开式等问题有过独立的探讨.

直到18世纪,所有的三角量:正弦、余弦、正切、余切、正割和余割,都始终被认为是已知圆内与同一条弧有关的某些线段,即三角学是以几何的面貌表现出来的,这也可以说是三角学的古典面貌.接着经过欧拉、尤拉等数学家的深入研究整理,使得从希帕克起许多数学家为之奋斗而得出的三角关系式,有了坚实的理论依据,而且大大地丰富了.严格地说,这时才是三角学的真正确立.

这些研究的历程体现出,求知是无止境的.就像植物要不断吸收阳光才能成长一样,人类也需要不断获取知识才能进步,而获取知识的前提是要有恒心、有毅力.其中的钻研精神绝不能少,没有钻研精神,数学家是不可能研究出这些成果的.爱迪生说,天才是1%的灵感加上99%的汗水.学习数学需要毅力与勇气,还要多思、多想、多提问.有疑问才能有思考,有思考才能有答案,有答案才能引发下一个思考.就是靠着这样的循环,数学才以发展的步伐走到了今天.

1.3 正弦型函数

【课前导学】

1.理解并掌握正弦型函数的概念

形如 $y=$________的函数称为正弦型函数,当正弦函数表示一个振动量时,A 表示这个量振动时离开平衡位置的最大距离，通常称为振动的__________，往复振动一次需要的时间 $T=$__________称为这个振动的周期，$x=0$ 时的相位 φ 称为__________.

2. 了解正弦函数图像的“五点”作图法

$y=\sin x$ 在一个周期内的五个特征点如表 1.3.1 所示.

表　1.3.1

x	0	$\frac{\pi}{2}$	π	$\frac{3\pi}{2}$	2π
$y=\sin x$	0	1	0	-1	0

在图 1.3.1 所示坐标系当中作出 $y=\sin x$ 在$[0,2\pi]$上的图像.

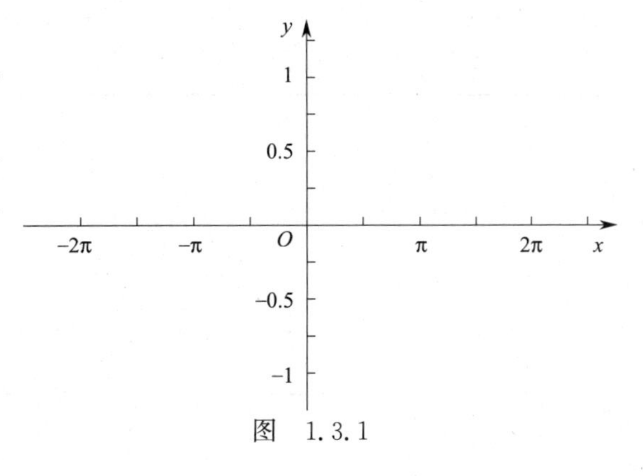

图　1.3.1

1.3.1　正弦型函数的概念

形如 $y=A\sin(\omega x+\varphi)$ 的函数称为**正弦型函数**.

当 $y=A\sin(\omega x+\varphi)$，$x\in[0,+\infty)$（其中 $A>0$，$\omega>0$）表示一个振动量时，A 表示这个量振动时离开平衡位置的最大距离，通常称为振动的**振幅**；往复振动一次需要的时间 $T=\frac{2\pi}{\omega}$称为这个振动的**周期**；单位时间内往复振动的次数 $f=\frac{1}{T}=\frac{\omega}{2\pi}$称为振动的**频率**；$\omega x+\varphi$ 称为**相位**，$x=0$ 时的相位 φ 称为**初相**.

1.3.2　正弦型函数的图像

用五点法画 $y=A\sin(\omega x+\varphi)$ 在一个周期内的简图时，要找五个特征点，如表 1.3.2 所示.

表　1.3.2

x	$\frac{0-\varphi}{\omega}$	$\frac{\frac{\pi}{2}-\varphi}{\omega}$	$\frac{\pi-\varphi}{\omega}$	$\frac{\frac{3\pi}{2}-\varphi}{\omega}$	$\frac{\pi-\varphi}{\omega}$
$\omega x+\varphi$	0	$\frac{\pi}{2}$	π	$\frac{3}{2}\pi$	2π
$y=A\sin(\omega x+\varphi)$	0	A	0	$-A$	0

例 1　画出函数 $y=3\sin\left(2x+\frac{\pi}{3}\right)$ 的简图.

解　函数的周期为 $T=\frac{2\pi}{2}=\pi$，先画出它在长度为一个周期内的闭区间上的简图，再左右拓展即可，先用五点法画图，如表 1.3.3 和图 1.3.2 所示.

表 1.3.3

x	$-\frac{\pi}{6}$	$\frac{\pi}{12}$	$\frac{\pi}{3}$	$\frac{7\pi}{12}$	$\frac{5\pi}{6}$
$2x+\frac{\pi}{3}$	0	$\frac{\pi}{2}$	π	$\frac{3\pi}{2}$	2π
$3\sin\left(2x+\frac{\pi}{3}\right)$	0	3	0	-3	0

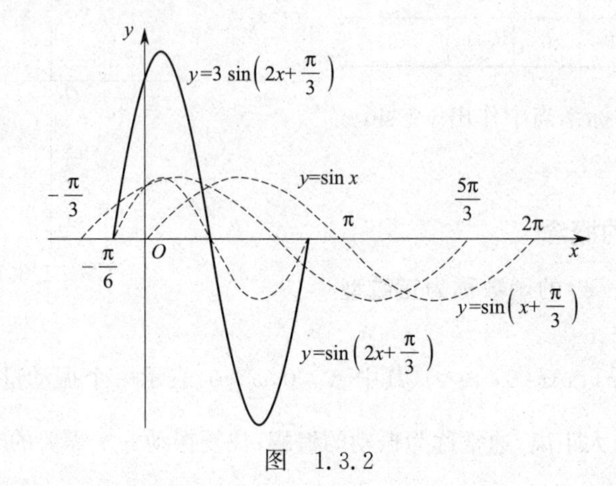

图 1.3.2

函数 $y=3\sin\left(2x+\frac{\pi}{3}\right)$ 的图像可看作由下面的方法得到的：

(1) $y=\sin x$ 图像上所有点向左平移 $\frac{\pi}{3}$ 个单位，得到 $y=\sin\left(x+\frac{\pi}{3}\right)$ 的图像.

(2)把图像上所有点的横坐标缩短到原来的 $\frac{1}{2}$，得到 $y=\sin\left(2x+\frac{\pi}{3}\right)$ 的图像.

(3)把图像上所有点的纵坐标伸长到原来的 3 倍，得到 $y=3\sin\left(2x+\frac{\pi}{3}\right)$ 的图像.

一般地，函数 $y=A\sin(\omega x+\varphi)$，$x\in\mathbf{R}$（其中 $A>0$，$\omega>0$）的图像，可看作由下面的方法得到：

(1)把正弦曲线上所有点向左（当 $\varphi>0$ 时）或向右（当 $\varphi<0$ 时）平行移动 $|\varphi|$ 个单位长度.

(2)把所得各点横坐标缩短（当 $\omega>1$ 时）或伸长（当 $0<\omega<1$ 时）到原来的 $\frac{1}{\omega}$（纵坐标不变）.

(3)把所得各点的纵坐标伸长（当 $A>1$ 时）或缩短（当 $0<A<1$ 时）到原来的 A（横坐标不变）.

即先作相位变换，再作周期变换，再作振幅变换.

1.3.3 正弦型函数的应用

例 2 已知函数 $y=A\sin(\omega x+\varphi)$ $(A>0,\omega>0)$ 一个周期内的函数图像，如图 1.3.3 所示，求函数的一个解析式.

解　由图知，函数最大值为$\sqrt{3}$，最小值为$-\sqrt{3}$.

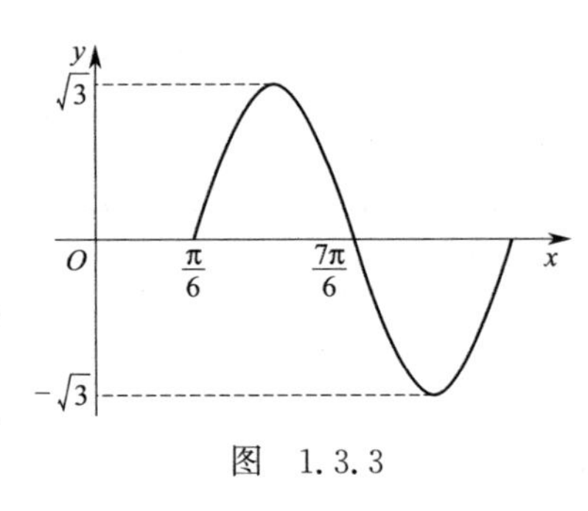

图　1.3.3

又因为$A>0$，所以$A=\sqrt{3}$.

由图知$\frac{T}{2}=\frac{7\pi}{6}-\frac{\pi}{6}=\pi$，故$T=2\pi=\frac{2\pi}{\omega}$，所以$\omega=1$.

又因为$\frac{1}{2}\left(\frac{\pi}{6}+\frac{7\pi}{6}\right)=\frac{2\pi}{3}$，故图像上最高点为$\left(\frac{2\pi}{3},\sqrt{3}\right)$，所以$\sqrt{3}=\sqrt{3}\sin\left(1\times\frac{2\pi}{3}+\varphi\right)$，即$\sin\left(\frac{2\pi}{3}+\varphi\right)=1$. 可取$\frac{2\pi}{3}+\varphi=\frac{\pi}{2}$，则$\varphi=-\frac{\pi}{6}$.

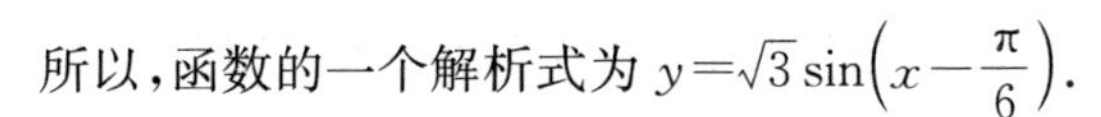

所以，函数的一个解析式为$y=\sqrt{3}\sin\left(x-\frac{\pi}{6}\right)$.

习　题　1.3

1. 填空题.

(1) 正弦型函数$y=3\sin\left(2x+\frac{\pi}{6}\right)$的振幅为________，周期为________，初相为________.

(2) 正弦型函数$y=2\sin\left(\frac{1}{3}x-\frac{\pi}{4}\right)$的振幅为________，周期为________，初相为________.

(3) 已知简谐运动$y=A\sin(\omega x+\varphi)\left(|\varphi|<\frac{\pi}{2}\right)$的部分图像如图1.3.4所示，则该简谐运动的振幅为________，最小正周期为________，初相为________.

(4) 函数$y=\cos x(x\in\mathbf{R})$的图像向右平移$\frac{\pi}{2}$个单位后，得到函数$y=g(x)$的图像，则$g(x)$的解析式应为________.

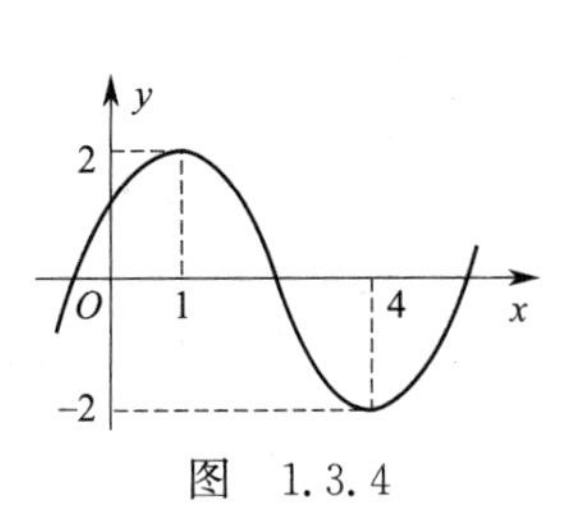

图　1.3.4

2. 选择题.

(1) 正弦型函数$y=3\sin\left(2x+\frac{\pi}{6}\right)$的频率是(　　).

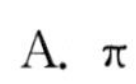

A. π　　B. $\frac{\pi}{2}$

C. 2　　D. $\frac{1}{\pi}$

(2) 要得到函数$y=\sin\left(x+\frac{\pi}{6}\right)$，需要将函数$y=\sin x$(　　).

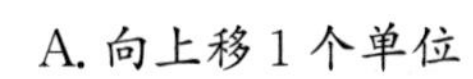

A. 向上移1个单位　　B. 向左移$\frac{\pi}{6}$个单位

C. 向右移1个单位　　D. 不动

3. 用五点法画 $y=5\sin\left(x-\frac{\pi}{6}\right)$ 一个周期内的简图时,要找五个特征点,请补充完整下表,并画出图像.

x					
$x-\frac{\pi}{6}$					
$y=5\sin\left(x-\frac{\pi}{6}\right)$					

4. 函数 $y=\sin\left(2x+\frac{\pi}{2}\right)$ 的图像可由函数 $y=\sin x$ 的图像经过怎样的变换得到?

5. 已知函数 $y=A\sin(\omega x+\varphi)(A>0,\omega>0,|\varphi|<\pi)$ 的周期是 $\frac{2\pi}{3}$,最大值是 $\frac{1}{3}$,且图像过点 $\left(\frac{5\pi}{9},0\right)$,求这个函数的解析式.

6. 函数 $y=A\sin(\omega x+\varphi)\left(A>0,\omega>0,|\varphi|<\frac{\pi}{2}\right)$ 的最小值是 -2,其图像相邻的最高点和最低点的横坐标的差是 3π,又图像经过点 $(0,1)$,求这个函数的解析式.

7. 函数 $y=A\sin(\omega x+\varphi)\left(|\varphi|<\frac{\pi}{2},x\in\mathbf{R}\right)$ 的图像中的一段如图 1.3.5 所示,根据图像求它的解析式.

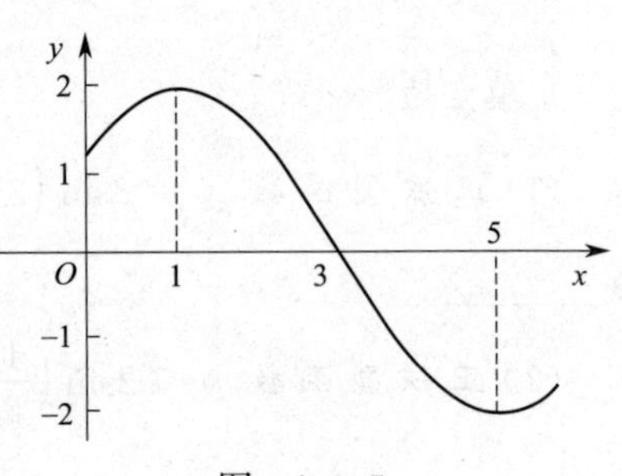

图 1.3.5

1.4 反三角函数简介

【课前导学】

1. 理解反三角函数的定义

(1)把正弦函数 $y=\sin x$ 在________上的反函数称为反正弦函数,记为 $y=$________.

(2)把余弦函数 $y=\cos x$ 在________上的反函数称为反余弦函数,记为 $y=$________.

(3)把正切函数 $y=\tan x$ 在________上的反函数称为反正切函数,记为 $y=$________.

2. 了解反三角函数的性质

(1)函数 $y=\arcsin x$ 的定义域是________,值域是________;

函数 $y=\arcsin x$ 是________(填奇函数或偶函数或非奇非偶函数).

(2)函数 $y=\arccos x$ 的定义域是________,值域是________;

函数 $y=\arccos x$ 是________(填奇函数或偶函数或非奇非偶函数).

(3)函数 $y=\arctan x$ 的定义域是________,值域是________;

函数 $y=\arctan x$ 是________(填奇函数或偶函数或非奇非偶函数).

3. 掌握用反三角函数表示角度

若 $\sin x=\frac{1}{4}, x\in\left(0,\frac{\pi}{2}\right)$，则 $x=$__________；若 $\cos x=\frac{1}{3}, x\in\left(0,\frac{\pi}{2}\right)$，则 $x=$__________.

三角函数在其定义域内通常都不是单调函数，因而不存在反函数. 必须选择它们的适当的单调区间，才能研究反函数问题.

1.4.1 反正弦函数

定义 1 把正弦函数 $y=\sin x$ 在 $\left[-\frac{\pi}{2},\frac{\pi}{2}\right]$ 上的反函数称为**反正弦函数**，记为

$$y=\arcsin x \quad (\text{或 } y=\sin^{-1} x).$$

根据互为反函数的图像关于直线 $y=x$ 对称，由 $y=\sin x$ 在 $\left[-\frac{\pi}{2},\frac{\pi}{2}\right]$ 的图像，可画出 $y=\arcsin x$ 的图像，如图 1.4.1 所示.

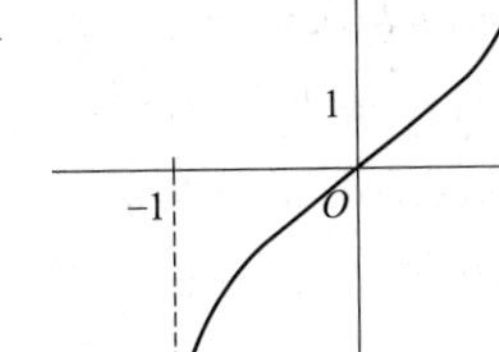

图 1.4.1

(1)其定义域为 $x\in[-1.1]$，值域为 $\left[-\frac{\pi}{2},\frac{\pi}{2}\right]$.

(2)该函数是奇函数，有

$$\arcsin(-x)=-\arcsin x \quad (x\in[-1,1]).$$

(3)该函数在定义域$[-1,1]$内是单调递增的.

注意

若 $x=b\in[-1,1]$，有 $y=\arcsin b$.

(1) $\arcsin b$ 表示一个角；

(2) $\alpha=\arcsin b\in\left[-\frac{\pi}{2},\frac{\pi}{2}\right]$；

(3) $\sin(\arcsin b)=b, b\in[-1,1]$；

(4) $\arcsin(\sin\alpha)=\alpha, \alpha\in\left[-\frac{\pi}{2},\frac{\pi}{2}\right]$.

例 1 求下列反正弦函数值.

(1) $\arcsin\left(-\frac{1}{2}\right)$；　(2) $\arcsin\frac{\sqrt{3}}{2}$；　(3) $\arcsin 0$；　(4) $\arcsin 1$.

解 (1)因为 $\sin\left(-\frac{\pi}{6}\right)=-\frac{1}{2}$，且 $-\frac{\pi}{6}\in\left[-\frac{\pi}{2},\frac{\pi}{2}\right]$，所以 $\arcsin\left(-\frac{1}{2}\right)=-\frac{\pi}{6}$；

(2) $\sin\frac{\pi}{3}=\frac{\sqrt{3}}{2}$，且 $\frac{\pi}{3}\in\left[-\frac{\pi}{2},\frac{\pi}{2}\right]$，所以 $\arcsin\frac{\sqrt{3}}{2}=\frac{\pi}{3}$；

(3) $\arcsin 0=0$；

(4) $\arcsin 1=\frac{\pi}{2}$.

1.4.2 反余弦函数

定义 2 把余弦函数 $y=\cos x$ 在 $[0,\pi]$ 上的反函数称为**反余弦函数**，记为

$$y=\arccos x \quad (\text{或 } y=\cos^{-1}x).$$

$y=\arccos x$ 的图像如图 1.4.2 所示.

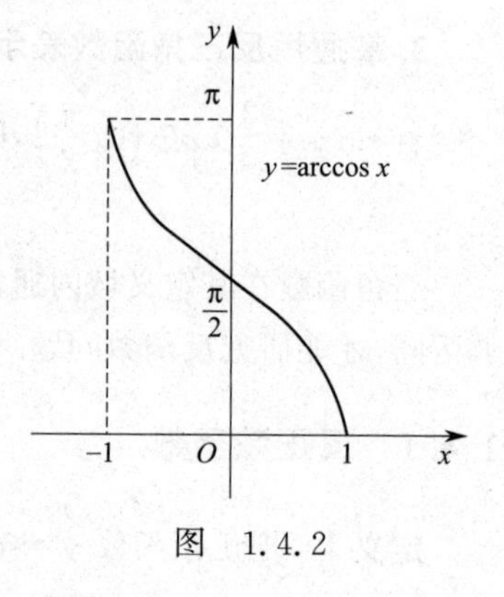

图 1.4.2

(1)其定义域为 $x\in[-1,1]$，值域为 $[0,\pi]$.

(2)该函数是非奇非偶函数，有

$$\arccos(-x)=\pi-\arccos x \quad (x\in[-1,1]).$$

(3)该函数在定义域 $[-1,1]$ 内是单调递减的.

注 意

> 若 $x=b\in[-1,1]$，有 $y=\arccos b$.
>
> (1) $\arccos b$ 表示一个角；
>
> (2) $\alpha=\arccos b\in[0,\pi]$；
>
> (3) $\cos(\arccos b)=b, b\in[-1,1]$；
>
> (4) $\arccos(\cos\alpha)=\alpha, \alpha\in[0,\pi]$.

例 2 求下列反余弦函数值.

(1) $\arccos\dfrac{\sqrt{2}}{2}$；　(2) $\arccos\left(-\dfrac{\sqrt{3}}{2}\right)$；　(3) $\arccos 0$；　(4) $\arccos(-1)$.

解 (1)因为 $\cos\dfrac{\pi}{4}=\dfrac{\sqrt{2}}{2}$，且 $\dfrac{\pi}{4}\in[0,\pi]$，所以 $\arccos\dfrac{\sqrt{2}}{2}=\dfrac{\pi}{4}$；

(2) $\arccos\left(-\dfrac{\sqrt{3}}{2}\right)=\pi-\arccos\dfrac{\sqrt{3}}{2}=\pi-\dfrac{\pi}{6}=\dfrac{5\pi}{6}$；

(3) $\arccos 0=\dfrac{\pi}{2}$；

(4) $\arccos(-1)=\pi-\arccos 1=\pi-0=\pi$.

1.4.3 反正切函数

定义 3 把正切函数 $y=\tan x$ 在 $\left(-\dfrac{\pi}{2},\dfrac{\pi}{2}\right)$ 上的反函数称为**反正切函数**，记为

$$y=\arctan x \quad (\text{或 } y=\tan^{-1}x).$$

$y=\arctan x$ 的图像如图 1.4.3 所示.

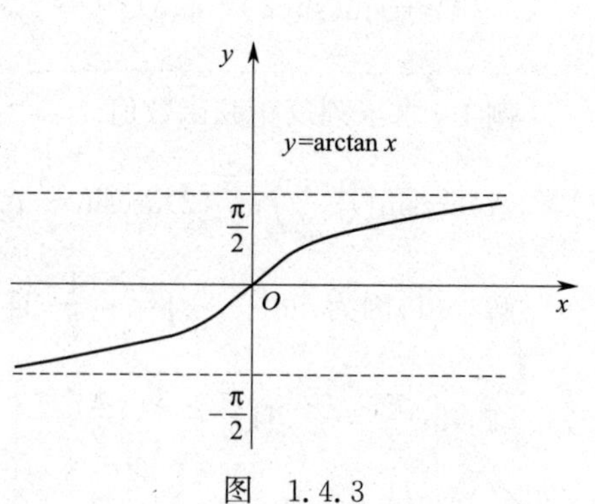

图 1.4.3

(1)其定义域为 $x\in(-\infty,+\infty)$，值域为 $\left(-\dfrac{\pi}{2},\dfrac{\pi}{2}\right)$.

(2)该函数是奇函数，有

$$\arctan(-x)=-\arctan x \quad (x\in(-\infty,+\infty)).$$

(3)该函数在定义域 $(-\infty,+\infty)$ 内是单调递增的.

注意

若 $x=b\in\mathbf{R}$，有 $y=\arctan b$.

(1) $\arctan b$ 表示一个角；

(2) $\alpha=\arctan b\in\left(-\frac{\pi}{2},\frac{\pi}{2}\right)$；

(3) $\tan(\arctan b)=b, b\in\mathbf{R}$；

(4) $\arctan(\tan\alpha)=\alpha, \alpha\in\left(-\frac{\pi}{2},\frac{\pi}{2}\right)$.

例 3 求下列反正切函数值.

(1) $\arctan\sqrt{3}$；　　　　(2) $\arctan(-1)$.

解 (1)因为 $\tan\frac{\pi}{3}=\sqrt{3}$，且 $\frac{\pi}{3}\in\left(-\frac{\pi}{2},\frac{\pi}{2}\right)$，所以 $\arctan\sqrt{3}=\frac{\pi}{3}$；

(2)因为 $\tan\left(-\frac{\pi}{4}\right)=-1$，且 $-\frac{\pi}{4}\in\left(-\frac{\pi}{2},\frac{\pi}{2}\right)$，所以 $\arctan(-1)=-\frac{\pi}{4}$.

例 4 求下列函数值.

(1) $\sin\left(\arccos\frac{\sqrt{3}}{2}\right)$；　　　　(2) $\tan\left(\arctan\frac{\sqrt{3}}{3}\right)$.

解 (1)先求 $\arccos\frac{\sqrt{3}}{2}$ 的值，因为 $\cos\frac{\pi}{6}=\frac{\sqrt{3}}{2}$，所以 $\arccos\frac{\sqrt{3}}{2}=\frac{\pi}{6}$，则 $\sin\left(\arccos\frac{\sqrt{3}}{2}\right)=\sin\frac{\pi}{6}=\frac{1}{2}$；

(2)根据 $\tan(\arctan b)=b, b\in\mathbf{R}$，知 $\tan\left(\arctan\frac{\sqrt{3}}{3}\right)=\frac{\sqrt{3}}{3}$.

例 5 已知 $x_A=300$ m，$y_A=300$ m，$x_B=500$ m，$y_B=500$ m，如图 1.4.4 所示，求 A、B 二点连线的坐标方位角 α_{AB} 和边长 D_{AB}.（点坐标的反算）

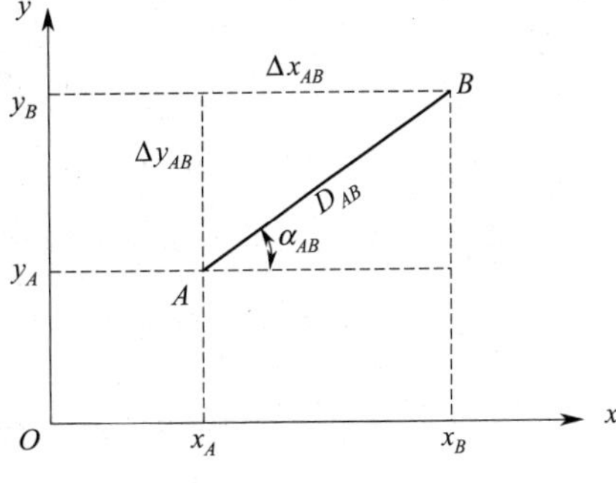

图 1.4.4

解 因为 $\tan\alpha_{AB}=\frac{y_B-y_A}{x_B-x_A}=\frac{\Delta y_{AB}}{\Delta x_{AB}}$，所以

$\alpha_{AB}=\arctan\frac{y_B-y_A}{x_B-x_A}=\arctan\frac{500-300}{500-300}=\arctan 1$.

因为 Δx_{AB} 为正、Δy_{AB} 为正，直线 AB 位于第一象限，所以 $\alpha_{AB}=45°$.

$$D_{AB}=\sqrt{(x_B-x_A)^2+(y_B-y_A)^2}=\sqrt{(500-300)^2+(500-300)^2}=282.8(\text{m}).$$

1.4.4 反余切函数

定义 4 把余切函数 $y=\cot x$ 在 $(0,\pi)$ 上的反函数称为**反余切函数**，记为

$$y=\operatorname{arccot} x\quad（或 y=\cot^{-1}x）.$$

$y=\operatorname{arccot} x$ 的图像如图 1.4.5 所示.

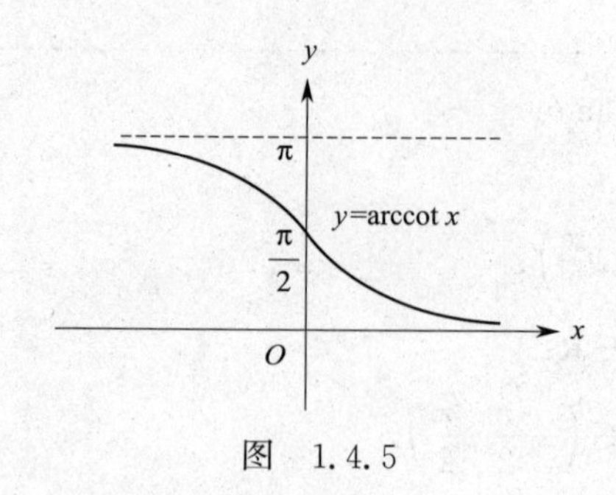

图　1.4.5

(1)其定义域为 $x\in(-\infty,+\infty)$,值域为$(0,\pi)$.

(2)该函数是非奇非偶函数,有

$$\operatorname{arccot}(-x)=\pi-\operatorname{arccot} x \quad (x\in(-\infty,+\infty)).$$

(3)该函数在定义域 $x\in(-\infty,+\infty)$内是单调递减的.

注意

若 $x=b\in\mathbf{R}$,有 $y=\operatorname{arccot} b$.

(1)$\operatorname{arccot} b$ 表示一个角;

(2)$\alpha=\operatorname{arccot} b\in(0,\pi)$;

(3)$\cot(\operatorname{arccot} b)=b, b\in\mathbf{R}$;

(4)$\operatorname{arccot}(\cot\alpha)=\alpha, \alpha\in(0,\pi)$.

注:反三角函数是三角函数在主值区间(含有锐角的一个单调区间)上的反函数,它表示三角函数主值区间上的角.

习　题　1.4

1. 判断题.

(1)正弦函数 $y=\sin x$ 在定义域 $x\in\mathbf{R}$ 上有反函数 $y=\arcsin x$.　(　　)

(2)$\arccos\frac{1}{2}$表示一个余弦值.　(　　)

(3)反正弦函数 $y=\arcsin x$ 是一个奇函数.　(　　)

(4)反正切函数 $y=\arctan x$ 是在定义域内单调递增的函数.　(　　)

2. 填空题.

用反三角函数表示:

若 $\cos x=-\frac{4}{5}, x\in\left(\frac{\pi}{2},\pi\right)$,则 $x=$__________;

若 $\sin x=-\frac{1}{4}, x\in\left(-\frac{\pi}{2},0\right)$,则 $x=$__________;

若 $3\tan x+1=0, x\in\left(-\frac{\pi}{2},0\right)$,则 $x=$__________.

3. 求值.

(1) $\arcsin\dfrac{\sqrt{3}}{2}$；　(2) $\arcsin\left(-\dfrac{\sqrt{2}}{2}\right)$；　(3) $\arccos\dfrac{\sqrt{2}}{2}$；

(4) $\arccos\left(-\dfrac{1}{2}\right)$；　(5) $\arctan(-1)$；　(6) $\text{arccot}(-\sqrt{3})$；

(7) $\cot\left[\arcsin\left(-\dfrac{1}{2}\right)\right]$；　(8) $\cos(\arctan\sqrt{3})$；　(9) $\tan\left[\arccos\left(-\dfrac{\sqrt{2}}{2}\right)-\dfrac{\pi}{6}\right]$；

(10) $\cos^2\left(\dfrac{1}{2}\arccos\dfrac{3}{5}\right)$.

1.5 解三角形

【课前导学】

1. 掌握正弦定理及使用条件

在一个三角形中，各边和它所对角的__________的比相等，即$\dfrac{___}{\sin A}=\dfrac{b}{___}=\dfrac{c}{\sin C}$.

2. 掌握余弦定理及使用条件

三角形中任何一边的平方等于其他两边的__________减去这两边与它们的__________的积的两倍，即 $a^2=$__________$+$__________$-2bc\cos A$ 或 $b^2=a^2+c^2-2ac$__________，或 $c^2=a^2+b^2-$__________ $\cos C$.

1.5.1 正弦定理

引例：如图1.5.1所示，某工程公司为了建造一过江隧道，需要测量江两岸的两个出口处 A 点与 B 点的距离，测量人员在 B 点所在一侧选择 C 点，测得 BC 长为0.15 km，$\angle ACB=45°$，$\angle ABC=60°$，求 A、B 间的距离.

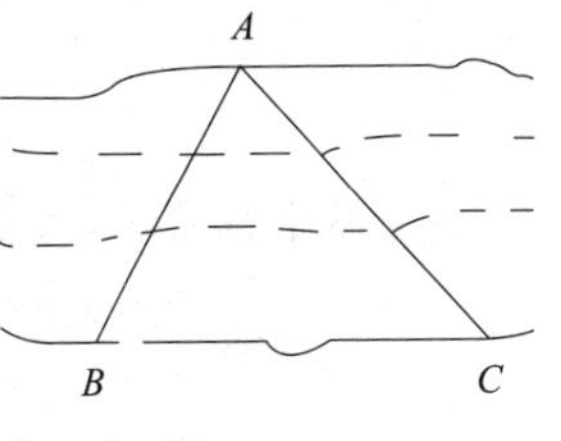

图 1.5.1

这个问题抽象成数学问题可表述为：在$\triangle ABC$中，已知两个内角及其夹边，如何求另一边？

一般地，已知三角形的某些边和角，求其他的边和角的过程称为**解三角形**.

正弦定理：在一个三角形中，各边和它所对角的正弦的比相等，即

$$\frac{a}{\sin A}=\frac{b}{\sin B}=\frac{c}{\sin C}.$$

注：(1)正弦定理说明，同一三角形中，边与其对角的正弦成正比，且比例系数为同一正数，即存在正数 k 使 $a=k\sin A$，$b=k\sin B$，$c=k\sin C$；

(2) $\dfrac{a}{\sin A}=\dfrac{b}{\sin B}=\dfrac{c}{\sin C}$ 等价于 $\dfrac{a}{\sin A}=\dfrac{b}{\sin B}$，$\dfrac{c}{\sin C}=\dfrac{b}{\sin B}$，$\dfrac{a}{\sin A}=\dfrac{c}{\sin C}$.

从而知正弦定理的基本作用为：

(1)已知三角形的任意两角及其一边可以求其他边，如 $a=\dfrac{b\sin A}{\sin B}$；

(2)已知三角形的任意两边与其中一边的对角可以求其他角的正弦值,如 $\sin A=\frac{a}{b}\sin B$.

有了正弦定理,引例中的问题可求解:

$A=180°-(B+C)=180°-(45°+60°)=75°$,由 $\frac{a}{\sin A}=\frac{c}{\sin C}$,则

$$c=\frac{a\sin C}{\sin A}=\frac{1.5\sin 45°}{\sin 75°}\approx 1.1(\text{km}).$$

这是已知三角形的两角一边,求其他边角的问题.

例 1 在△ABC 中,已知 $a=\sqrt{2}$, $b=\sqrt{3}$, $B=60°$. 求 A、C 和 c.

解 因为 $B=60°<90°$,且 $b<a$,所以 A 有两解.

由正弦定理,得 $\sin A=\frac{a\sin B}{b}=\frac{\sqrt{2}\sin 60°}{\sqrt{3}}=\frac{\sqrt{2}}{2}$,所以 $A=45°$或 $A=135°$.

因为 $a<b$,所以 $A<B$,因此 $A=45°$.

当 $A=45°$时,$C=180°-A-B=75°$,$c=\frac{b\sin C}{\sin B}=\frac{\sqrt{3}\sin 75°}{\sin 60°}=\frac{\sqrt{6}+\sqrt{2}}{2}$.

这是已知三角形的两边及一边所对的角,求其他边角的问题.

1.5.2 余弦定理

余弦定理:三角形中任何一边的平方等于其他两边的平方的和减去这两边与它们的夹角余弦乘积的两倍,即

$$a^2=b^2+c^2-2bc\cos A;$$
$$b^2=a^2+c^2-2ac\cos B;$$
$$c^2=a^2+b^2-2ab\cos C.$$

注:从余弦定理,又可得到以下推论:

$$\cos A=\frac{b^2+c^2-a^2}{2bc},\qquad \cos B=\frac{a^2+c^2-b^2}{2ac},\qquad \cos C=\frac{b^2+a^2-c^2}{2ba}.$$

从而知余弦定理及其推论的基本作用为:

(1)已知三角形的任意两边及它们的夹角就可以求出第三边;

(2)已知三角形的三条边就可以求出其他角.

例 2 在△ABC 中,已知 $a=2\sqrt{3}$,$c=\sqrt{6}+\sqrt{2}$,$B=45°$,求 b 及 A.

解 因为 $b^2=a^2+c^2-2ac\cos B=(2\sqrt{3})^2+(\sqrt{6}+\sqrt{2})^2-2\cdot 2\sqrt{3}\cdot(\sqrt{6}+\sqrt{2})\cos 45°$

$$=12+(\sqrt{6}+\sqrt{2})^2-4\sqrt{3}(\sqrt{3}+1)=8,$$

所以 $b=2\sqrt{2}$.

求 A 可以利用余弦定理,也可以利用正弦定理:

解法 1:因为 $\cos A=\frac{b^2+c^2-a^2}{2bc}=\frac{2(\sqrt{2})^2+(\sqrt{6}+\sqrt{2})^2-(2\sqrt{3})^2}{2\times 2\sqrt{2}\times(\sqrt{6}+\sqrt{2})}=\frac{1}{2}$,所以 $A=60°$.

解法 2:因为 $\sin A=\frac{a}{b}\sin B=\frac{2\sqrt{3}}{2\sqrt{2}}\cdot\sin 45°$.

又因为　　　　　$\sqrt{6}+\sqrt{2}>2.4+1.4=3.8$，　$2\sqrt{3}<2\times1.8=3.6$，

所以 $a<c$，即 $0°<A<90°$，故 $A=60°$.

注：

(1)余弦定理是任何三角形边角之间存在的共同规律，勾股定理是余弦定理的特例.

(2)余弦定理的应用范围：①已知三边求三角；②已知两边及其夹角，求第三边.

例 3　全站仪对边测量原理如图 1.5.2 所示，在已知 S_1、S_2、α_1、α_2、β 的基础上求图中的 D 和 h.

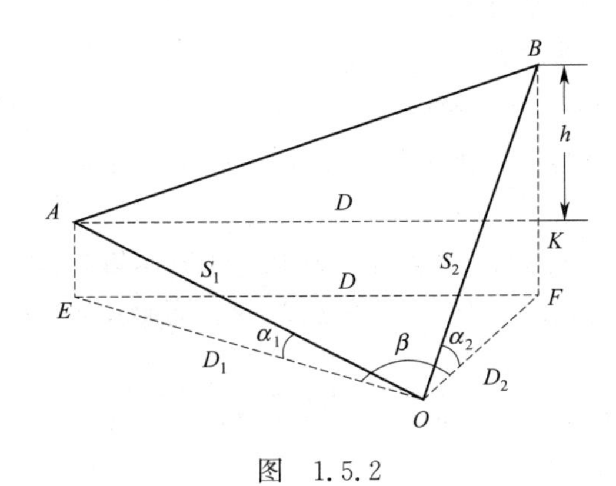

图　1.5.2

解　在直角三角形 AOE 中，$D_1=S_1\cdot\cos\alpha_1$；

在直角三角形 BOF 中，$D_2=S_2\cdot\cos\alpha_2$；在三角形 EFO 中，根据余弦定理有

$h=BF-KF=BF-AE=S_2\cdot\sin\alpha_2-S_1\cdot\sin\alpha_1$，

$D=\sqrt{D_1^2+D_2^2-2D_1D_2\cos\beta}=\sqrt{S_1^2\cdot\cos^2\alpha_1+S_2^2\cdot\cos^2\alpha_2-2S_1\cdot S_2\cdot\cos\alpha_1\cdot\cos\alpha_2\cdot\cos\beta}$.

1.5.3　解三角形的应用

例 4　如图 1.5.3 所示，A、B 两点都在河的对岸(不可到达)，设计一种测量 A、B 两点间距离的方法.

分析：这是引例的变式题，研究的是两个不可到达的点之间的距离测量问题. 首先需要构造三角形，所以需要确定 C、D 两点. 根据正弦定理中已知三角形的任意两个内角与一边即可求出另两边的方法，分别求出 AC 和 BC，再利用余弦定理可以计算出 AB 的距离.

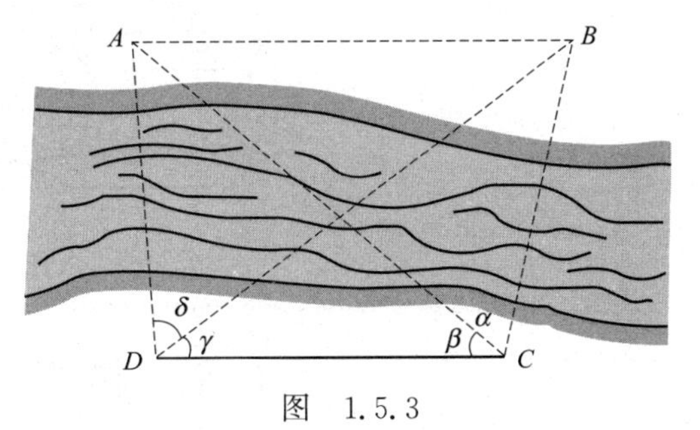

图　1.5.3

解　测量者可以在河岸边选定两点 C、D，测得 $CD=a$，并且在 C、D 两点分别测得 $\angle BCA=\alpha$，$\angle ACD=\beta$，$\angle CDB=\gamma$，$\angle BDA=\delta$，在 $\triangle ADC$ 和 $\triangle BDC$ 中，应用正弦定理得

$$AC=\frac{a\sin(\gamma+\delta)}{\sin[180°-(\beta+\gamma+\delta)]}=\frac{a\sin(\gamma+\delta)}{\sin(\beta+\gamma+\delta)},$$

$$BC=\frac{\alpha\sin\gamma}{\sin[180^\circ-(\alpha+\beta+\gamma)]}=\frac{\alpha\sin\gamma}{\sin(\alpha+\beta+\gamma)}.$$

计算出 AC 和 BC 后,再在 $\triangle ABC$ 中,应用余弦定理计算出 AB 两点间的距离

$$AB=\sqrt{AC^2+BC^2-2AC\times BC\cos\alpha}.$$

注:解三角形的应用题时,通常会遇到以下两种情况.

(1)已知量与未知量全部集中在一个三角形中,依次利用正弦定理或余弦定理解之.

(2)已知量与未知量涉及两个或几个三角形,这时需要选择条件足够的三角形优先研究,再逐步在其余的三角形中求出问题的解.

解三角形应用题的一般步骤如下:

(1)分析:理解题意,分清已知与未知,画出示意图.

(2)建模:根据已知条件与求解目标,把已知量与求解量尽量集中在有关的三角形中,建立一个解斜三角形的数学模型.

(3)求解:利用正弦定理或余弦定理有序地解出三角形,求得数学模型的解.

(4)检验:检验上述所求的解是否符合实际意义,从而得出实际问题的解.

习　题　1.5

1. $\triangle ABC$ 中,$c=\sqrt{6}$,$A=45^\circ$,$a=2\sqrt{3}$,求 B、C、b.

2. $\triangle ABC$ 中,$c=\sqrt{6}$,$A=45^\circ$,$a=2$,求 B、C、b.

3. 在 $\triangle ABC$ 中,若 $a=55$,$b=16$,且此三角形的面积 $S=220\sqrt{3}$,求 C.

4. 如图 1.5.4 所示,设 A、B 两点在河的两岸,要测量两点之间的距离,测量者在 A 的同侧,在所在的河岸边选定一点 C,测出 AC 的距离是 55 m,$\angle BAC=51^\circ$,$\angle ACB=75^\circ$. 求 A、B 两点的距离(精确到 0.1 m).

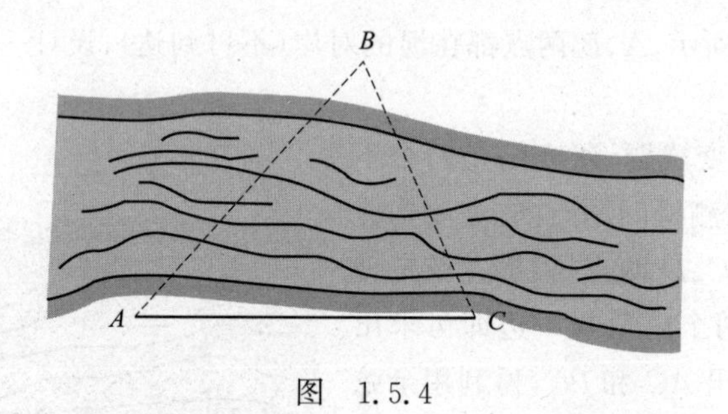

图　1.5.4

1.6　科学计算器的使用

【课前导学】

1. 了解一些常用按键

(1)小数与分数互换的按键是__________;

(2)实现坐标变换的按键是__________.

2. 用计算器做下面的计算

(1)$\sin 30°=$__________; (2)$\arcsin\frac{1}{3}=$__________.

1.6.1 使用前准备

了解科学计算器功能键的作用,如图 1.6.1 所示.

图 1.6.1

1.6.2 模式

在开始计算之前,必须先选择表 1.6.1 所列的适当的模式.

表 1.6.1

计 算 类 型	需要执行的操作	进入的模式
基本算术计算	mode+1	COMP
标准偏差	mode+2	SD
回归计算	mode+3	REG

表中所示的模式及所需的操作仅适用于 MODEx. 95MS.

要返回计算模式并将计算器设置为下示初始默认值时,可依顺序按下述键:

SHIFT CLR 2 (Mode) =

其默认的设置如下:

计算模式:COMP;

角度单位:Deg;

指数显示格式:Norm 1;

分数显示格式:$a^b\!/_c$;

小数点字符:Dot.

模式指示符会出现在显示屏的上部.

1.6.3 计算器的初始化

当要初始化计算器的模式及设置并清除重现记忆器及变量时,可依顺序按下述键:

SHIFT CLR 3 (All) =

1.6.4 输入时的错误订正

用◀及▶键可将光标移到需要的位置.

按DEL键可删除目前光标所在位置的数字或函数.

按SHIFT INS键可将光标变为插入光标[ ]. 画面上显示插入光标时输入的字符将会被插入光标目前的位置.

按SHIFT INS键或=键可将光标从插入光标返回至普通光标.

1.6.5 记忆器计算

当要使用记忆器进行计算时,可使用MODE键进入COMP模式:

COMP…………………………………… MODE 1

1. 答案记忆器

每当输入数值或表达式后按=键时,答案记忆器便会被新的计算结果更新.

除=键之外,每当按SHIFT %键、M+键、SHIFT M−键或在字母(A至MODE、或M、X、Y)后按SHIFT STO键时,答案记忆器亦会被新的计算结果更新.

通过按Ans键可调出答案记忆器中的内容.

答案记忆器最多能保存12位尾数及两位指数.

若通过上述任何键操作进行计算时发生错误,则答案记忆器不会被更新.

2. 连续计算

当前显示在显示屏上(同时亦保存在答案记忆器中)的计算结果可用作下一个计算的第一个数值. 当计算结果显示在显示屏上时按运算键会使显示数值变为Ans,表示该数值为目前保存在答案记忆器中的数值.

计算结果还可以被下列A型函数使用:

(x2、x3、x−1、x!、DRG')、+、−、∧(x^y)、$\sqrt[x]{}$、×、÷、nPr及nCr.

3. 独立记忆器

数值可直接输入记忆器,可与记忆器中的数值相加,亦可从记忆器减去数值. 独立记忆器对于计算累积总和很方便.

独立记忆器与变量M所使用的记忆区相同.

若要清除独立记忆器(M)中的数值,依次按0 SHIFT STO M (M+)键即可.

范例:

23 + 9 = **32**	23 + 9 SHIFT STO M (M+)
53 − 6 = **47**	53 − 6 M+
−) 45 × 2 = **90**	45 × 2 SHIFT M−
(总和) −**11**	RCL M (M+)

4. 变量

本机备有 9 个变量(A 至 MODE、M、X 及 Y),可用以存储数据、常数、计算结果及其他数值.

使用下述操作可删除赋予指定变量的数据:[0] [SHIFT] [STO] [A],此操作将删除赋予变量 A 的数据.

当要清除所有变量的数值时,可执行下述键操作:

[SHIFT] [CLR] [1] (Mcl) [=]

范例:

193.2÷23=**8.4**　　193.2 [SHIFT] [STO] [A] [÷] 23 [=]

193.2÷28=**6.9**　　[SHIFT] [A] [÷] 28 [=]

1.6.6 基本计算

1. 算术运算

当要进行基本计算时,可使用[MODE]键进入 COMP 模式:

COMP……………………… [MODE] [1]

计算式中的负数值必须用括号括起来.

负的指数不需要用括号括起来.

$\sin 2.34\times10^{-5}$ → [sin] 2.34 [EXP] [(−)] 5

范例 1:$3\times(5\times10^{-9})=1.5\times10^{-8}$　　3 [×] 5 [EXP] [(−)] 9 [=]

范例 2:$5\times(9+7)=80$　　5 [×] [(] 9 [+] 7 [)] [=]

[=]键前的所有[)]键操作均可省略.

2. 分数计算

当分数值的数字总和(整数 + 分子 + 分母 + 分号)超过 10 位时,本计算器即会以小数的格式显示该数值.

范例:

$\frac{2}{3}+\frac{1}{5}=\mathbf{\frac{13}{15}}$

2 [a b/c] 3 [+] 1 [a b/c] 5 [=]　　13⌟15.

$3\frac{1}{4}+1\frac{2}{3}=\mathbf{4\frac{11}{12}}$

3 [a b/c] 1 [a b/c] 4 [+]

1 [a b/c] 2 [a b/c] 3 [=]　　4⌟11⌟12.

$\frac{2}{4}=\mathbf{\frac{1}{2}}$　　2 [a b/c] 4 [=]

$\frac{1}{2}+1.6=\mathbf{2.1}$　　1 [a b/c] 2 [+] 1.6 [=]

同时含有分数及小数数值的计算的计算结果总是为小数.

3. 小数和分数格式变换

使用下述操作可将计算结果在小数值及分数值之间变换.

范例:1↔

$2.75=2\frac{3}{4}$(小数→分数)

2.75 [=] [2.75.]

[a b/c] [2⌟3⌟4.]

$=\frac{11}{4}$ [SHIFT] [d/c] [11⌟4.]

$\frac{1}{2}\leftrightarrow 0.5$(分数→小数)

1 [a b/c] 2 [=] [1⌟2.]

[a b/c] [0.5]

[a b/c] [1⌟2.]

1.6.7 科学函数计算

当要进行科学函数计算时,可使用[MODE]键进入COMP模式:

COMP…………………… [MODE] [1]

有些类型的计算可能会需要较长的时间才能完成.

应等到计算结果出现在显示屏上之后再开始进行下一计算.

π = 3.14159265359

1. 三角函数/反三角函数

要改变默认角度单位(度、弧度、百分度)时,可按[MODE]键数次直到下示角度单位设置画面出现为止.

Deg	Rad	Gra
1	2	3

按与需要使用的角度单位相对应的数字键(1、2或3).

$\left(90=\frac{\pi}{2}\text{弧度}=100\text{百分度}\right)$

范例:

sin 63°52′41″=**0.897859012**

[MODE] …… [1] (Deg)

[sin] 63 [°′″] 52 [°′″] 41 [°′″] [=]

$\cos\left(\frac{\pi}{3}\text{rad}\right)=$**0.5** [MODE] …… [2] (Rad)

[cos] [(] [SHIFT] [π] [÷] 3 [)] [=]

$\cos^{-1}\frac{\sqrt{2}}{2}=\mathbf{0.25}\pi(\text{rad})\left(=\frac{\pi}{4}(\text{rad})\right)$

MODE …… 2 (Rad)

SHIFT cos⁻¹ (√ 2 = 2) = Ans ÷ SHIFT π =

$\tan^{-1}0.741=\mathbf{36.53844577}°$

MODE …… 1 (Deg)

SHIFT tan⁻¹ 0.741 =

2. 平方根、立方根、根、平方、立方、倒数、阶乘、圆周率(π)

范例：

$\sqrt{2}+\sqrt{3}\times\sqrt{5}=\mathbf{5.287196909}$

√ 2 + √ 3 × √ 5 =

$\sqrt[3]{5}+\sqrt[3]{-27}=\mathbf{-1.290024053}$

SHIFT ∛ 5 + SHIFT ∛ ((−) 27 (=

$\sqrt[7]{123}\,(=123^{\frac{1}{7}})=\mathbf{1.988647795}$

7 SHIFT ˣ√ 123 =

$123+30^2=\mathbf{1023}$　　123 + 30 x^2 =

$12^3=\mathbf{1728}$　　12 x^3 * =

$\dfrac{1}{\dfrac{1}{3}-\dfrac{1}{4}}=\mathbf{12}$

(3 x^{-1} − 4 x^{-1}) x^{-1} =

$8!=\mathbf{40320}$　　8 SHIFT $x!$ =

10 nCr * =

3. 角度单位转换

可按 SHIFT DRG▸ 键在显示屏上调出以下菜单.

D	R	G
1	2	3

按 1、2 或 3 键将显示数值转换为相应的角度单位.

范例：将 4.25 弧度转换为度.

MODE …… 1 (Deg)

4.25 SHIFT DRG▸ 2 (R) =

4.25r
243.5070629

4. 坐标变换(Pol(x，y)，Rec(r，θ))

计算结果会自动赋予变量 E 及 F.

范例 1：将极坐标($r=2,\theta=60°$)变换为直角坐标(x,y)(Deg).

$x=\mathbf{1}$　　SHIFT Rec(2 • 60) =

$y=\mathbf{1.732050808}$ [RCL] [F]

按[RCL] [E]键显示 x 的值或按[RCL] [F]键显示 y 的值.

范例 2:将直角坐标 $(1,\sqrt{3})$变换为极坐标(r,θ)(rad).

$r=\mathbf{2}$ [Pol(] * 1 [·] [√] 3 [)] [=]

按[RCL] [E]键显示 r 的值或按[RCL] [F]键显示 θ 的值.

5. 工程符号计算

范例 1:将 56 088 m 变换为 km

→**56.088**× 10^3 (km) 56088 [=] [ENG]

范例 2:将 0.081 25 g 变换为 mg

→**81.25**× 10^3 (mg) 0.08125 [=] [ENG]

习 题 1.6

1. 用科学计算器计算.

(1)$3\times(5\times10^{-9})$; (2)$\sin(-1.23)$; (3)$\frac{2}{3}+\frac{1}{5}$; (4)$3\frac{1}{4}+1\frac{2}{3}$; (5)$\frac{1}{2}+1.6$.

2. 用科学计算器将 2.75、4.16、0.45 分别化为分数.

3. 将 23+9 存储至 A,再计算 $6\times A$.

4. 将 15+9 存储至 A,再计算 $4\times A$.

5. 将 56−9 存储至 X,再计算 $3\times X$.

6. 用科学计算器计算.

(1)$\sin\ 63°52'41''$; (2)$\cos\frac{\pi}{3}$; (3)$\arccos\frac{\sqrt{2}}{2}$; (4)$\arctan\sqrt{3}$.

7. 将直角坐标 $(\sqrt{3},1)$ 变换为极坐标.

8. 计算点$(3,\ 3\sqrt{3}+1)$到点$(1,1)$的距离.

9. 一艘海轮从 A 出发,沿北偏东 75°的方向航行 67.5 海里,后到达海岛 B,然后从 B 出发,沿北偏东 32°的方向航行 54.0 海里后到达海岛 C,如图 1.6.2 所示. 如果下次航行直接从 A 出发到 C,此船应该沿怎样的方向航行,需航行距离是多少?

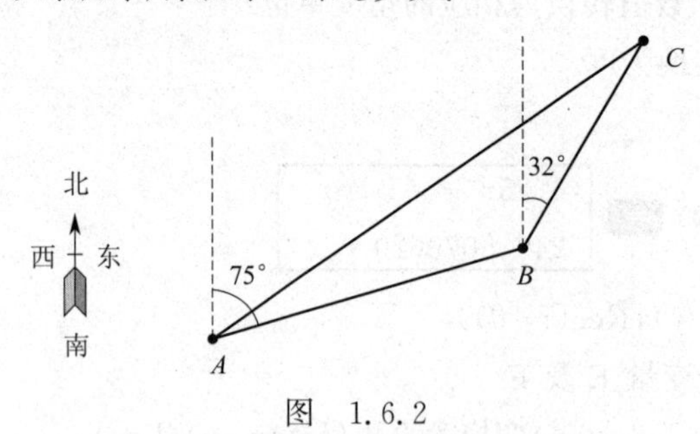

图 1.6.2

1.7 用MATLAB解三角形

三角函数在实际生活中应用最广泛，但计算、作图、解方程麻烦，本节介绍用MATLAB求解这类题的方法.

1.7.1 命令

解三角形常用命令及说明如表1.7.1所示.

表 1.7.1

命 令	说 明
sin(x),cos(x),tan(x)	求 $\sin x,\cos x,\tan x$
ain(x),acos(x),atan(x)	求 $\arcsin x,\arccos x,\arctan x$
[x]=solve('方程')	求方程的解
[x1,…,xn]=solve('方程1',…,'方程n')	求 n 个方程构成的方程组的解
fplot('fun',[a,b])	在区间 $[a,b]$ 上作函数fun的图像

1.7.2 实例

例1 设 $\sin x=\frac{1}{7}$，x 是第二象限的角，求 x 的其他三角函数值.

分析 先将x看成是第一象限的角，求出第一象限的x的其他五个三角函数值.再根据三角函数在第二象限的符号得到结果.

解

```
≫syms x x1 x2 x3 x4 x5
≫
[x,x1,x2,x3,x4,x5]=solve('sin(x)=1/7','cos(x)=x1','tan(x)=x2','cot(x)=x3','sec(x)=x4','csc(x)=x5','x','x1','x2','x3','x4','x5')
x =asin(1/7)
x1 =4/7*3^(1/2)
x2 =1/12*3^(1/2)
x3 =4*3^(1/2)
x4 =7/12*3^(1/2)
x5 =7
```

由于是第二象限的角，根据三角函数在第二象限的符号得到

$$\cos x=-\frac{4\sqrt{3}}{7},\tan x=-\frac{\sqrt{3}}{12},\cot x=-4\sqrt{3},\sec x=-\frac{7\sqrt{3}}{12},\csc x=7.$$

例2 已知 $\sin\alpha=\frac{4}{7}$，$\alpha\in\left(\frac{\pi}{2},\pi\right)$，$\cos\beta=-\frac{7}{10}$，$\beta\in\left(\pi,\frac{3\pi}{2}\right)$，求 $\sin(\alpha+\beta)$、$\cos(\alpha-\beta)$、$\sin 2\alpha$、$\cos\frac{\beta}{2}$ 的值.

分析 利用 $\sin(\alpha+\beta)=\sin\alpha\cos\beta+\cos\beta\sin\beta$，

$\cos(\alpha-\beta)=\cos\alpha\cos\beta+\sin\alpha\sin\beta$,

$\sin 2\alpha=2\sin\alpha\cos\alpha$, $\cos\dfrac{\beta}{2}=-\sqrt{\dfrac{1+\cos^2\beta}{2}}$,

计算得到结果.

解 ≫syms x1 x2 x3 x4 x5 x6

≫x1=solve('sin(x)=4/7','x'),x2=solve('cos(x)=-7/10','x'),format rat

x1 =asin(4/7)

x2 =pi-acos(7/10)

由于x1是第二象限的角,x2是第三象限的角,所以

≫x1 =pi-asin(4/7);x2 =pi+acos(7/10);

≫x3=sin(x1) * cos(x2)+cos(x1) * sin(x2),x4=cos(x1) * cos(x2)+sin(x1) * sin(x2),

x5=2 * sin(x1) * cos(x1),x6=-sqrt((1+cos(x2))/2)

x3 = 267/1435

x4 = 95/571

x5 = -151/161

x6 = -744/1921

所以,$\sin(\alpha+\beta)=\dfrac{267}{1\,435}$,$\cos(\alpha-\beta)=\dfrac{95}{571}$,$\sin 2\alpha=-\dfrac{151}{161}$,$\cos\dfrac{\beta}{2}=-\dfrac{744}{1\,921}$.

例3 作$y=2\sin\left(3x+\dfrac{\pi}{6}\right)$在一个周期的图像,并计算取得最大值、最小值的$x$.

分析 周期$T=\dfrac{2\pi}{3}$,作函数在一个周期$\left[-\dfrac{\pi}{3},\dfrac{\pi}{3}\right]$的图像,如图1.7.1所示,解方程$y=2\sin\left(3x+\dfrac{\pi}{6}\right)=2$得到最大值点$x$,解方程$y=2\sin\left(3x+\dfrac{\pi}{6}\right)=-2$得到最大值点$x$.

解 ≫syms x

≫fplot('2 * sin(3 * x+pi/6)',[-pi/3,pi/3])

% 作$y=2\sin\left(3x+\dfrac{\pi}{6}\right)$在一个周期$\left[-\dfrac{\pi}{3},\dfrac{\pi}{3}\right]$的图像

≫ x=solve('2 * sin(3 * x+pi/6)-2=0','x') % 求$y=2\sin\left(3x+\dfrac{\pi}{6}\right)$取得最大值2的$x$

x = 1/9 * pi

≫ x=solve('2 * sin(3 * x+pi/6)+2=0','x') % 求$y=2\sin\left(3x+\dfrac{\pi}{6}\right)$取得最小值-2的$x$

x=-2/9 * pi

所以,当$x=kT+\dfrac{\pi}{9}=\dfrac{2k\pi}{3}+\dfrac{\pi}{9}$时,$y=2\sin\left(3x+\dfrac{\pi}{6}\right)$取得最大值2;

当$x=kT+\dfrac{\pi}{9}=\dfrac{2k\pi}{3}-\dfrac{2\pi}{9}$时,$y=2\sin\left(3x+\dfrac{\pi}{6}\right)$取得最大值-2.

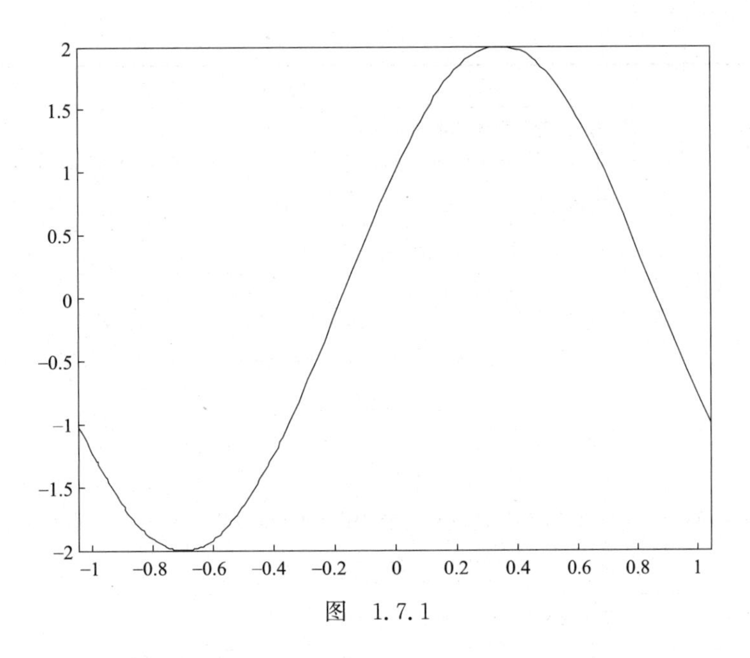

图 1.7.1

习 题 1.7

1. 设 $\cos x=-\dfrac{2}{5}$，x 是第三象限的角，求 x 的其他三角函数值.

2. 已知 $\sin\alpha=-\dfrac{5}{6}$，$\alpha\in\left(\dfrac{3\pi}{2},2\pi\right)$，$\cos\beta=-\dfrac{4}{9}$，$\beta\in\left(\pi,\dfrac{3\pi}{2}\right)$，求 $\sin(\alpha-\beta)$、$\cos(\alpha+\beta)$、$\sin 2\alpha$、$\cos\dfrac{\beta}{2}$的值.

3. 作 $y=-3\sin\left(2x+\dfrac{\pi}{6}\right)$在一个周期的图像，并计算取得最大值、最小值的 x.

本章重点知识与方法归纳

名　　称	主要内容	
角的概念与度量		角度与弧度之间的互化 (1)将角度化为弧度： $360°=2\pi$ rad；　$180°=\pi$ rad；　$1°=\dfrac{\pi}{180}$rad. (2)将弧度化为角度： 2π rad$=360°$；　π rad$=180°$；　1 rad$=\left(\dfrac{180}{\pi}\right)^{\circ}$
三角函数	任意角三角函数	1. 定义：$\sin\alpha=\dfrac{y}{r}$称为正弦函数；$\cos\alpha=\dfrac{x}{r}$称为余弦函数； $\tan\alpha=\dfrac{y}{x}(x\neq0)$称为正切函数；$\cot\alpha=\dfrac{x}{y}(y\neq0)$称为余切函数； $\sec\alpha=\dfrac{r}{x}(x\neq0)$称为正割函数；$\csc\alpha=\dfrac{r}{y}(y\neq0)$称为余割函数. 2. 符号：一全正，二正弦，三正切，四余弦.

续表

<table>
<tr><th colspan="2">名　称</th><th>主要内容</th></tr>
<tr><td rowspan="2">三角函数</td><td>任意角三角函数</td><td>3. 同角三角函数的基本关系式：
(1)倒数关系 $\tan\alpha\cdot\cot\alpha=1$；　$\sin\alpha\cdot\csc\alpha=1$；　$\cos\alpha\cdot\sec\alpha=1$.
(2)商数关系 $\frac{\sin\alpha}{\cos\alpha}=\tan\alpha$；　$\frac{\cos\alpha}{\sin\alpha}=\cot\alpha$.
(3)平方关系 $\sin^2\alpha+\cos^2\alpha=1$；
$\sec^2\alpha=1+\tan^2\alpha$；$\csc^2\alpha=1+\cot^2\alpha$.
4. 二倍角公式：$\sin 2\alpha=2\sin\alpha\cos\alpha$；$(S_{2\alpha})$
$\cos 2\alpha=\cos^2\alpha-\sin^2\alpha=2\cos^2\alpha-1=1-2\sin^2\alpha$；$(C_{2\alpha})$
$\tan 2\alpha=\frac{2\tan\alpha}{1-\tan^2\alpha}(T_{2\alpha})$</td></tr>
<tr><td>正弦型函数</td><td>形如 $y=A\sin(\omega x+\varphi)$ 的函数称为正弦型函数.
A 称为振动的振幅；$T=\frac{2\pi}{\omega}$ 称为这个振动的周期；$f=\frac{1}{T}=\frac{\omega}{2\pi}$ 称为振动的频率；$\omega x+\varphi$ 称为相位；$x=0$ 时的相位 φ 称为初相</td></tr>
<tr><td>反三角函数</td><td></td><td>1. 反正弦函数 $y=\arcsin x$（或 $y=\sin^{-1}x$）
其定义域为 $x\in[-1.1]$，值域为 $\left[-\frac{\pi}{2},\frac{\pi}{2}\right]$；该函数是奇函数，有 $\arcsin(-x)=-\arcsin x(x\in[-1,1])$；在定义域内是单调递增的.
2. 反余弦函数 $y=\arccos x$（或 $y=\cos^{-1}x$）
其定义域为 $x\in[-1.1]$，值域为 $[0,\pi]$；该函数是非奇非偶函数，有 $\arccos(-x)=\pi-\arccos x(x\in[-1,1])$；在定义域内是单调递减的.
3. 反正切函数 $y=\arctan x$（或 $y=\tan^{-1}x$）
其定义域为 $x\in(-\infty,+\infty)$，值域为 $\left(-\frac{\pi}{2},\frac{\pi}{2}\right)$；该函数是奇函数，有 $\arctan(-x)=-\arctan x(x\in(-\infty,+\infty))$；在定义域内是单调递增的.
4. 反余切函数 $y=\text{arccot}\, x$（或 $y=\cot^{-1}x$）
其定义域为 $x\in(-\infty,+\infty)$，值域为 $(0,\pi)$；该函数是非奇非偶函数，有 $\text{arccot}(-x)=\pi-\text{arccot}\, x(x\in(-\infty,+\infty))$；在定义域 $x\in(-\infty,+\infty)$ 内是单调递减的</td></tr>
<tr><td>解三角形</td><td></td><td>1. 正弦定理：在一个三角形中，各边和它所对角的正弦的比相等，即 $\frac{a}{\sin A}=\frac{b}{\sin B}=\frac{c}{\sin C}$.
2. 余弦定理：三角形中任何一边的平方等于其他两边的平方的和减去这两边与它们的夹角余弦乘积的两倍，即 $a^2=b^2+c^2-2bc\cos A$；$b^2=a^2+c^2-2ac\cos B$；$c^2=a^2+b^2-2ab\cos C$</td></tr>
<tr><td>科学计算器的使用</td><td></td><td>科学计算器的模式：基本算术计算 COMP、标准偏差 SD、回归计算 REG；
使用方法：记忆器计算；基本计算；科学函数计算</td></tr>
<tr><td>用 MATLAB 解三角形</td><td>软件命令</td><td>1. 用 sin(x)、cos(x)、tan(x)、ain(x)、acos(x)、atan(x)命令格式解三角形.
2. 用[x]=solve('方程')命令格式求方程的解</td></tr>
</table>

第 2 章

函数的极限

函数是高等数学主要的研究对象，是研究各个量之间确定性依赖关系的数学模型. 极限的理论是微积分的理论基础，极限方法是深入研究函数和解决各种问题的基本思想方法，是学好微积分的关键，微积分中很多重要的概念均是用极限来表述的. 本章在中学数学的基础上，介绍专业课或实际生活的常见函数，重点介绍函数极限的概念及其计算，无穷小及函数的连续性的概念，以及用数学软件 MATLAB 求解较复杂的函数极限的命令.

2.1 初等函数

【课前导学】

1. 掌握基本初等函数的定义

__________，__________，__________，__________，__________，__________这六类函数统称基本初等函数.

2. 了解基本初等函数的定义域

幂函数 $y=x^{\frac{1}{2}}(y=\sqrt{x})$ 的定义域是 $x\in$__________；

指数函数 $y=a^x$ 的定义域是 $x\in$__________；

对数函数 $y=\ln x$ 的定义域是 $x\in$__________；

三角函数 $y=\sin x$ 的定义域是 $x\in$__________；

反三角函数 $y=\arcsin x$ 的定义域是 $x\in$__________.

3. 了解基本初等函数的图像与性质

在下列函数中选出符合条件的函数.

$y=3, y=x^2, y=\dfrac{1}{x}, y=2^x, y=\ln x, y=\sin x, y=\cos x, y=\arcsin x, y=\arctan x$. 其中，__________，__________，__________，__________为定义域内单调递增的函数；__________，__________，__________，__________，__________为定义域内有界的函数；__________，__________为周期函数.

4. 掌握复合函数的概念并会将复合函数正确分解

由 $y=u^3, u=\sin x$ 可以复合成复合函数 y __________；

由 $y=e^u, u=x^2$ 可以复合成复合函数 y __________；

由 $y=\tan u, u=x+1$ 可以复合成复合函数 y ________.

2.1.1 基本初等函数

我们过去已经学过了不少类型的函数，把其中最常见、最基本的函数归纳起来，就是基本初等函数.

定义 1 常量函数、幂函数、指数函数、对数函数、三角函数和反三角函数这六类函数统称为**基本初等函数**.

基本初等函数的图像和性质如表 2.1.1 所示(D 表示定义域，M 表示值域).

表 2.1.1

基本初等函数		性质		图像
常量函数	$y=c$(c 为常数) $D=(-\infty,+\infty)$ $M=\{c\}$	单调性	不增不减	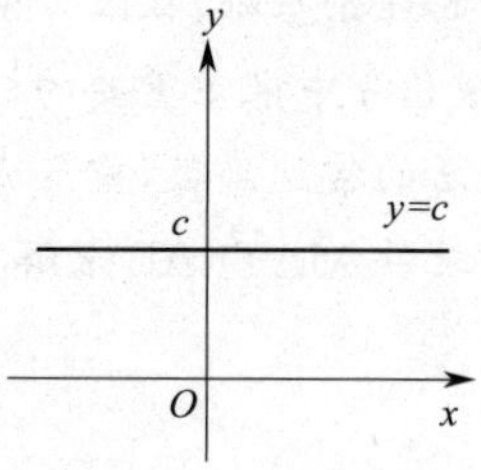
		奇偶性	偶函数	
		周期性	周期函数，任何非零实数都是周期	
		有界性	有界函数	
幂函数 $y=x^a$	$y=x^2$ $D=(-\infty,+\infty)$ $M=[0,+\infty)$	单调性	$x>0$ 时，单调递增； $x<0$ 时，单调递减	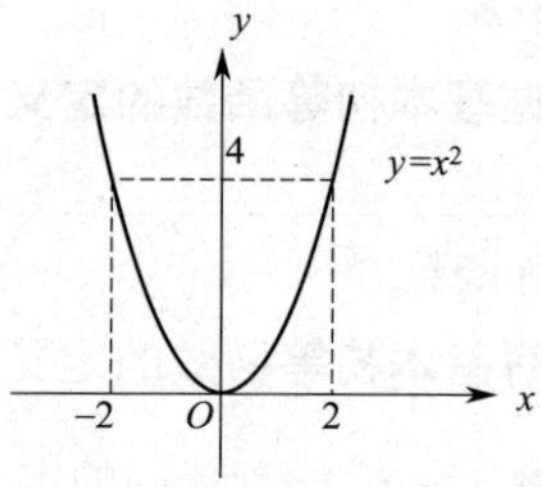
		奇偶性	偶函数	
		周期性	非周期函数	
		有界性	无界函数	
	$y=\frac{1}{x}$ $D=\{x\mid x\neq 0\}$ $M=\{y\mid y\neq 0\}$	单调性	$x>0$ 时，单调递减； $x<0$ 时，单调递减	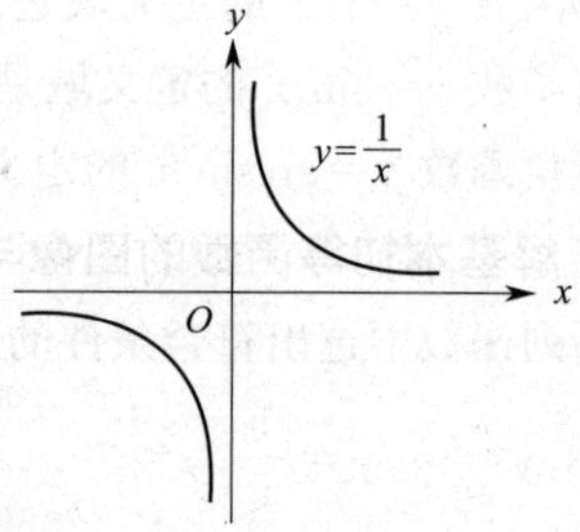
		奇偶性	奇函数	
		周期性	非周期函数	
		有界性	无界函数	
	$y=x^{\frac{1}{2}}$ $D=[0,+\infty)$ $M=[0,+\infty)$	单调性	$x>0$ 时，单调递增	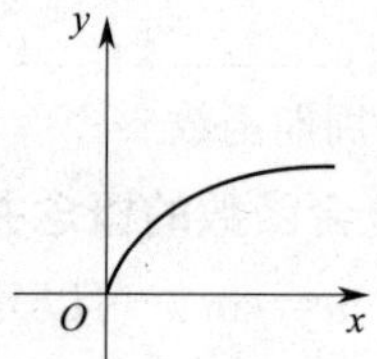
		奇偶性	非奇非偶函数	
		周期性	非周期函数	
		有界性	无界函数	

续表

基本初等函数		性　质		图　像
指数函数	$y=a^x$ $(a>0,a\neq1$, a 为常数) $D=(-\infty,+\infty)$ $M=(0,+\infty)$	单调性	$a>1$ 时，单调递增；$0<a<1$ 时，单调递减	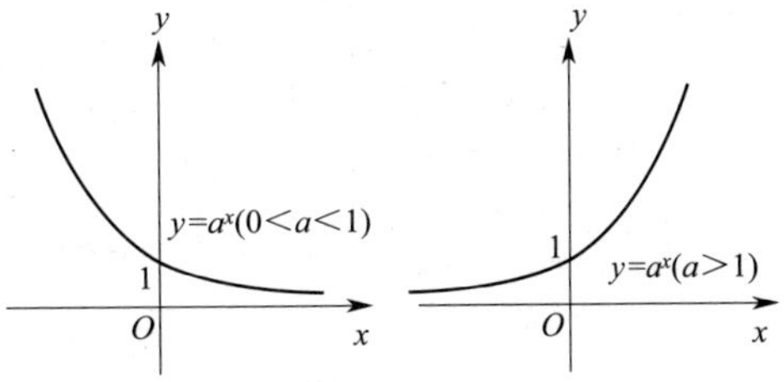
		奇偶性	非奇非偶函数	
		周期性	非周期函数	
		有界性	无界函数	
对数函数	$y=\log_a x$ $(a>0,a\neq1)$ $D=(0,+\infty)$ $M=(-\infty,+\infty)$	单调性	$a>1$ 时，单调递增；$0<a<1$ 时，单调递减	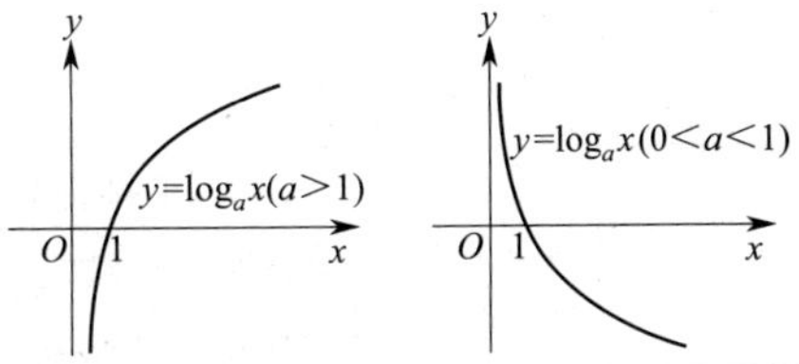
		奇偶性	非奇非偶函数	
		周期性	非周期函数	
		有界性	无界函数	
三角函数	正弦函数 $y=\sin x$ $D=(-\infty,+\infty)$ $M=[-1,1]$	单调性	$2k\pi-\frac{\pi}{2}\leqslant x\leqslant 2k\pi+\frac{\pi}{2}$，$k\in\mathbf{Z}$ 时，单调递增；$2k\pi+\frac{\pi}{2}\leqslant x\leqslant 2k\pi+\frac{3\pi}{2}$，$k\in\mathbf{Z}$ 时，单调递减	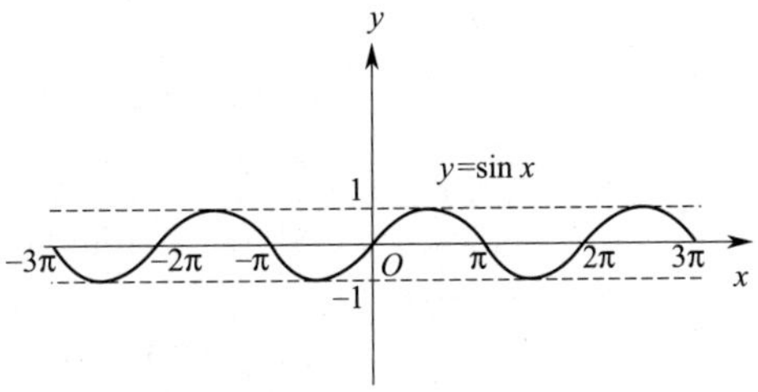
		奇偶性	奇函数	
		周期性	周期函数，最小正周期 $T=2\pi$	
		有界性	有界函数，$\lvert\sin x\rvert\leqslant1$	
	余弦函数 $y=\cos x$ $D=(-\infty,+\infty)$ $M=[-1,1]$	单调性	$2k\pi\leqslant x\leqslant(2k+1)\pi$，$k\in\mathbf{Z}$ 时，单调递减；$(2k-1)\pi\leqslant x\leqslant 2k\pi$，$k\in\mathbf{Z}$ 时单调递增	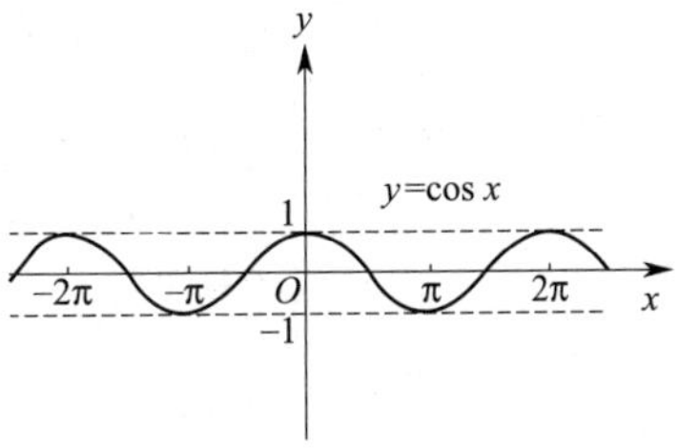
		奇偶性	偶函数	
		周期性	周期函数，最小正周期 $T=2\pi$	
		有界性	有界函数，$\lvert\cos x\rvert\leqslant1$	
	正切函数 $y=\tan x$ $D=\left\{x\mid x\neq k\pi+\frac{\pi}{2},k\in\mathbf{Z}\right\}$ $M=(-\infty,+\infty)$	单调性	$k\pi-\frac{\pi}{2}<x<k\pi+\frac{\pi}{2}$，$k\in\mathbf{Z}$ 时，单调递增	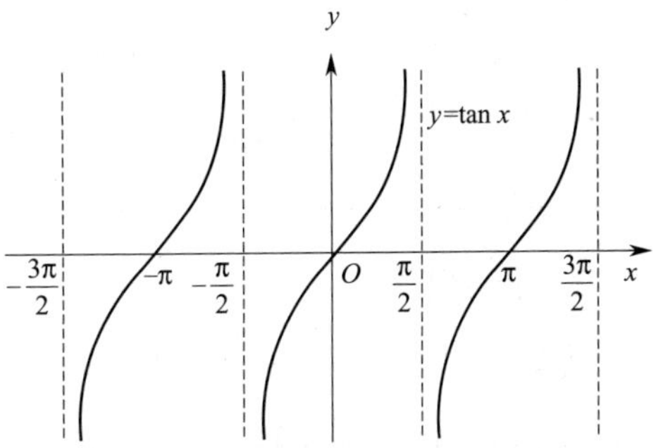
		奇偶性	奇函数	
		周期性	周期函数，最小正周期 $T=\pi$	
		有界性	无界函数	

续表

基本初等函数		性质		图像
三角函数	余切函数 $y=\cot x$ $D=\{x\mid x\neq k\pi,k\in\mathbf{Z}\}$ $M=(-\infty,+\infty)$	单调性	$k\pi<x<(k+1)\pi$，$k\in\mathbf{Z}$时，单调递减	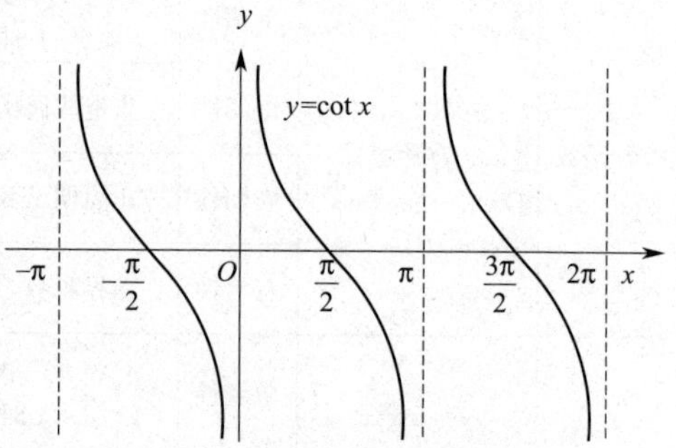 $y=\cot x$
		奇偶性	奇函数	
		周期性	周期函数，最小正周期$T=\pi$	
		有界性	无界函数	
反三角函数	反正弦函数 $y=\arcsin x$ $D=[-1,1]$ $M=\left[-\frac{\pi}{2},\frac{\pi}{2}\right]$	单调性	单调递增	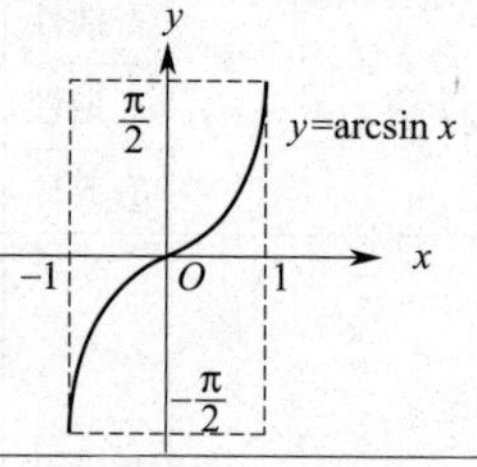 $y=\arcsin x$
		奇偶性	奇函数	
		周期性	非周期函数	
		有界性	有界函数 $\lvert\arcsin x\rvert\leqslant\frac{\pi}{2}$	
	反余弦函数 $y=\arccos x$ $D=[-1,1]$ $M=[0,\pi]$	单调性	单调递减	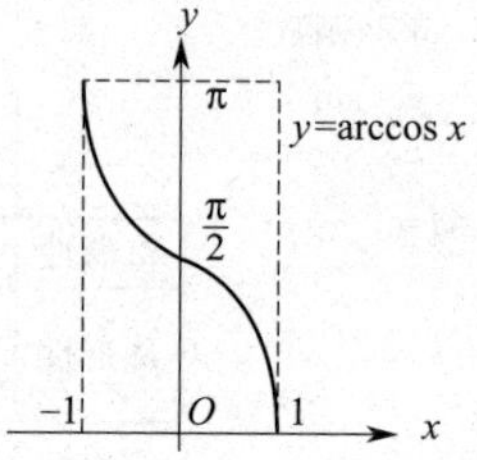 $y=\arccos x$
		奇偶性	非奇非偶函数	
		周期性	非周期函数	
		有界性	有界函数 $0\leqslant\arccos x\leqslant\pi$	
	反正切函数 $y=\arctan x$ $D=(-\infty,+\infty)$ $M=\left(-\frac{\pi}{2},\frac{\pi}{2}\right)$	单调性	单调递增	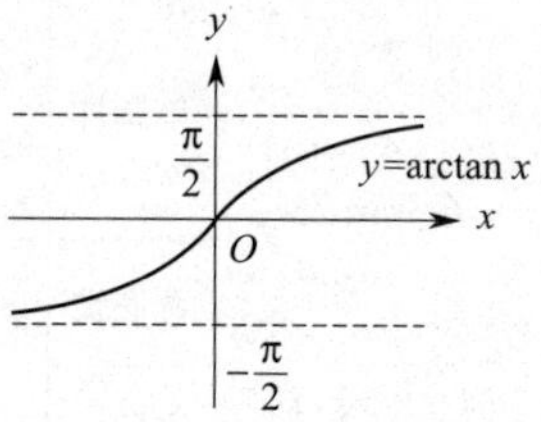 $y=\arctan x$
		奇偶性	奇函数	
		周期性	非周期函数	
		有界性	有界函数 $\lvert\arctan x\rvert<\frac{\pi}{2}$	
	反余切函数 $y=\operatorname{arccot} x$ $D=(-\infty,+\infty)$ $M=(0,\pi)$	单调性	单调递减	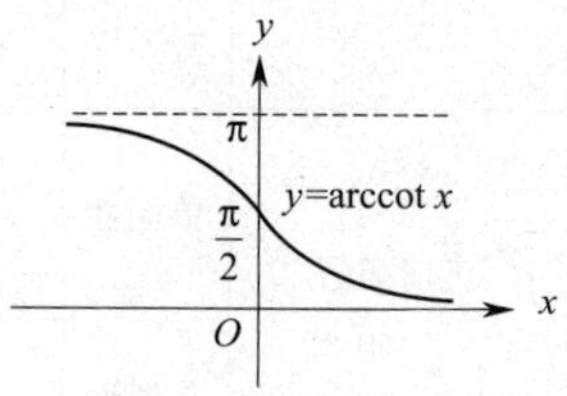 $y=\operatorname{arccot} x$
		奇偶性	非奇非偶函数	
		周期性	非周期函数	
		有界性	有界函数 $0<\operatorname{arccot} x<\pi$	

2.1.2 复合函数

定义 2 由基本初等函数经有限次四则运算$+$、$-$、$\times$、$\div$所得的函数称为**简单函数**.

例如，$y=x+2$是由幂函数和常量函数相加得到的简单函数；再如，$y=\dfrac{\sin x-2x^3}{\ln x}$也是简单函数.你能说出它是由哪几个基本初等函数组成的吗?

思考:$y=\sin 3x$ 是简单函数吗? $y=\sin 3x$ 虽然是由 $\sin x$ 和 $3x$ 组成的函数,但并不是经四则运算得到的,所以它不是简单函数.

定义 3 设 y 是 u 的函数 $y=f(u)$,u 是 x 的函数 $u=\varphi(x)$,如果函数 $u=\varphi(x)$ 的值域与函数 $y=f(u)$ 的定义域的交集非空,则称函数 $y=f[\varphi(x)]$ 是由 $y=f(u)$ 和 $u=\varphi(x)$ **复合而成的函数**,简称**复合函数**,其中 u 称为**中间变量**.

例如,$y=\sin 3x$ 就是复合函数,它是由 $y=\sin u$ 和 $u=3x$ 复合而成的,其中 $u=3x$ 是中间变量.

复合函数可以由两个函数复合而成,也可以由多个函数复合而成.

例如,由函数 $y=\sqrt{u}$ 和 $u=3+\mathrm{e}^x$ 可以复合成函数 $y=\sqrt{3+\mathrm{e}^x}$;由函数 $y=\ln u$ 和 $u=\cos v$ 和 $v=x+3$ 可以复合成函数 $y=\ln\cos(x+3)$;由函数 $y=1+\arcsin u$ 和 $u=3^x$ 可以复合成函数 $y=1+\arcsin 3^x$.

注 意

不是任意两个函数都可以复合成一个复合函数.例如,$y=\arccos u$ 和 $u=x^2+4$ 就不能构成复合函数,因为 $y=\arccos u$ 的定义域 $D=[-1,1]$ 与 $u=x^2+4$ 的值域 $[4,+\infty)$ 的交集为空集.

为了研究函数的需要,有时我们要将一个复合函数分解成若干基本初等函数或简单函数,其分解方法是"由外到里,逐层分解".

例 1 指出下列函数是由哪些基本初等函数或简单函数复合而成的.

(1)$y=\ln x^2$;　　(2)$y=(2x-3)^{10}$;

(3)$y=\mathrm{e}^{\arcsin x}$;　　(4)$y=\ln\cot 3x$.

解 (1)$y=\ln x^2$ 是由 $y=\ln u$,$u=x^2$ 复合而成的;

(2)$y=(2x-3)^{10}$ 是由 $y=u^{10}$,$u=2x-3$ 复合而成的;

(3)$y=\mathrm{e}^{\arcsin x}$ 是由 $y=\mathrm{e}^u$,$u=\arcsin x$ 复合而成的;

(4)$y=\ln\cot 3x$ 是由 $y=\ln u$,$u=\cot v$,$v=3x$ 复合而成的.

2.1.3 初等函数的定义

定义 4 由基本初等函数经过有限次四则运算和有限次复合所构成,并且能用一个解析式表示的函数,称为**初等函数**.

例如,$y=\dfrac{1}{x^2-x-6}$,$y=\mathrm{e}^{2x+1}$,$y=\ln\sqrt{1+x^2}$ 等均是初等函数.

又如,分段函数 $y=\begin{cases}x, & x\geqslant 0\\ -x, & x<0\end{cases}$ 最终可以用一个解析式 $y=|x|=\sqrt{x^2}$ 表示,而且可以由函数 $y=\sqrt{u}$ 和 $u=x^2$ 复合而成,因此它是一个初等函数. 但 $y=\begin{cases}x^2, & x\geqslant 0\\ 1-x, & x<0\end{cases}$ 不能用一个解析式表示,就不是初等函数.

习 题 2.1

1. 判断题.

(1)任何两个函数都能复合成一个复合函数. ( )

(2)函数 $y=\arcsin x, y=\arccos x, y=\arctan x$ 和 $y=\text{arccot}\, x$ 都是有界函数. ( )

(3)函数 $y=\arcsin(x^2+3)$ 可由函数 $y=\arcsin u$ 与 $u=x^2+3$ 复合而成. ( )

(4)函数 $y=\dfrac{1}{x-1}$ 既不是奇函数也不是偶函数. ( )

(5)复合函数分解的每一层函数必为基本初等函数或简单函数. ( )

2. 填空题.

写出下列函数的复合过程

(1)函数 $y=\tan 2x$ 由__________与__________复合而成.

(2)函数 $y=\cot x^3$ 是由__________与__________复合而成.

(3)函数 $y=\sec^2 x$ 由__________与__________复合而成.

(4)函数 $y=e^{-x}$ 是由__________与__________复合而成.

(5)函数 $y=\arcsin(\ln x)$ 是由__________与__________复合而成.

(6)函数 $y=\sqrt{\cos 3x}$ 是由__________、__________与__________复合而成.

3. 选择题.

(1)由 $y=\sqrt{u}, u=1+v^2, v=\cos x$ 复合而成的复合函数是( ).

A. $y=\sqrt{1+\cos x}$ B. $y=\sqrt{1+\cos^2 x}$

C. $y=1+\cos^2 x$ D. $y=1+\sqrt{\cos x}$

(2)由 $y=u^2, u=1+\sin v, v=x^2$ 复合而成的复合函数是( ).

A. $y=(1+\sin x^2)^2$ B. $y=1+\sin x^3$

C. $y=(1+\cos^2 x)^2$ D. $y=1+\sin^3 x$

4. 指出复合函数 $y=e^{\arcsin(3x+2)}$ 的复合过程.

5. 指出函数 $y=|\sin x|$ 在区间 $[0,2\pi]$ 上的单调增区间.

6. 已知函数 $f(x)=\begin{cases} 2^x, & x>0 \\ 1, & x=0. \\ x+1, & x<0 \end{cases}$

(1)求 $f(x)$ 的定义域;

(2)作出 $f(x)$ 的图像;

(3)求 $f(-1), f(0) f(1)$.

2.2 极限的概念

【课前导学】

1. 理解数列极限的定义

当数列 $\{a_n\}$ 的项数 n __________时,如果 a_n 无限地趋近于一个__________的常数 A,那么

就称 A 为这个数列的________，记作$\lim\limits_{n\to\infty} a_n=$________.

2. 理解函数极限的定义

如果当$|x|$无限________（即 $x\to\infty$）时，函数 $f(x)$无限地接近于一个________的常数 A，那么就称常数 A 为当$x\to$________时函数 $f(x)$的________，记作________ $f(x)=A$；

如果当 $x\to$________（x 可以不等于 x_0）时，函数 $f(x)$无限地趋近于一个________的常数 A，那么就称 A 为 $f(x)$当 $x\to$________时的________，记作________ $f(x)=A$.

3. 掌握单向极限和双向极限的关系

$\lim\limits_{x\to\infty}f(x)=A\Leftrightarrow$________$=$________$=A$.

4. 掌握单侧极限和双侧极限的关系

$\lim\limits_{x\to x_0}f(x)=A\Leftrightarrow$________$=$________$=A$.

引例：

(1)当你夜晚在有路灯的街上行走时，请观察随着你越来越接近路灯，你的影子的长度会发生怎样的变化.

(2)用一电水壶烧开水断电之后，请观察随着时间 T 的推移，壶中的水温与室温有怎样的关系.

(3)在一个半径为定长 R 的已知圆内依次做内接正三角形、正六边形、正十二边形……请观察随着边数 N 的增大，正 N 边形的面积与已知圆的面积有怎样的关系.

上述三个实验现象反映到数学中，就是我们本节要学习的一个重要概念极限.

2.2.1　数列的极限

例 1　“一尺之棰，日取其半，万世不竭.”出自战国时代哲学家庄周所著《庄子・天下篇》，将其用数列表示出来并观察该数列的变化趋势.

解　所描述的现象可用数列可表示为

$$1,\frac{1}{2},\frac{1}{4},\frac{1}{8},\cdots,\frac{1}{2^{n-1}},\cdots.$$

在数轴上可表示如图 2.2.1 所示.

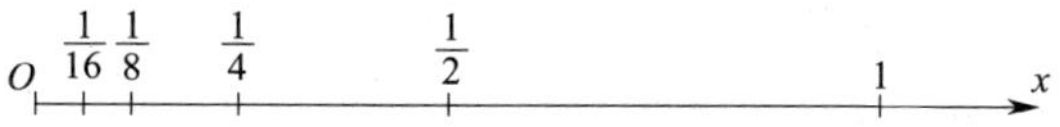

图　2.2.1

可以观察到随着项数 n 无限增大时，数列$\left\{\frac{1}{2^{n-1}}\right\}$无限趋近于 0.

例 2　刘徽（魏晋，《九章算术》方田章圆田术）：“割之弥细，所失弥少，割之又割，以至于不可割，则与圆周合体而无所失矣.”

在一个半径为定长 R 的已知圆内依次做内接正三角形、正六边形、正十二边形……内接正多边形的面积依次为 $A_1,A_2,A_3,\cdots,A_n,\cdots$内接正多边形的面积构成一个无穷数列，圆面积为 S. 可以观察到，随着内接正多边形的边数越来越大，内接正多边形面积无限趋近圆面积即项数 n

无限增大时，数列$\{A_n\}$无限趋近于S.

定义 1 当数列$\{a_n\}$的项数n无限增大时，如果数列中的项a_n无限地趋近于一个确定的常数A，那么就称A为这个数列的**极限**，记作$\lim\limits_{n\to\infty}a_n=A$. 读作"当$n$趋向于无穷大时，$a_n$的极限等于$A$". 符号"→"表示"趋向于"，"∞"表示"无穷大"，"$n\to\infty$"表示"n无限增大". $\lim\limits_{n\to\infty}a_n=A$有时也记作当$n\to\infty$时，$a_n\to A$，或$a_n\to A(n\to\infty)$.

若数列$\{a_n\}$极限存在，就称数列$\{a_n\}$**收敛**；若数列$\{a_n\}$没有极限，则称数列$\{a_n\}$**发散**.

例 3 讨论数列 2,2,2,…,2,…的变化趋势.

解 当$n\to\infty$时，$a_n\to 2$ 即常数列的极限是这个常数本身.

例 4 讨论数列$\left\{\frac{1+(-1)^n}{2}\right\}$的变化趋势.

解 当$n\to\infty$时，a_n在 1 与 0 之间摆动，不能够无限地接近于一个确定的常数，因此该数列无极限.

例 5 讨论数列 1,3,5,…,$2n-1$,…的变化趋势.

解 当$n\to\infty$时，$a_n\to\infty$，因为∞不是一个确定的常数，因此该数列无极限.

注 意

判断一个数列有无极限的方法：①让自变量n无限增大，即$n\to\infty$；②考察数列$\{a_n\}$在$n\to\infty$时的变化趋势；③作判断：若数列$\{a_n\}$无限趋近于某一个确定的常数A，则A就是数列$\{a_n\}$当$n\to\infty$的极限，否则数列$\{a_n\}$没有极限.

数列是定义在自然数集上的特殊函数，因此按照数列极限的思想方法，可以将数列极限的概念推广到一般函数的极限.

2.2.2 函数的极限

为了讨论函数的极限，先把自变量x的变化过程做一个归类：

(1)x趋于负无穷大，记作$x\to-\infty$；

(2)x趋于正无穷大，记作$x\to+\infty$；

(3)x趋于无穷大，记作$x\to\infty$；

(4)x从x_0的左侧趋于x_0，记作$x\to x_0^-$；

(5)x从x_0的右侧趋于x_0，记作$x\to x_0^+$；

(6)x从x_0的左、右两侧趋于x_0，记作$x\to x_0$.

1. 当$x\to\infty$时函数$f(x)$的极限

例 6 讨论函数$y=\frac{1}{x}$当$x\to+\infty$、$x\to-\infty$和$x\to\infty$时的变化趋势.

解 如图 2.2.2 所示，当$x\to+\infty$和$x\to-\infty$时，均有$y=\frac{1}{x}\to 0$，因此当$x\to\infty$时，$y=\frac{1}{x}\to 0$.

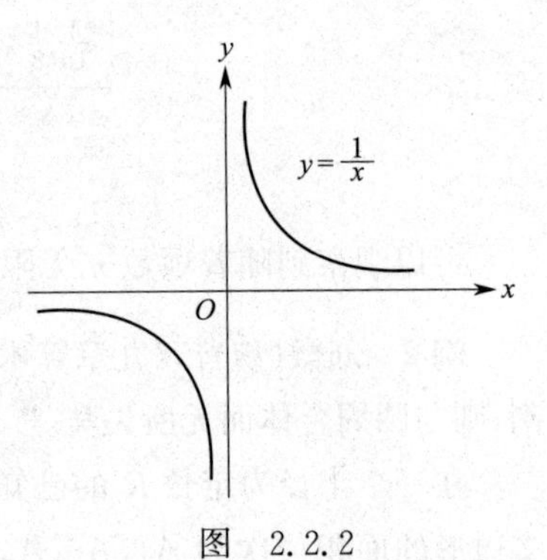

图 2.2.2

定义 2　如果当$|x|$无限增大(即 $x\to\infty$)时,函数 $f(x)$无限地接近于一个确定的常数 A,那么就称常数 A 为当$x\to\infty$时函数 $f(x)$的**极限**,记作

$$\lim_{x\to\infty}f(x)=A.$$

类似地,如果当 $x\to+\infty$(或 $x\to-\infty$)时,函数 $f(x)$无限地接近于一个确定的常数 A,那么就称常数 A 为 $f(x)$当 $x\to+\infty$(或 $x\to-\infty$) 时的**极限**,也可称为**单向极限**. 记作

$$\lim_{x\to+\infty}f(x)=\mathrm{A}\quad(\text{或}\lim_{x\to-\infty}f(x)=A).$$

例 7　作出函数 $y=\arctan x$ 的图像,并分别讨论当 $x\to+\infty$、$x\to-\infty$和 $x\to\infty$时它的极限.

解　首先作出 $y=\arctan x$ 的图像,如图 2.2.3 所示;其次讨论极限:

(1) $\lim\limits_{x\to+\infty}\arctan x=\dfrac{\pi}{2}$;

(2) $\lim\limits_{x\to-\infty}\arctan x=-\dfrac{\pi}{2}$;

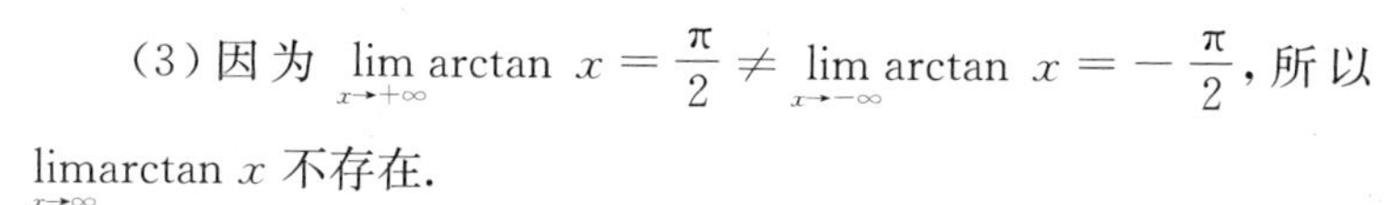

(3) 因为 $\lim\limits_{x\to+\infty}\arctan x=\dfrac{\pi}{2}\neq\lim\limits_{x\to-\infty}\arctan x=-\dfrac{\pi}{2}$,所以 $\lim\limits_{x\to\infty}\arctan x$ 不存在.

图　2.2.3

故有结论:$\lim\limits_{x\to\infty}f(x)=A\Leftrightarrow\lim\limits_{x\to+\infty}f(x)=\lim\limits_{x\to-\infty}f(x)=A$.

2. 当 $x\to x_0$ 时,函数 $f(x)$的极限

例 8　讨论当 $x\to2$ 时函数 $y=\dfrac{x^2-4}{x-2}$的变化趋势.

解　作出函数 $y=\dfrac{x^2-4}{x-2}$的图像,如图 2.2.4 所示.

虽然函数在 $x=2$ 处函数没有定义,但 x 不论从大于 2 或从小于 2 两个方向趋近于 2 时,函数 $y=\dfrac{x^2-4}{x-2}$的值都趋于 4.

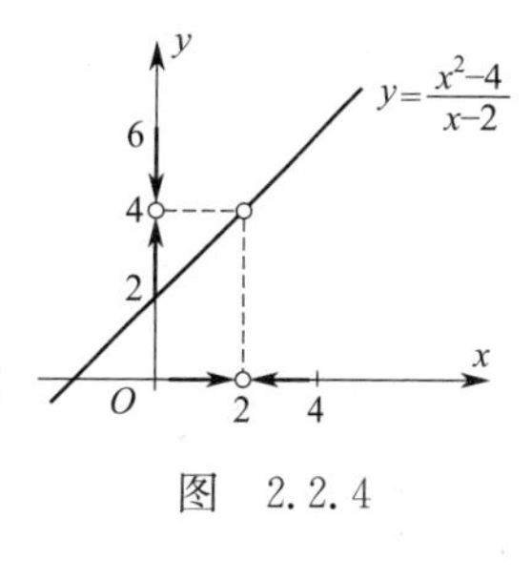

图　2.2.4

定义 3　如果当 $x\to x_0$(x 可以不等于 x_0)时,函数 $f(x)$无限地趋近于一个确定的常数 A,那么就称 A 为 $f(x)$当 $x\to x_0$ 时的**极限**,记作 $\lim\limits_{x\to x_0}f(x)=A$.

类似的,如果 x 从大于 x_0 的方向(即 x_0 的右侧)趋近于 x_0 时,函数 $f(x)$无限地趋近于一个确定的常数 A,那么就称这个确定的常数 A 为当 $x\to x_0$ 时函数 $f(x)$的**右极限**,记作 $\lim\limits_{x\to x_0^+}f(x)=A$;如果 x 从小于 x_0 的方向(即 x_0 的左侧)趋近于 x_0 时,函数 $f(x)$无限地趋近于一个确定的常数 A,那么就称这个确定的常数为当 $x\to x_0$ 时的函数 $f(x)$的**左极限**,记作 $\lim\limits_{x\to x_0^-}f(x)=A$,左极限和右极限可统称**单侧极限**.

由例 8 容易看出结论:函数在 x_0 处极限存在与否,极限值为多少均与函数在 x_0 处是否有定义无关. 例 8 的解答也可以书写为 $\lim\limits_{x\to1^-}f(x)=\lim\limits_{x\to1^+}f(x)=2$.

例 9　已知 $f(x)=c$,求 $\lim\limits_{x\to x_0}f(x)$($c$ 为常数).

解 因为当 $x\to x_0$ 时,$f(x)$的值恒等于 c,所以有 $\lim\limits_{x\to x_0}f(x)=\lim\limits_{x\to x_0}c=c$.

由此可见,常数的极限是其本身.

例 10 已知函数 $f(x)=\begin{cases}x-1, & x>1\\ 2, & x\leqslant 1\end{cases}$,讨论当 $x\to 1$ 时函数的极限.

解 因为在 $x>1$ 和 $x\leqslant 1$ 时函数的解析式不一样,所以在讨论当 $x\to 1$ 时函数的极限时需通过求函数在 $x\to 1$ 时的单侧极限来判断.

因为
$$\lim_{x\to 1^-}f(x)=\lim_{x\to 1^-}2=2,\lim_{x\to 1^+}f(x)=\lim_{x\to 1^+}(x-1)=0,$$
即
$$\lim_{x\to 1^-}f(x)\neq\lim_{x\to 1^+}f(x),$$
因而当 $x\to 1$ 时 $f(x)$的极限不存在.

结论 一般地,$\lim\limits_{x\to x_0}f(x)=A\Leftrightarrow\lim\limits_{x\to x_0^-}f(x)=\lim\limits_{x\to x_0^+}f(x)=A$.

习 题 2.2

1. 判断题.

(1)当 $x\to\infty$ 时,$y=\cos x$ 的极限不存在. ( )

(2)$\lim\limits_{n\to\infty}\dfrac{1}{n^{\alpha}}=0\quad(\alpha>0)$. ( )

(3)$\lim\limits_{n\to\infty}q^n=0\quad(|q|\geqslant 1)$. ( )

(4)$\lim\limits_{n\to\infty}C=C\quad$($C$ 为常数). ( )

(5)因为 $\lim\limits_{x\to+\infty}\dfrac{1}{x}=0$,$\lim\limits_{x\to-\infty}\dfrac{1}{x}=0$,所以$\lim\limits_{x\to\infty}\dfrac{1}{x}=0$. ( )

(6)因为 $\lim\limits_{x\to+\infty}\arctan x=\dfrac{\pi}{2}$,$\quad\lim\limits_{x\to-\infty}\arctan x=-\dfrac{\pi}{2}$,所以$\lim\limits_{x\to\infty}\arctan x=\pm\dfrac{\pi}{2}$. ( )

2. 填空题.

(1)设函数 $f(x)=\begin{cases}x+1, & x\leqslant 0\\ 1, & x>0\end{cases}$,则 $\lim\limits_{x\to 0^-}f(x)=$________,$\lim\limits_{x\to 0^+}f(x)=$________,$\lim\limits_{x\to 0}f(x)=$________.

(2)已知函数 $f(x)=\begin{cases}3^x, & x\leqslant 0\\ a, & x>0\end{cases}$,若$\lim\limits_{x\to 0}f(x)$存在,则 $a=$________.

(3)函数 $f(x)$在 $x=x_0$ 点的极限存在,则 $\lim\limits_{x\to x_0^-}f(x)$存在,$\lim\limits_{x\to x_0^+}f(x)$也存在,并且它们二者必定________.

(4)当 $f(x_0)$不存在时,但$\lim\limits_{x\to x_0^-}f(x)=\lim\limits_{x\to x_0^+}f(x)=A$,则$\lim\limits_{x\to x_0}f(x)=$________.

3. 下列极限存在的是( ).

A. $\lim\limits_{x\to 1}\dfrac{2x}{x-1}$　　　　B. $\lim\limits_{x\to\infty}\cos x$

C. $\lim\limits_{n\to\infty}(-1)^n$　　　　D. $\lim\limits_{x\to 1}\dfrac{x^2-1}{x-1}$

4. 讨论函数 $f(x)=\begin{cases}x+1, & x<0\\ 0, & x=0\\ x-1, & x>0\end{cases}$ 当 $x\to 0$ 时的极限.

5. 画出函数 $f(x)=\dfrac{x^2-9}{x-3}$ 的图像，并讨论当 $x\to 3$ 时 $f(x)$ 的极限.

【知识拓展】刘徽与《九章算术》

刘徽是我国魏晋时期的伟大数学家，是中国“古典数学理论”的奠基人，是我国首位以“逻辑推理”的方式来论证数学命题的数学家. 他撰写的《九章算术注》一书，在世界数学史上占有突出的地位，是中华民族的宝贵遗产，为人类文明的发展做出了不可磨灭的贡献.

《九章算术》是东汉初期(公元 1 世纪左右)流传下来的最早的数学方面的专著，书中总结了我国古代劳动人民和数学家在长期的生产生活实践中所运用的数学知识，在许多方面，如解联立方程，分数四则运算，正负数运算，几何图形的体积、面积计算等，都属于世界先进之列. 但它对所列问题的解法或结论缺乏必要的解释和说明，对所依据的理论也没有做系统的探讨. 刘徽看到了这一点，决定为《九章算术》做注释，这是一项非常烦琐的工作. 他在注解《九章算术》时，精辟地阐述了各种解题方法的道理，提出了简要的说明，论证了解法的正确性，并指出了一些近似解法的精确程度和个别解法的错误，为中国古典数学奠定了理论基础. 他还提出了许多具有创造性的理论，对我国古代数学体系的形成和发展起了很重要的作用.

刘徽在注解《九章算术》的过程中，创立了“割圆术”，为计算圆周率建立了严密的理论，提供了计算圆周率的科学方法，比古希腊数学家阿基米德计算的圆周率更加精确. 他还认为圆内接正多边形的边数越多，就越同圆周近似. 这就是现代数学中的“极限”概念，因此中国成为世界上产生“极限”概念最早的国家之一. 除此之外，他创造了比直除法更简便的“线性方程组解法”和解“不定方程问题”，与现代解法基本一致；他还建立了等差级数“前 n 项求和公式”. 他的推理非常严谨，虽然没有写出自成体系的著作，但他所运用的数学知识，实际上已经形成了一个独具特色的理论体系.

刘徽在数学研究中不迷信权威，也不盲目地踩着前人的脚印走，而是有自己的主见，富于批判精神；他注意寻求数学内部的联系，既注意逻辑推理，又注意运用直观手段，所以他的理论明白易懂.

正是因为有刘徽这样坚忍不拔、勇于探索的数学家，我国古代的数学所取得的成就是无比辉煌与伟大的，所以在今天的数学学习中，要从他们身上获得数学知识的同时，更要继承到他们不断探索、勇攀高峰的钻研精神.

2.3　函数极限的四则运算法则

【课前导学】

1. 了解函数极限的四则运算法则

(1) $\lim\limits_{x\to x_0}[f(x)\pm g(x)]=$ ________ $\pm$ ________；

(2) $\lim\limits_{x \to x_0}[f(x) \cdot g(x)] =$ __________ $\cdot$ __________；

(3) $\lim\limits_{x \to x_0} \dfrac{f(x)}{g(x)} =$ __________ （______ $\neq 0$）.

2. 掌握计算极限的方法

(1)在求商的极限时首先要考察分母的极限是否为零，若极限值存在且不为零，则可以直接__________求解.

(2)在给定的极限条件下，当分子、分母都以零为极限，通常先约去分子分母中的__________，再求极限.

(3)在给定的极限条件下，当分子分母多项式趋近于__________时，通常先分子分母同除以最高次项，之后再求解.

以下定理就是极限的四则运算法则：

扫一扫

极限的四则运算法则

定理 设 $\lim\limits_{x \to x_0} f(x) = A$，$\lim\limits_{x \to x_0} g(x) = B$，则

(1) $\lim\limits_{x \to x_0}[f(x) \pm g(x)] = \lim\limits_{x \to x_0} f(x) \pm \lim\limits_{x \to x_0} g(x) = A \pm B$；

(2) $\lim\limits_{x \to x_0}[f(x) \cdot g(x)] = \lim\limits_{x \to x_0}[f(x)] \cdot \lim\limits_{x \to x_0}[g(x)] = A \cdot B$；

(3) $\lim\limits_{x \to x_0} \dfrac{f(x)}{g(x)} = \dfrac{\lim\limits_{x \to x_0} f(x)}{\lim\limits_{x \to x_0} g(x)} = \dfrac{A}{B} \ (B \neq 0)$.

推论 $\lim\limits_{x \to x_0} kf(x) = k \cdot \lim\limits_{x \to x_0} f(x) = kA$ （k 为常数）.

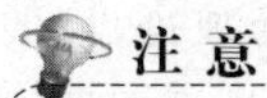

注 意

上述运算法则对于其他极限条件(如 $x \to \infty$ 等)同样成立.

扫一扫

极限例题 1

例 1 求极限.

(1) $\lim\limits_{x \to 1}(3x^2 - 2x + 1)$； (2) $\lim\limits_{x \to 1} \dfrac{x^2 - 2x + 5}{x^2 + 6}$.

解 (1)
$$\begin{aligned}\lim_{x \to 1}(3x^2 - 2x + 1) &= \lim_{x \to 1}(3x^2) - \lim_{x \to 1}(2x) + \lim_{x \to 1} 1 \\ &= 3(\lim_{x \to 1} x)^2 - 2(\lim_{x \to 1} x) + \lim_{x \to 1} 1 \\ &= 3 \times 1^2 - 2 \times 1 + 1 \\ &= 2.\end{aligned}$$

(2)因为 $\lim\limits_{x \to 1}(x^2 + 6) \neq 0$，所以

扫一扫

极限例题 2

$$\lim_{x \to 1} \frac{x^2 - 2x + 5}{x^2 + 6} = \frac{\lim\limits_{x \to 1}(x^2 - 2x + 5)}{\lim\limits_{x \to 1}(x^2 + 6)} = \frac{4}{7}.$$

由此例可知，在求商的极限时首先要考察分母的极限是否为零，若极限值存在且不为零，则可以直接代入商的极限运算法则求解.

例 2 求 $\lim\limits_{x \to 4} \dfrac{x^2 - 16}{x - 4}$.

解　因为$\lim\limits_{x\to 4}(x-4)=0$,所以不能直接套用商的极限法则,且分子的极限也为 0,我们称之为$\frac{0}{0}$型未定式极限. 首先约去分母中极限为零的因子 $(x-4)$,然后再求极限.

$$\begin{aligned}\lim_{x\to 4}\frac{x^2-16}{x-4}&=\lim_{x\to 4}\frac{(x-4)(x+4)}{x-4}\\&=\lim_{x\to 4}(x+4)\\&=8.\end{aligned}$$

例 3　求$\lim\limits_{x\to 2}\frac{x^2-4}{x^2-x-2}$.

解　因为$\lim\limits_{x\to 2}(x^2-x-2)=0$,所以不能直接套用商的极限法则,且 $\lim\limits_{x\to 2}x^2-4=0$,该极限是$\frac{0}{0}$型未定式极限. 首先约去分母中极限为零的因子 $(x-2)$,然后再求极限.

扫一扫

极限例题 3

$$\begin{aligned}\lim_{x\to 2}\frac{x^2-4}{x^2-x-2}&=\lim_{x\to 2}\frac{(x+2)(x-2)}{(x+1)(x-2)}\\&=\lim_{x\to 2}\frac{x+2}{x+1}\\&=\frac{4}{3}.\end{aligned}$$

由此可见,在给定的极限条件下,当分子、分母都以零为极限,通常先约去分子分母中的零因子,再求极限.

例 4　求$\lim\limits_{x\to 4}\frac{\sqrt{x+5}-3}{x-4}$.

解　
$$\begin{aligned}\lim_{x\to 4}\frac{\sqrt{x+5}-3}{x-4}&=\lim_{x\to 4}\frac{(\sqrt{x+5}-3)(\sqrt{x+5}+3)}{(x-4)(\sqrt{x+5}+3)}\\&=\lim_{x\to 4}\frac{x-4}{(x-4)(\sqrt{x+5}+3)}\\&=\lim_{x\to 4}\frac{1}{\sqrt{x+5}+3}\\&=\frac{1}{6}.\end{aligned}$$

扫一扫

极限例题 4

由此可见,在给定的极限条件下,极限为$\frac{0}{0}$型未定式极限,分式中又含有无理式,通常先进行有理化消除因子,之后再求解.

例 5　求$\lim\limits_{x\to\infty}\frac{2x^3-3x+5}{3x^3+x^2-3}$.

解　由于当 $x\to\infty$时,分子、分母都是无穷大,称为$\frac{\infty}{\infty}$型未定式极限,所以先变形再求极限,分子分母同除以最高次项 x^3.

$$\lim_{x\to\infty}\frac{2x^3-3x+5}{3x^3+x^2-3}=\lim_{x\to\infty}\frac{2-\frac{3}{x^2}+\frac{5}{x^3}}{3+\frac{1}{x}-\frac{3}{x^3}}=\frac{\lim\limits_{x\to\infty}2-\frac{3}{x^2}+\frac{5}{x^3}}{\lim\limits_{x\to\infty}3+\frac{1}{x}-\frac{3}{x^3}}=\frac{2}{3}.$$

例 6 求$\lim\limits_{x\to\infty}\frac{2x^2-x+5}{3x^3+2x+1}$.

解 由于当 $x\to\infty$ 时，此极限为$\frac{\infty}{\infty}$型未定式极限，所以分子分母同除以最高次项 x^3.

$$\lim_{x\to\infty}\frac{2x^2-x+5}{3x^3+2x+1}=\lim_{x\to\infty}\frac{\frac{2}{x}-\frac{1}{x^2}+\frac{5}{x^3}}{3-\frac{2}{x^2}-\frac{1}{x^3}}=0.$$

由此可见，在给定的极限条件下，当分子分母趋近于无穷时，通常先分子分母同除以变量最高次幂，之后再求解.

根据例 5 和例 6 可得出一般性结论：

当 $a_n\neq0,b_m\neq0$ 时，$\lim\limits_{x\to\infty}\frac{a_0+a_1x+\cdots+a_nx^n}{b_0+b_1x+\cdots+b_mx^m}=\begin{cases}\frac{a_n}{b_m}, & n=m\\ 0, & n<m\end{cases}$.

习　题　2.3

1. 判断题.

(1)$\lim\limits_{x\to2}\frac{x^2-4}{x-2}=0$. (　　)

(2)$\lim\limits_{x\to\infty}\frac{2x^2-x+5}{3x^3+2x+1}=\frac{2}{3}$. (　　)

(3)因为当 $x\to1$ 时，分母$(x^2-1)\to0$，所以$\lim\limits_{x\to1}\frac{x-1}{x^2-1}$不存在. (　　)

2. 填空题.

(1)$\lim\limits_{x\to0}(2x+1)=$__________.　　(2)$\lim\limits_{x\to3}\left(\frac{1}{3}x+1\right)=$__________.

(3)$\lim\limits_{x\to1}\frac{x^2-2x+5}{x^2+7}=$__________.　　(4)$\lim\limits_{x\to\infty}\frac{3x^2-2x-1}{2x^3-x^2+5}=$__________.

(5)$\lim\limits_{x\to\infty}\frac{3x^3-4x^2+2}{7x^3+5x^2-3}=$__________.

3. 极限$\lim\limits_{n\to\infty}\left(\frac{n-3}{2n-1}\right)^2=$(　　).

A. 0　　B. $\frac{1}{4}$　　C. $\frac{1}{2}$　　D. ∞

4. 求下列极限.

(1)$\lim\limits_{x\to3}\frac{x^2-9}{x-3}$；　　(2)$\lim\limits_{x\to1}\frac{x^2+2x-3}{x^2-1}$；

(3) $\lim\limits_{x\to 0}\dfrac{\sqrt{4+x}-2}{x}$；　　(4) $\lim\limits_{x\to 4}\dfrac{\sqrt{2x+1}-3}{x-4}$.

5. 求下列极限.

(1) $\lim\limits_{x\to 2}\left(\dfrac{1}{x-2}-\dfrac{4}{x^2-4}\right)$；　　(2) $\lim\limits_{x\to 2}\dfrac{x^3-8}{x-2}$.

2.4　两个重要极限

【课前导学】

1. 掌握第Ⅰ重要极限（请在括号中补充完整第Ⅰ重要极限）

$$\lim_{x\to(\quad)}\frac{(\quad)}{x}=\lim_{x\to(\quad)}\frac{(\quad)}{\sin x}=(\quad).$$

2. 掌握第Ⅱ重要极限（请在括号中补充完整第Ⅱ重要极限）

$$\lim_{x\to(\quad)}(1+\quad)^x=\lim_{x\to(\quad)}(1+x)^{(\quad)}=(\quad).$$

2.4.1　第Ⅰ重要极限

$$\lim_{x\to 0}\frac{\sin x}{x}=1\text{ 或 }\lim_{x\to 0}\frac{x}{\sin x}=1.$$

观察表 2.4.1，容易得出结论.

表　2.4.1

x	$\pm\frac{\pi}{4}$	$\pm\frac{\pi}{8}$	$\pm\frac{\pi}{16}$	$\pm\frac{\pi}{32}$	$\pm\frac{\pi}{64}$	$\pm\frac{\pi}{128}$	$\pm\frac{\pi}{256}$	…	$\to 0$
$\frac{\sin x}{x}$	0.900 32	0.974 50	0.993 59	0.998 39	0.999 90	0.999 97	0.999 99	…	$\to 1$

例 1　求 $\lim\limits_{x\to 0}\dfrac{\sin 2x}{x}$.

解　$\lim\limits_{x\to 0}\dfrac{\sin 2x}{x}=\lim\limits_{x\to 0}\dfrac{2\sin 2x}{2x}$

$\xlongequal{(令\,2x=t)}2\lim\limits_{t\to 0}\dfrac{\sin t}{t}$

$=2.$

例 2　求 $\lim\limits_{x\to 0}\dfrac{x}{\tan x}$.

解　$\lim\limits_{x\to 0}\dfrac{x}{\tan x}=\lim\limits_{x\to 0}\dfrac{x}{\dfrac{\sin x}{\cos x}}$

$=\lim\limits_{x\to 0}\dfrac{x}{\sin x}\cdot\lim\limits_{x\to 0}\cos x$

$=1.$

例 3 求$\lim\limits_{\theta\to\frac{\pi}{2}}\dfrac{\cos\theta}{\frac{\pi}{2}-\theta}$.

解 $\lim\limits_{\theta\to\frac{\pi}{2}}\dfrac{\cos\theta}{\frac{\pi}{2}-\theta}=\lim\limits_{\theta\to\frac{\pi}{2}}\dfrac{\sin\left(\frac{\pi}{2}-\theta\right)}{\frac{\pi}{2}-\theta}$

$\xlongequal{\left(令\frac{\pi}{2}-\theta=t\right)}\lim\limits_{t\to 0}\dfrac{\sin t}{t}$

$=1.$

例 4 求$\lim\limits_{x\to 0}\dfrac{1-\cos 2x}{x^2}$.

解 $\lim\limits_{x\to 0}\dfrac{1-\cos 2x}{x^2}=\lim\limits_{x\to 0}\dfrac{2\sin^2 x}{x^2}$

$=2\lim\limits_{x\to 0}\left(\dfrac{\sin x}{x}\right)^2$

$=2.$

2.4.2 第Ⅱ重要极限

$\lim\limits_{x\to\infty}\left(1+\dfrac{1}{x}\right)^x=\mathrm{e}$ 或 $\lim\limits_{x\to 0}(1+x)^{\frac{1}{x}}=\mathrm{e}$(其中 e 是无理数,e=2.718 28…).

可通过对表 2.4.2 和表 2.4.3 的观察,可发现结论.

表 2.4.2

x	1	2	5	10	100	1 000	10 000	100 000	…	$\to+\infty$
$\left(1+\frac{1}{x}\right)^x$	2	2.25	2.49	2.59	2.705	2.717	2.718	2.718 27	…	$\to\mathrm{e}$

表 2.4.3

x	−10	−100	−1 000	−10 000	−100 000	…	$\to-\infty$
$\left(1+\frac{1}{x}\right)^x$	2.88	2.732	2.720	2.718 3	2.718 28	…	$\to\mathrm{e}$

例 5 求$\lim\limits_{x\to\infty}\left(1+\dfrac{1}{x}\right)^{x+2}$.

解 $\lim\limits_{x\to\infty}\left(1+\dfrac{1}{x}\right)^{x+2}=\lim\limits_{x\to\infty}\left[\left(1+\dfrac{1}{x}\right)^x\cdot\left(1+\dfrac{1}{x}\right)^2\right]$

$=\lim\limits_{x\to\infty}\left(1+\dfrac{1}{x}\right)^x\cdot\lim\limits_{x\to\infty}\left(1+\dfrac{1}{x}\right)^2.$

$=\mathrm{e}\cdot 1=\mathrm{e}.$

例 6 求 $\lim\limits_{x\to\infty}\left(1+\dfrac{1}{3x}\right)^x$.

解 $\lim\limits_{x\to\infty}\left(1+\dfrac{1}{3x}\right)^{x}=\lim\limits_{x\to\infty}\left(1+\dfrac{1}{3x}\right)^{3x\times\frac{1}{3}}=\left[\lim\limits_{x\to\infty}\left(1+\dfrac{1}{3x}\right)^{3x}\right]^{\frac{1}{3}}=e^{\frac{1}{3}}$.

例 7 求 $\lim\limits_{x\to\infty}\left(1-\dfrac{1}{x}\right)^{x}$.

解 $\lim\limits_{x\to\infty}\left(1-\dfrac{1}{x}\right)^{x}=\lim\limits_{x\to\infty}\left[1+\dfrac{1}{(-x)}\right]^{x}=\lim\limits_{x\to\infty}\left\{\left[1+\dfrac{1}{(-x)}\right]^{-x}\right\}^{-1}=e^{-1}=\dfrac{1}{e}$.

例 8 求 $\lim\limits_{x\to 0}(1-2x)^{\frac{1}{x}}$.

解 $\lim\limits_{x\to 0}(1-2x)^{\frac{1}{x}}=\lim\limits_{x\to 0}(1-2x)^{\frac{1}{-2x}\times(-2)}=[\lim\limits_{x\to 0}(1-2x)^{\frac{1}{-2x}}]^{-2}=e^{-2}$.

习　题　2.4

1. 判断题.

(1) $\lim\limits_{x\to 0}\left(1+\dfrac{1}{x}\right)^{x}=e$.　　(　　)

(2) $\lim\limits_{x\to 0}\dfrac{\sin 5x}{\sin 3x}=\dfrac{5}{3}$.　　(　　)

(3) $\lim\limits_{x\to 0}\dfrac{\tan 2x}{5x}=\dfrac{2}{5}$.　　(　　)

2. 填空题.

(1) $\lim\limits_{x\to 0}\dfrac{\sin 4x}{x}=$__________.　　(2) $\lim\limits_{x\to 0}\dfrac{\tan x}{x}=$__________.

(3) $\lim\limits_{x\to\infty}\left(1+\dfrac{1}{3x}\right)^{x}=$__________.　　(4) $\lim\limits_{x\to\infty}\left(1-\dfrac{3}{2x}\right)^{x}=$__________.

(5) $\lim\limits_{x\to\infty}\left(1+\dfrac{1}{x-1}\right)^{x}=$__________.

3. 选择题.

(1) 下列式子中，正确的是(　　).

A. $\lim\limits_{x\to 1}\dfrac{\sin x}{x}=1$　　B. $\lim\limits_{x\to 0}\dfrac{\sin x}{x}=0$　　C. $\lim\limits_{x\to 0}\dfrac{x}{\sin x}=1$　　D. $\lim\limits_{x\to 0}\dfrac{\sin 2x}{x}=1$

(2) 已知 $\lim\limits_{x\to\infty}\left(1-\dfrac{a}{x}\right)^{3x}=e^{-6}$，则 $a=$(　　).

A. 1　　B. 2　　C. 3　　D. 4

4. 求下列极限.

(1) $\lim\limits_{x\to\infty}\left(1-\dfrac{5}{x}\right)^{x}$；　　(2) $\lim\limits_{x\to 0}(1-3x)^{\frac{1}{x}}$；

(3) $\lim\limits_{x\to 0}\dfrac{1-\cos x}{x^{2}}$；　　(4) $\lim\limits_{\theta\to 0}\dfrac{\cos\left(\dfrac{\pi}{2}+\theta\right)}{\theta}$；

(5) $\lim\limits_{x\to 0}(1+\tan x)^{\cot x}$；　　(6) $\lim\limits_{x\to\infty}\left(\dfrac{x+3}{x-3}\right)^{x}$.

2.5 无穷小与无穷大

【课前导学】

1. 理解无穷小和无穷大的概念

如果当 $x \to x_0$ 时，函数 $f(x)$ 的极限为________，即 $\lim\limits_{x \to x_0} f(x) =$ ____，那么就称函数 $f(x)$ 为 $x \to x_0$ 时的无穷小（也称无穷小量）.

如果在自变量的某一变化过程中，函数 $f(x)$ 的绝对值________，那么称函数 $f(x)$ 为该变化过程中的无穷大（也称无穷大量）.

2. 掌握无穷小的性质

在自变量的同一个变化过程中，有限个无穷小代数和是________；有限个无穷小的乘积是________；无穷小与有界函数的乘积是________.

3. 掌握无穷小与无穷大的关系

在自变量的同一变化过程下，无穷大的倒数是________；反之，非零的无穷小的倒数为________.

2.5.1 无穷小

1. 无穷小的定义

定义 1 如果在自变量的某一变化过程（如 $x \to x_0$，或 $x \to \infty$ 等）中，函数 $f(x)$ 的极限为 0，那么就称函数 $f(x)$ 为该变化过程中的**无穷小**（也称**无穷小量**）.

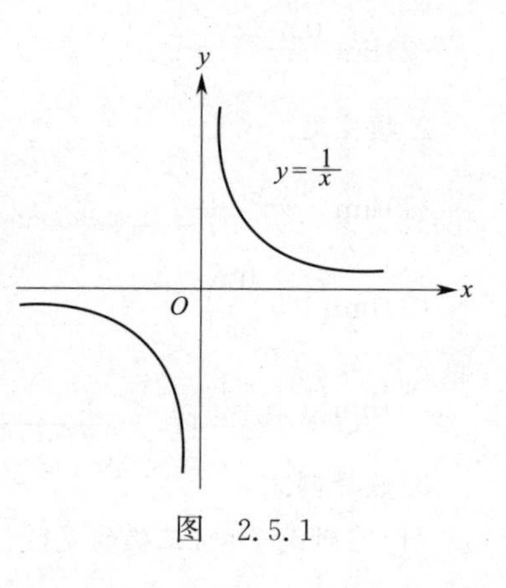

图 2.5.1

如图 2.5.1 所示，因为 $\lim\limits_{x \to \infty} \frac{1}{x} = 0$，所以 $\frac{1}{x}$ 是当 $x \to \infty$ 时的无穷小量. 又因为 $\lim\limits_{x \to 2} \frac{1}{x} = \frac{1}{2} \neq 0$，所以当 $x \to 2$ 时 $\frac{1}{x}$ 不是无穷小量.

注 意

(1)在表述无穷小量时必须指明自变量 x 的变化过程. 定义 1 所指自变量变化过程还可以是 $x \to x_0^-$，$x \to x_0^+$，$x \to +\infty$，$x \to -\infty$ 的情形.

(2)不要把绝对值很小的非零常数误认为是无穷小，因为非零常数在任何极限条件下的极限值都等于它本身（非零）.

(3)常数中有且仅有 0 是无穷小，因为常数 0 在任何极限条件下的极限值均为 0.

2. 无穷小的性质

在自变量的同一个变化过程中：

(1)有限个无穷小代数和仍是无穷小.

(2)有限个无穷小的乘积仍是无穷小.

(3)无穷小与有界函数的乘积仍是无穷小.

例 1　求$\lim\limits_{x\to\infty}\dfrac{\sin x}{x}$.

解　因为$\lim\limits_{x\to\infty}\dfrac{1}{x}=0$,所以$\dfrac{1}{x}$是当$x\to\infty$时的无穷小量.

$|\sin x|\leqslant 1$,$y=\sin x$是有界函数,所以$\dfrac{\sin x}{x}$也是当$x\to\infty$时的无穷小量,故$\lim\limits_{x\to\infty}\dfrac{\sin x}{x}=0$.

例 2　求$\lim\limits_{x\to\infty}\dfrac{\arctan x}{x+1}$.

解　因为$\lim\limits_{x\to\infty}\dfrac{1}{x+1}=0$,且$|\arctan x|<\dfrac{\pi}{2}$,所以$\dfrac{1}{x+1}$是当$x\to\infty$时的无穷小量;$y=\arctan x$是有界函数,即$\dfrac{1}{x}\cdot\arctan x$也是当$x\to\infty$时的无穷小量,故$\lim\limits_{x\to\infty}\dfrac{\arctan x}{x+1}=0$.

2.5.2　无穷大

1. 无穷大的定义

如图 2.5.2 所示,考察函数$f(x)=\dfrac{1}{x-2}$,不难看出:当x从$x=2$的左、右两侧分别趋近于 2 时,$|f(x)|$都无限地增大.

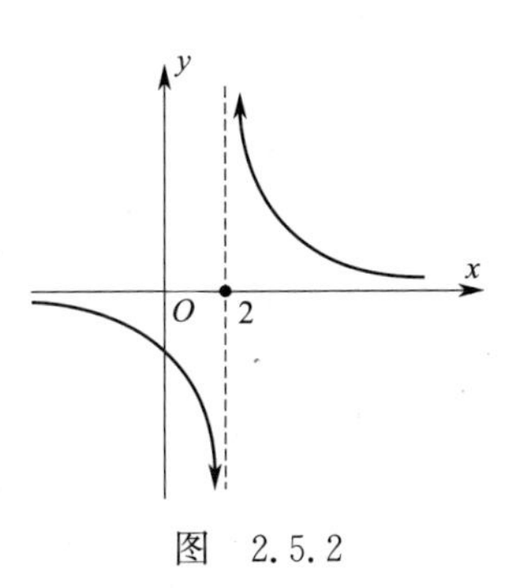

图　2.5.2

定义 2　如果在自变量的某一变化过程(如$x\to x_0$或$x\to\infty$等)中,函数$f(x)$的绝对值无限增大,那么称函数$f(x)$为该变化过程中的**无穷大**(也称**无穷大量**),记为

$$\lim_{x\to x_0}f(x)=\infty\quad 或\quad \lim_{x\to\infty}f(x)=\infty.$$

注 意

(1)定义 2 所指的自变量变化过程还可以是$x\to x_0^-$,$x\to x_0^+$,$x\to+\infty$,$x\to-\infty$的情形.

(2)定义 2 所指的函数$f(x)$的绝对值无限增大,包括$y\to\infty$、$y\to+\infty$和$y\to-\infty$.

例如,当$x\to 2$时,$\left|\dfrac{1}{x-2}\right|$无限增大,所以$\dfrac{1}{x-2}$是当$x\to 2$时的无穷大,记作$\lim\limits_{x\to 2}\dfrac{1}{x-2}=\infty$.

又如,当$x\to+\infty$时,e^x无限增大,所以e^x是$x\to+\infty$时的无穷大,记作$\lim\limits_{x\to+\infty}e^x=+\infty$.

注 意

(1)在表述一个无穷大量时必须指明自变量x的变化过程.

(2)无穷大量是一个函数.不要把绝对值很大的常数误认为大无穷量,因为常数在任何极限条件下的极限值都等于它本身.

2.5.3　无穷小与无穷大的关系

定理　在自变量的同一变化过程下,无穷大的倒数是无穷小;反之,在自变量的同一变化过程下非零的无穷小的倒数为无穷大.

例 3 求 $\lim\limits_{x\to 2}\dfrac{x^2-1}{x-2}$.

解 因为$\lim\limits_{x\to 2}\dfrac{x-2}{x^2-1}=\dfrac{0}{3}=0$,故$\lim\limits_{x\to 2}\dfrac{x^2-1}{x-2}=\infty$.

例 4 $\lim\limits_{x\to\infty}\dfrac{3x^3-x}{5x^2+4x+1}$.

解 因为$\lim\limits_{x\to\infty}\dfrac{5x^2+4x+1}{3x^3-x}=\lim\limits_{x\to\infty}\dfrac{\dfrac{5}{x}+\dfrac{4}{x^2}+\dfrac{1}{x^3}}{3-\dfrac{1}{x^2}}=0$,所以$\lim\limits_{x\to\infty}\dfrac{3x^3-x}{5x^2+4x+1}=\infty$.

习 题 2.5

1. 判断题.

(1)$\lim\limits_{x\to\infty}\dfrac{\sin x}{2x}=\dfrac{1}{2}$. ( )

(2)$\lim\limits_{x\to\infty}(x+2)=\infty$,所以$(x+2)$是当 $x\to\infty$时的无穷大. ( )

(3)无穷小的倒数是无穷大. ( )

(4)因为$\dfrac{1}{100^{1\,000}}$是很小的数,所以它是无穷小量. ( )

(5)当 $x\to+\infty$时,$f(x)=3^x$ 是无穷大. ( )

2. 写出下列极限.

(1)$\lim\limits_{x\to 0}x\sin\dfrac{1}{x}=$__________.

(2)$\lim\limits_{x\to\infty}\dfrac{\cos x}{x}=$__________.

(3)$\lim\limits_{x\to\infty}\dfrac{1}{x}\sin x=$__________.

(4)函数 $y=\ln x$ 当 $x\to$__________时是无穷小,当 $x\to+\infty$时 $y=\ln x$ 是无穷__________.

(5)$\lim\limits_{x\to 1}(x-1)\arccos x=$__________.

3. 下列函数在给定变化过程中为无穷小量的是( ).

A. $3^x-1\quad(x\to 0)$　　B. $\dfrac{\sin x}{x}(x\to 0)$

C. $\dfrac{1}{(x-2)^2}(x\to 2)$　　D. $2^{-x}(x\to 1)$

4. 求$\lim\limits_{x\to\infty}\dfrac{3x^4-x^2+2}{4x^3+x^2-1}$.

5. 求 $\lim\limits_{x\to-\infty}e^x\arctan x$.

2.6　函数的连续性

【课前导学】

1. 理解函数点连续的定义

设函数 $f(x)$在 x_0 及其左右近旁有定义，如果当自变量 x 在 x_0 点处的增量________时，函数 $f(x)$相应的增量________，就称函数 $f(x)$在 x_0 点__________，否则就称函数 $f(x)$在 x_0 点________.

2. 掌握函数 $f(x)$在 x_0 点连续的充要条件

① 函数 $f(x)$在 x_0 处的________存在；②函数 $f(x)$在 x_0 处的________存在；③函数 $f(x)$在 x_0 处的函数值与极限值__________. 若 $f(x)$同时满足以上三个条件，那么函数 $f(x)$在 x_0 点一定连续.

3. 了解连续函数的性质

如果函数 $y=f(x)$在闭区间$[a,b]$上连续，则函数 $y=f(x)$在闭区间$[a,b]$上必有________和________.

2.6.1　连续函数的概念

观察图 2.6.1 和图 2.6.2，可以看到，在图 2.6.1 中函数图像在 x_0 点处是“连着的”“没有断开”，而且当自变量在 x_0 点处的增量 $\Delta x\to 0$ 时，相应的函数增量 $\Delta y\to 0$；在图 2.6.2 中函数图像在 x_0 点处是“断开的”“没有连着”，而且当 $\Delta x\to 0$ 时 Δy 不趋近于 0，把这两类现象抽象出来，就是本节要学习的函数的连续与间断.

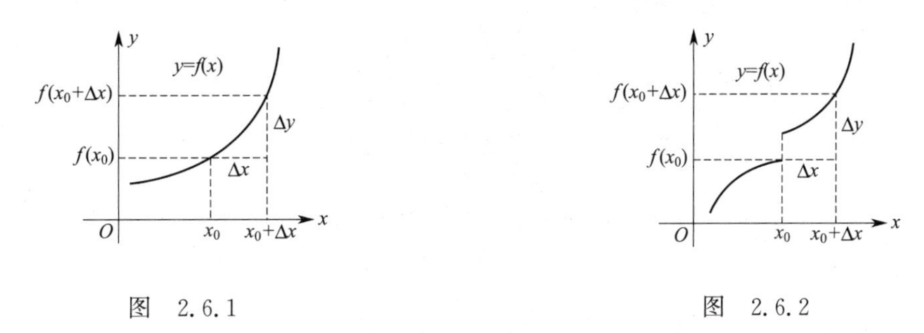

图　2.6.1　　　　图　2.6.2

1. 函数 $f(x)$在 x_0 点的连续性

定义 1　设函数 $f(x)$在 x_0 及其左、右附近有定义，如果当自变量 x 在 x_0 点处的增量 $\Delta x\to 0$ 时，函数 $f(x)$相应的增量 $\Delta y\to 0$，其中 $\Delta y=f(x_0+\Delta x)-f(x_0)$，即

$$\lim_{\Delta x\to 0}\Delta y=0，\text{或}\quad \lim_{\Delta x\to 0}[f(x_0+\Delta x)-f(x_0)]=0,$$

就称函数 $f(x)$在 x_0 点**连续**，否则就称函数 $f(x)$在 x_0 点**不连续或间断**.

函数 $f(x)$在 x_0 点连续又可以表述为：

定义 2　设函数 $f(x)$在 x_0 及其左、右附近有定义，如果当 $x\to x_0$ 时函数 $f(x)$的极限存在而且等于它在 x_0 点的函数值，即 $\lim\limits_{x\to x_0}f(x)=f(x_0)$，那么就称函数 $f(x)$在 x_0

点连续.

2. 函数 $f(x)$ 在 x_0 点连续的充要条件

根据定义 2 可得，函数 $f(x)$ 在 x_0 点连续必须同时满足三个条件：

(1)函数 $f(x)$ 在 x_0 处的函数值存在；

(2)函数 $f(x)$ 在 x_0 处的极限值存在；

(3)函数 $f(x)$ 在 x_0 处的函数值与极限值相等.

反之，以上三个条件不能同时满足，则函数在 x_0 处是间断的.

例 1 设 $f(x)=\begin{cases}\dfrac{\sin x}{x}, & x<0\\ x+1, & x\geqslant 0\end{cases}$，讨论 $f(x)$ 在 $x=0$ 处的连续性.

解 (1)判断 $x=0$ 处的函数值是否存在.

$$f(0)=0+1=1.$$

(2)判断 $x=0$ 处的极限值是否存在.

因为 $$\lim_{x\to 0^-}f(x)=\lim_{x\to 0^-}\frac{\sin x}{x}=1,\quad \lim_{x\to 0^+}f(x)=\lim_{x\to 0^+}(x+1)=1,$$

所以 $$\lim_{x\to 0}f(x)=\lim_{x\to 0^-}f(x)=\lim_{x\to 0^+}f(x)=1.$$

(3)判断 $x=0$ 处的极限值是否等于 $x=0$ 处的函数值 $f(0)$.

因为 $\lim\limits_{x\to 0}f(x)=f(0)=1$，所以函数 $f(x)$ 在 $x=0$ 连续.

例 2 设 $f(x)=\begin{cases}\dfrac{x^2-1}{x+1}, & x\neq -1\\ 1, & x=-1\end{cases}$，讨论 $f(x)$ 在 $x=-1$ 点的连续性.

解 (1)判断 $x=-1$ 处的函数值是否存在.

$$f(-1)=1.$$

(2)判断 $x=-1$ 处的极限值是否存在.

$$\lim_{x\to -1}f(x)=\lim_{x\to -1}\frac{(x+1)(x-1)}{x+1}=\lim_{x\to -1}(x-1)=-2.$$

(3)判断 $x=-1$ 处的极限值是否等于 $x=-1$ 处的函数值 $f(-1)$.

因为 $\lim\limits_{x\to -1}f(x)\neq f(-1)$，所以函数 $f(x)$ 在 $x=-1$ 点间断.

例 3 求函数 $f(x)=\dfrac{2x+1}{x^2+x-6}$ 的间断点和连续区间.

解 因为当 $x^2+x-6=0$ 时，函数 $f(x)$ 没有意义，即函数 $f(x)$ 在 $x_1=-3$，$x_2=2$ 点都没有定义，所以函数 $f(x)$ 在 $x_1=-3$，$x_2=2$ 不连续，即 $x_1=-3$，$x_2=2$ 为函数 $f(x)$ 的两个间断点，函数 $f(x)$ 的连续区间为函数$(-\infty,-3)$，$(-3,2)$及$(2,+\infty)$.

2.6.2 初等函数的连续性

可以推出一切初等函数在其定义区间内是连续的. 这个重要的结论为求极限值提供了一种简单易行的方法，即如果 $f(x)$ 为初等函数，而且 x_0 是函数 $f(x)$ 定义域内的点，则

$$\lim_{x\to x_0}f(x)=f(x_0).$$

这样求极限值的问题就转化为求函数值的问题了.

例 4 求$\lim\limits_{x\to 1}\sin\left(\pi x-\dfrac{\pi}{2}\right)$.

解 $\lim\limits_{x\to 1}\sin\left(\pi x-\dfrac{\pi}{2}\right)=\sin\left(\pi\cdot 1-\dfrac{\pi}{2}\right)=\sin\dfrac{\pi}{2}=1.$

2.6.3 闭区间上连续函数的概念与性质

定义 3 如果函数 $f(x)$在开区间(a,b)内每一点都是连续的,则称函数 $y=f(x)$在开区间(a,b)内**连续**,或者说 $y=f(x)$是(a,b)内的**连续函数**.

定义 4 设函数 $f(x)$在 x_0 及其左侧近旁有定义,如果当 $x\to x_0^-$ 时, $f(x)\to f(x_0)$,即$\lim\limits_{x\to x_0^-}f(x)=f(x_0)$,那么就称函数 $f(x)$在 x_0 点**左连续**.

定义 5 设函数 $f(x)$在 x_0 及其右侧近旁有定义,如果当 $x\to x_0^+$ 时,$f(x)\to f(x_0)$,即$\lim\limits_{x\to x_0^+}f(x)=f(x_0)$,那么就称函数 $f(x)$在 x_0 点**右连续**.

定义 6 如果函数 $f(x)$在开区间(a,b)区间内连续,在 $x=a$ 点右连续,在 $x=b$ 点左连续,在则称函数 $y=f(x)$在闭区间$[a,b]$上**连续**,或者说 $y=f(x)$是$[a,b]$上的**连续函数**.

定理 如果函数 $y=f(x)$在闭区间$[a,b]$上连续,则函数 $y=f(x)$在闭区间$[a,b]$上必有最大值和最小值.(见图 2.6.3)

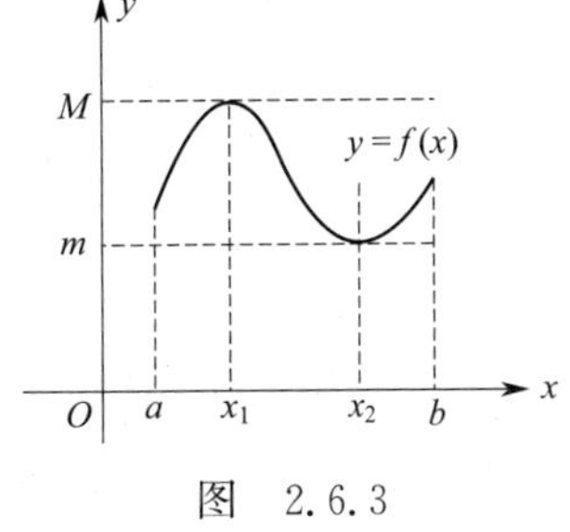

图 2.6.3

习 题 2.6

1. 判断题.

(1)一切初等函数在其定义区间内都是连续的. ( )

(2)连续的复合函数求极限时可以将极限符号与函数符号互换. ( )

(3)求连续函数在 $x=x_0$ 点的极限值就是求函数在 $x=x_0$ 点的函数值. ( )

(4)函数 $f(x)=\dfrac{x^2+2x-3}{x^2-1}$的间断点只有 $x=1$. ( )

(5)$f(x)=x^3+x-1$ 的连续区间是$(-\infty,+\infty)$. ( )

2. 填空题.

(1)函数 $f(x)=\dfrac{1}{x^2-9}$的连续区间是__________.

(2)设函数 $f(x)=\begin{cases}x+1, & x\leqslant 1\\ 2, & x>1\end{cases}$,则 $f(1)=$__________,$\lim\limits_{x\to 1^-}f(x)=$__________,$\lim\limits_{x\to 1^+}f(x)=$__________,$\lim\limits_{x\to 1}f(x)=$__________,故函数在 $x=1$ 点处必__________.

(3)已知函数 $f(x)=\begin{cases}3+e^x, & x\leqslant 0\\ k, & x>0\end{cases}$在 $x=0$ 点连续,则 $k=$__________.

(4)$f(x)=\dfrac{1}{x-2}$的间断点是 $x=$__________.

(5)若$\lim\limits_{x\to x_0^-}f(x)=\lim\limits_{x\to x_0^+}f(x)=A$,且$f(x)$在$x=x_0$点连续,则$f(x_0)=$________.

3. 函数$f(x)=\dfrac{x+3}{x^3-4x}$有(　　)个间断点.

A. 1　　B. 2　　C. 3　　D. 4

4. 求函数$f(x)=\dfrac{2x+1}{x^2+2x}$的间断点和连续区间.

5. 设$f(x)=\begin{cases}x^2, & x<1\\ x+1, & x\geqslant 1\end{cases}$,讨论$f(x)$在$x=1$处的连续性.

6. 设$f(x)=\begin{cases}\dfrac{\sin 3x}{x}, & x<0\\ x+3, & x\geqslant 0\end{cases}$,讨论$f(x)$在$x=0$处的连续性.

7. 已知$f(x)=\begin{cases}(1+x)^{\frac{1}{x}}, & x<0\\ m, & x\geqslant 0\end{cases}$在$x=0$处连续,求$m$的值.

2.7 用MATLAB作图和求函数的极限

2.7.1 用MATLAB作图

要了解函数的性质,常常需要画出它的图形.在MATLAB中,绘制二维曲线最基本的函数是plot函数和fplot函数,如表2.7.1所示.

表 2.7.1

命　令	说　明
plot(x,y)	作一元函数$y=f(x)$的图像
fplot('fun',[a,b])	在区间[a,b]上作函数fun(函数表达式)的图像

fplot命令必须已知函数解析式才能作图,而plot命令可以对任何数据(x,y)作图.

plot命令首先打开一个称为图形窗口(Figure)的窗口,然后在其中显示图形,如果已经存在一个图形窗口,则plot会清除当前图形窗口中的已有图形,再绘制新图形.这时可以利用命令figure(n)打开一个新的图形窗口,其中n是图形窗口的序号,再用plot函数绘图.plot函数绘图方式类似于数学中的描点作图,即先给出函数曲线上一些点的坐标,再将这些点依次连接起来.其基本调用格式如下:

plot(x,y):以数组x中的元素为横坐标,数组y中对应元素为纵坐标,用直线段从左至右依次连接数据点,绘制函数曲线.要求x和y是同维数数组.

plot(x1,y1,x2,y2,…):以每对数据(xi,yi)绘制曲线,所有曲线都在同一坐标系.

例1 在同一个坐标系下画出两条曲线$y=\sin x$和$y=\cos x$在$[0,2\pi]$上的图形.

解 解法1:

```
≫fplot('[sin(x),cos(x)]',[0,2*pi])
```

%同一坐标系下,在 $[0,2\pi]$ 上绘制曲线 $y=\sin x$ 和 $y=\cos x$ 的图形.

按 Shift+Enter 组合键

```
legend('y=sinx','y=cosx')      %图像注解
```

按 Enter 键,图像如图 2.7.1 所示.

解法 2:

```
≫  x=0:0.01:2*pi;       % 在 x 轴的[0,2π]上每隔 0.01 间隔取 x 点.
≫  plot(x,sin(x),'r',x,cos(x),'b')
```

%用红色绘制 $y=\sin x$ 图,用蓝色绘制 $y=\cos x$ 图(默认颜色:蓝色、绿色).

按 Shift+Enter 组合键

```
legend('y=sinx','y=cosx')      %图像注解
```

按 Enter 键,图像如图 2.7.1 所示.

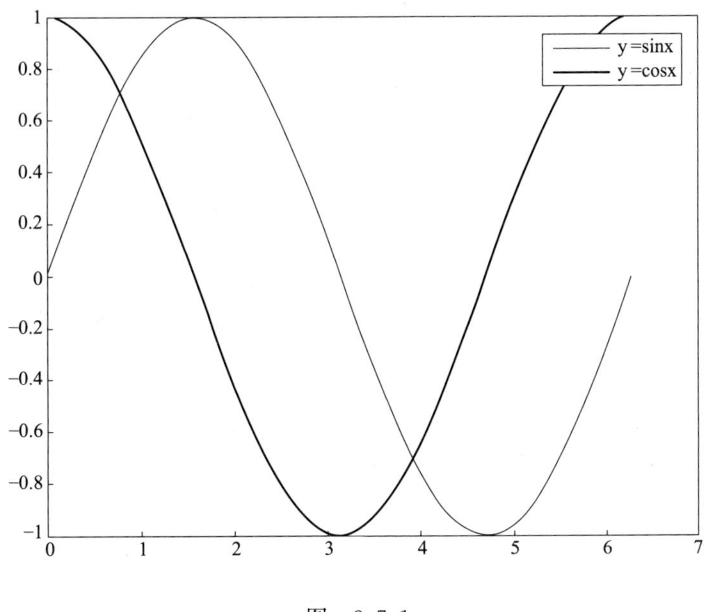

图 2.7.1

注意

如果希望在已经打开的图形窗口中添加新的函数曲线,而又不清除原有的曲线,可以使用 hold on 命令来实现,表示保持当前图形窗口,而 hold off 则关闭图形保持功能(默认形式).例如,上面的例子还可以这样来实现:

```
≫x=0:pi/100:2*pi;
≫plot(x,sin(x))
≫hold on
≫plot(x,cos(x))
```

例 2 将屏幕窗口分成四个窗口，用 subplot(m,n,k)命令画四个子图，分别是：

(1)$y=5x^4-3x^2+2x-7, x\in[-5,5]$； (2)$y=|x^2-4x+2|, x\in[-1,5]$；

(3)$y=\ln(1+\sqrt{1+x^2}), x\in[-3,3]$； (4)$y=x^2\cdot e^{-2x^2}, x\in[-3,3]$.

注 意

subplot(m,n,k)表示将屏幕窗口分成 m×n 个窗口的第 k 个窗口.

解

```
>> subplot(2,2,1), fplot('5*x^4-3*x^2+2*x-7',[-5,5])
>> subplot(2,2,2),fplot('abs(x^2-4*x+2)',[-1,5])
>> subplot(2,2,3),fplot('log(1+sqrt(1+x^2))',[-3,3])
>> subplot(2,2,4),fplot('x^2*exp(-2*x^2)',[-3,3])
```

按 Enter 键，四个子图的图像如图 2.7.2 所示. 其中，每个子图的标题可以通过命令 title('函数表达式'或图片菜单来设置.

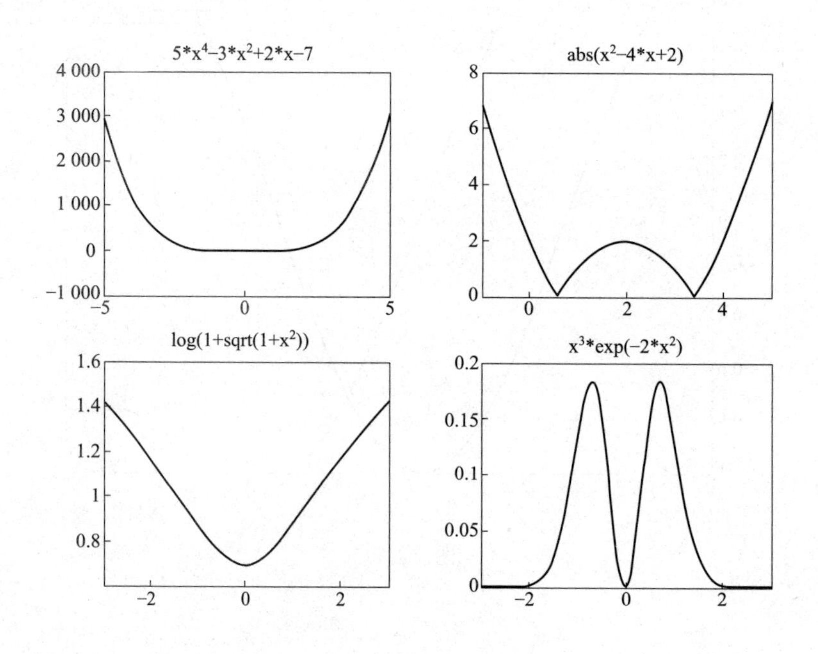

图 2.7.2

上面的命令是按 MATLAB 自动分配的颜色和线型绘制曲线，如果希望自行设置，可以在输入中加入相关参数，格式为：

plot(x1,y1,'选项 1',x2,y2,'选项 2',…)

其中选项是表示曲线的颜色、线型、数据点标记的组合. 如'b-.'表示蓝色点画线，'k:d'表示黑色虚线并用菱形标记数据点. 表 2.7.2 中列出了各种可能选项.

表　2.7.2

颜　色		线　型		标记符号			
b	蓝色	—	实线	.	点	s	方块号(square)
g	绿色	:	虚线	o	圆圈	d	菱形(diamond)
r	红色	—.	点画线	x	叉号	v	朝下三角符号
c	青色	——	双画线	+	加号	^	朝上三角符号
m	品红色			*	星号	<	朝左三角符号
y	黄色					>	朝右三角符号
k	黑色					p	五角星(pentagram)
w	白色					h	六角星(hexagram)

给曲线添加图例,命令为

legend(图例 1,图例 2,...)

例 3　用不同的颜色和线型在同一坐标系中画出函数 $y=x,y=x^2,y=x^3$ 在区间$[-1,1]$中的图形,并标明图例.

≫x=-1:0.1:1;

≫y1=x;y2=x^2;y3=x^3;

≫plot(x,y1,'r—',x,y2,'k:',x,y3,'b—.')

≫legend('y=x','y=x^2','y=x^3')

按 Enter 键,图像如图 2.7.3 所示.

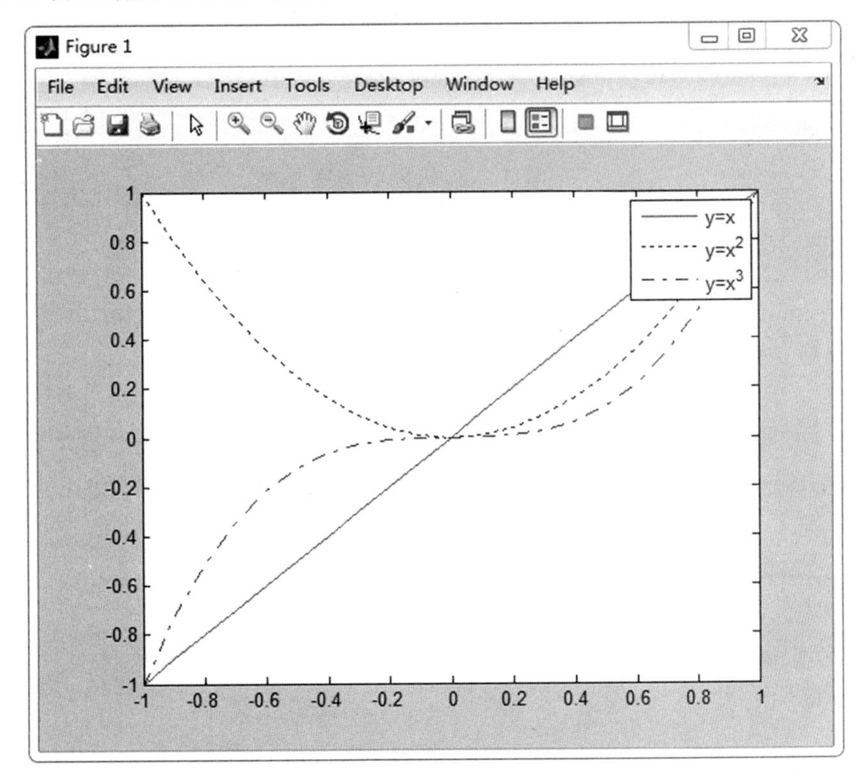

图　2.7.3

2.7.2 用MATLAB求函数的极限

函数在自变量的某种趋势下的极限是函数的特性之一，但是有的函数比较复杂，这时可以借助于MATLAB软件求函数的极限，常用命令及说明如表2.7.3所示.

表 2.7.3

命令	说明
limit(fun,x,-inf)	求函数fun在$x\to-\infty$时的极限
limit(fun,x,inf)	求函数fun在$x\to+\infty$时的极限
limit(fun,x,a)	求函数fun在$x\to a$时的极限
limit(fun,x,a,'right')	求函数fun在$x\to a^+$时的极限
limit(fun,x,a,'left')	求函数fun在$x\to a^-$时的极限

例4 利用MATLAB探究下列函数的极限是否存在.

(1) $\lim\limits_{x\to1}\frac{x^3-1}{x-1}$；　　(2) $\lim\limits_{x\to0^-}e^{\frac{1}{x}}$，$\lim\limits_{x\to0^+}e^{\frac{1}{x}}$，$\lim\limits_{x\to0}e^{\frac{1}{x}}$.

解 (1)≫syms x　　%定义符号变量

≫limit((x^3-1)/(x-1),x,1)　　% 求函数$\frac{x^3-1}{x-1}$在$x\to1$时的极限

按Enter键

ans=3　　%极限的答案是3

所以 $\lim\limits_{x\to1}\frac{x^3-1}{x-1}=3$.

(2)≫f1=limit(exp(1/x),x,0,'left')　　% 求函数$e^{\frac{1}{x}}$在$x\to0^-$时的极限f1

按Enter键

f1=0　　%左极限f1=$\lim\limits_{x\to0^-}e^{\frac{1}{x}}=0$

≫f2=limit(exp(1/x),x,0,'right')　　%求函数$e^{\frac{1}{x}}$在$x\to0^+$时的极限f2

按Enter键

f2=Inf　　%右极限f2=$\lim\limits_{x\to0^+}e^{\frac{1}{x}}=\infty$，即不存在

≫f3=limit(exp(1/x),x,0)　　%求函数$e^{\frac{1}{x}}$在$x\to0$时的极限f3

按Enter键

f3=NaN　　%极限f3=$\lim\limits_{x\to0}e^{\frac{1}{x}}$不存在

(由左、右极限不相同亦可推出$\lim\limits_{x\to0}e^{\frac{1}{x}}$不存在).

例5 用MATLAB计算下列极限.

(1) $\lim\limits_{x\to1^+}\left(\dfrac{x}{x-1}-\dfrac{1}{\ln x}\right)$；　　(2) $\lim\limits_{x\to0}\dfrac{e^{2x^2}-1}{x^2}$；

(3) $\lim\limits_{x\to1^-}x^{\frac{1}{1-x}}$；　　(4) $\lim\limits_{x\to\infty}\left(\dfrac{4x-3}{4x+1}\right)^{2x}$.

解 (1)≫syms x

≫a1=limit(x/(x−1)−1/log(x),x,1,'right')

按Enter键

a1=1/2

所以 $\lim\limits_{x\to1^+}\left(\dfrac{x}{x-1}-\dfrac{1}{\ln x}\right)=\dfrac{1}{2}$.

(2)a2=limit((exp(2 * x∧2)−1)/x∧2,x,0)

按Enter键

a2=2

所以 $\lim\limits_{x\to0}\dfrac{e^{2x^2}-1}{x^2}=2$.

(3)a3=limit(x∧(1/(1−x)),x,1,'left')

按Enter键

a3=exp(−1)

所以 $\lim\limits_{x\to1^-}x^{\frac{1}{1-x}}=e^{-1}=\dfrac{1}{e}$.

(4)a4=limit(((4 * x−3)/(4 * x+1))∧(2 * x),x,inf)

按Enter键

a4=exp(−2)

所以 $\lim\limits_{x\to\infty}\left(\dfrac{4x-3}{4x+1}\right)^{2x}=e^{-2}=\dfrac{1}{e^2}$.

习　题　2.7

1. 作出函数 $y=x+\dfrac{1}{x}$ 的图像.

2. 将屏幕窗口分成两个窗口，用subplot(m,n,k)命令画两个子图：

(1) $y=(\sin x)e^{2x}-\cos x, x\in[-\pi,\pi]$；

(2) $y=\ln(x+\sqrt{x^2+1}), x\in[-3,3]$.

3. 用MATLAB求下列极限.

(1) $\lim\limits_{x\to1}\dfrac{x^5-1}{x^2-1}$；　　(2) $\lim\limits_{x\to0^+}\left(\dfrac{2\ 020}{x}\right)^{\sin x}$；　　(3) $\lim\limits_{x\to0^+}2x\cot x$；

(4) $\lim\limits_{x\to0^+}\ln x\cdot\tan x$；　　(5) $\lim\limits_{x\to0}\left(\dfrac{1}{\tan x}-\dfrac{1}{x}\right)$；　　(6) $\lim\limits_{x\to\infty}\dfrac{\operatorname{arccot}2x}{2x}$.

本章重点知识与方法归纳

名称	主要内容	
函数	定义	1. 基本初等函数：常量函数、幂函数、指数函数、对数函数、三角函数、反三角函数. 2. 复合函数：设 y 是 u 的函数 $y=f(u)$，u 是 x 的函数 $u=\varphi(x)$，如果函数 $u=\varphi(x)$ 的值域与函数 $y=f(u)$ 的定义域的交集非空，则称函数 $y=f[\varphi(x)]$ 是由 $y=f(u)$ 和 $u=\varphi(x)$ 复合而成的函数，其中 u 称为中间变量. 注意：不是任意两个函数都可以复合成一个复合函数. 3. 初等函数：由基本初等函数经过有限次四则运算和有限次复合所构成，并且能用一个解析式表示的函数
极限	定义	1. 数列的极限：当数列 $\{a_n\}$ 的项数 n 无限增大时，如果数列中的项 a_n 无限地趋近于一个确定的常数 A，那么就称 A 为这个数列的极限，记作 $\lim\limits_{n\to\infty}a_n=A$. 2. 函数的极限：如果当 $\lvert x\rvert$ 无限增大（即 $x\to\infty$）时，函数 $f(x)$ 无限地接近于一个确定的常数 A，那么就称常数 A 为当 $x\to\infty$ 时函数 $f(x)$ 的极限，记作 $\lim\limits_{x\to\infty}f(x)=A$；如果当 $x\to x_0$（x 可以不等于 x_0）时，函数 $f(x)$ 无限地趋近于一个确定的常数 A，那么就称 A 为 $f(x)$ 当 $x\to x_0$ 时的极限，记作 $\lim\limits_{x\to x_0}f(x)=A$
	极限存在充要条件	$\lim\limits_{x\to x_0}f(x)=A\Leftrightarrow\lim\limits_{x\to x_0^-}f(x)=\lim\limits_{x\to x_0^+}f(x)=A$；$\lim\limits_{x\to\infty}f(x)=A\Leftrightarrow\lim\limits_{x\to-\infty}f(x)=\lim\limits_{x\to+\infty}f(x)=A$
	极限四则运算法则	若 $\lim\limits_{x\to x_0}f(x)=A$，$\lim\limits_{x\to x_0}g(x)=B$，则： $\lim\limits_{x\to x_0}[f(x)\pm g(x)]=\lim\limits_{x\to x_0}f(x)\pm\lim\limits_{x\to x_0}g(x)=A\pm B$； $\lim\limits_{x\to x_0}[f(x)\cdot g(x)]=\lim\limits_{x\to x_0}[f(x)]\cdot\lim\limits_{x\to x_0}[g(x)]=A\cdot B$； $\lim\limits_{x\to x_0}\dfrac{f(x)}{g(x)}=\dfrac{\lim\limits_{x\to x_0}f(x)}{\lim\limits_{x\to x_0}g(x)}=\dfrac{A}{B}(B\neq0)$ （注：对自变量的其他变化趋势上式同样成立）
	无穷大与无穷小	1. 无穷小定义：在自变量的某一变化过程（如 $x\to x_0$）中，函数 $f(x)$ 的极限为 0，即 $\lim\limits_{x\to x_0}f(x)=0$，则称函数 $f(x)$ 为该变化过程中的无穷小量. 性质：有界函数与无穷小的乘积仍然是无穷小. 2. 无穷大定义：在自变量的某一变化过程（如 $x\to x_0$ 或 $x\to\infty$ 等）中，函数 $f(x)$ 的绝对值无限增大，则称函数 $f(x)$ 为该变化过程中的无穷大量. 记为 $\lim\limits_{x\to x_0}f(x)=\infty$ 或 $\lim\limits_{x\to\infty}f(x)=\infty$. 3. 两者关系：在自变量的同一变化过程下，无穷大的倒数是无穷小；反之，在自变量的同一变化过程下非零的无穷小的倒数为无穷大
	重要极限	第Ⅰ重要极限：$\lim\limits_{x\to0}\dfrac{\sin x}{x}=1$ 或 $\lim\limits_{x\to0}\dfrac{x}{\sin x}=1$. 可推广：$\lim\limits_{\square\to0}\dfrac{\sin\square}{\square}=1$；须为 $\dfrac{0}{0}$ 型. 第Ⅱ重要极限：$\lim\limits_{x\to\infty}\left(1+\dfrac{1}{x}\right)^x=\mathrm{e}$ 或 $\lim\limits_{x\to0}(1+x)^{\frac{1}{x}}=\mathrm{e}$. 可推广：$\lim\limits_{\square\to\infty}\left(1+\dfrac{1}{\square}\right)^{\square}=\mathrm{e}$；须为 1^∞ 型

续表

名称		主要内容
极限	极限的计算	方法 1:法则法. 方法 2:利用重要极限. 方法 3:无穷大与无穷小关系、无穷小的性质. 方法 4:函数的连续性. 方法 5:极限存在的充要条件. 方法 6:利用洛必达法则(第 3 章学习)
连续	定义	$\lim\limits_{\Delta x\to 0}\Delta y=0$, 或 $\lim\limits_{\Delta x\to 0}[f(x_0+\Delta x)-f(x_0)]=0$,或 $\lim\limits_{x\to x_0}f(x)=f(x_0)$,则称函数在 x_0 处连续
	充要条件	函数 $f(x)$在 x_0 点连续的充要条件:(必须同时满足) (1)函数 $f(x)$在 x_0 处的函数值存在; (2)函数 $f(x)$在 x_0 处的极限值存在; (3)函数 $f(x)$在 x_0 处的函数值与极限值相等
	初等函数的连续性	1. 基本初等函数在其定义域内连续. 2. 初等函数在其定义域内连续
用 MATLAB 求极限	软件命令	1. 用 plot(x,y),fplot('fun',[a,b])命令格式作一元函数 $y=f(x)$的图像. 2. 用 limit(fun,x,a),limit(fun,x,inf),limit(fun,x,a,'left'),limit(fun,x,a,'right')命令格式求一元函数 $y=f(x)$的极限

第 3 章 导数与微分及其应用

本章介绍微积分的微分学部分.导数与微分是微分学的主要内容,导数反映函数在自变量变化时,相应的函数值变化的快慢程度(变化率);微分表示自变量有微小变化时,相应的函数大概变化了多少.微分学来源于实践,也应用于实践,在自然科学、工程技术,乃至社会科学中都有着非常重要的作用.

3.1 导数的概念

【课前导学】

1. 理解导数的定义,了解导数定义的多种数学符号表达形式

设函数 $y=f(x)$ 在点 x_0 及其近旁有定义,如果当 $\Delta x\to 0$ 时,增量比 $\frac{\Delta y}{\Delta x}$ 的极限存在,则称此极限值为函数 $y=f(x)$ 在点 x_0 处的__________,即

$$\_\_\_\_\_\_\_\_\_\_=\lim_{\Delta x\to 0}\frac{\Delta y}{\Delta x}=\lim_{\Delta x\to 0}\frac{f(x_0+\Delta x)-f(x_0)}{\Delta x}.$$

2. 理解导数的物理意义和几何意义

(1)如果路程函数为 $s=s(t)$,则变速直线运动在 t_0 时的瞬时速度:$v(t_0)=$__________;

(2)如果 $y=f(x)$ 表示曲线,则曲线在点 $P_0(x_0,f(x_0))$ 处切线的斜率为:$k=$__________.

3. 了解定义求导的方法:

步骤:①__________;②算比值;③__________.

3.1.1 实例

1. 变速直线运动的瞬时速度

当物体做匀速直线运动时,其速度 $v=\frac{s}{t}$(其中 s 表示路程,t 表示时间).但如果是求变速直线运动(路程函数为 $s=s(t)$)的瞬时速度,就无法用这个公式,此时可以先考虑时间区间$(t_0,t_0+\Delta t)$内的平均速度 $\bar{v}=\frac{s(t_0+\Delta t)-s(t_0)}{\Delta t}$,显然当 $\Delta t\to 0$ 时,$\bar{v}$ 无限接近于物体在时刻 t_0 时的瞬时速度,即

$$v(t_0)=\lim_{\Delta t\to 0}\bar{v}=\lim_{\Delta t\to 0}\frac{s(t_0+\Delta t)-s(t_0)}{\Delta t}.$$

2. 曲线上切线的斜率

从图 3.1.1 可以直观地看出：曲线 $y=f(x)$ 上点 P_0 处，$\frac{\Delta y}{\Delta x}=\tan\varphi$ 是割线 P_0P 的斜率，当 $\Delta x\to 0$ 时，P 点就会沿着曲线不断滑向 P_0 点，割线 P_0P 就会绕着点 P_0 旋转渐渐地接近切线（虚线）的位置，割线的斜率因此不断趋近切线（虚线）的斜率，即 $k_{切}=\tan\alpha$ 就是割线 P_0P 斜率 $\tan\varphi=\frac{\Delta y}{\Delta x}$ 的极限，即

$$k_{切}=\tan\alpha=\lim_{\Delta x\to 0}\frac{\Delta y}{\Delta x}=\lim_{\Delta x\to 0}\frac{f(x_0+\Delta x)-f(x_0)}{\Delta x}.$$

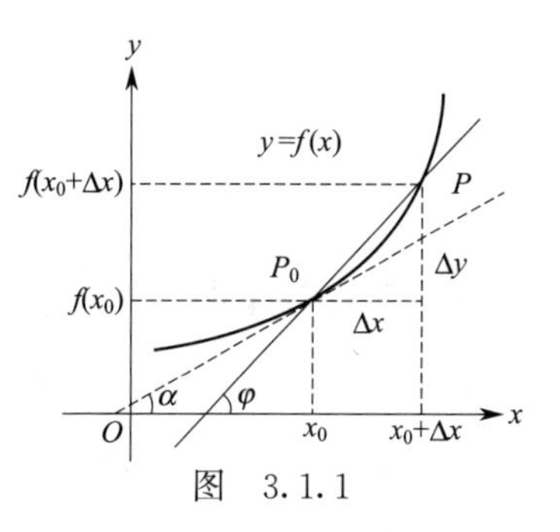

图　3.1.1

3.1.2　导数的定义、几何意义及物理意义

以上两个实例分别属于运动学和几何学的问题，但从数量关系看，它们都可以归结为如下形式的极限：

$$\lim_{\Delta x\to 0}\frac{\Delta y}{\Delta x}=\lim_{\Delta x\to 0}\frac{f(x_0+\Delta x)-f(x_0)}{\Delta x}.$$

在自然科学和工程技术领域中，还有许多问题都可以归结为这种极限形式，如加速度、电流、角速度等. 抛开这些实际问题的具体背景，抽象出它们的共性，实质都是函数的改变量与自变量的改变量之比，当自变量的改变量趋于零时的极限. 由此引入导数的概念.

定义　设函数 $y=f(x)$ 在点 x_0 及其附近有定义，当自变量 x 在 x_0 处有增量 Δx 时，函数 y 有相应的增量 $\Delta y=f(x_0+\Delta x)-f(x_0)$，如果当 $\Delta x\to 0$ 时，增量比 $\frac{\Delta y}{\Delta x}$ 的极限存在，则称此极限值为函数 $y=f(x)$ 在点 x_0 处的**导数**，也称函数 $y=f(x)$ 在点 x_0 处**可导**，否则称函数 $y=f(x)$ 在点 x_0 处**不可导**，记作

$$f'(x_0)\text{ 或 }y'|_{x=x_0}\text{ 或 }\left.\frac{\mathrm{d}y}{\mathrm{d}x}\right|_{x=x_0}\text{或}\left.\frac{\mathrm{d}f(x)}{\mathrm{d}x}\right|_{x=x_0},$$

即

$$f'(x_0)=\lim_{\Delta x\to 0}\frac{\Delta y}{\Delta x}=\lim_{\Delta x\to 0}\frac{f(x_0+\Delta x)-f(x_0)}{\Delta x}$$
$$=\lim_{x\to x_0}\frac{f(x)-f(x_0)}{x-x_0}.$$

如果函数 $y=f(x)$ 在开区间 (a,b) 内的每一点都可导，则称函数 $y=f(x)$ 在开区间 (a,b) 内**可导**；若函数 $y=f(x)$ 在开区间 (a,b) 内可导，这时，对于 (a,b) 内的每一个点 x，必存在一个导数与之对应，这时 x 与导数之间就构成了一个新函数，称其为**导函数**，记作

$$y'\text{或}f'(x)\text{或}\frac{\mathrm{d}y}{\mathrm{d}x}\text{或}\frac{\mathrm{d}f(x)}{\mathrm{d}x}.$$

在不引起混淆的情况下，导函数也简称为**导数**.

显然，函数 $f(x)$ 在 x_0 处的导数 $f'(x_0)$ 就是导函数 $f'(x)$ 在 $x=x_0$ 处的函数值，即

$$f'(x_0)=f'(x)|_{x=x_0}.$$

根据导数的定义，前面两个实例的可分别叙述如下：

(1)导数的物理意义：如果路程函数为 $s=s(t)$，则变速直线运动在 t_0 时的瞬时速度为

$$v'(t_0)=s'(t_0);$$

(2)导数的几何意义：如果 $y=f(x)$ 表示曲线，则曲线 $y=f(x)$ 在点 $P_0(x_0,f(x_0))$ 处切线的斜率为

$$k=f'(x_0).$$

因此，曲线 $y=f(x)$ 在点 $P_0(x_0,f(x_0))$ 处的切线方程为

$$y-f(x_0)=f'(x_0)(x-x_0);$$

法线方程为

$$y-f(x_0)=\frac{-1}{f'(x_0)}(x-x_0),\quad f'(x_0)\neq 0.$$

3.1.3 求导数举例

根据导数的定义，求函数 $y=f(x)$ 的导数就是求增量比

$$\frac{\Delta y}{\Delta x}=\frac{f(x_0+\Delta x)-f(x_0)}{\Delta x}$$

在 $\Delta x\to 0$ 时的极限.因此按导数定义求导的步骤为：

(1)求增量：$\Delta y=f(x+\Delta x)-f(x)$；

(2)算比值：$\dfrac{\Delta y}{\Delta x}=\dfrac{f(x+\Delta x)-f(x)}{\Delta x}$；

(3)取极限：$f'(x)=\lim\limits_{\Delta x\to 0}\dfrac{\Delta y}{\Delta x}=\lim\limits_{\Delta x\to 0}\dfrac{f(x+\Delta x)-f(x)}{\Delta x}$.

例 1 求函数 $f(x)=C$(C 为常数)的导数.

解 (1)求增量：$\Delta y=f(x+\Delta x)-f(x)=C-C=0$；

(2)算比值：$\dfrac{\Delta y}{\Delta x}=0$；

(3)取极限：$f'(x)=\lim\limits_{\Delta x\to 0}\dfrac{\Delta y}{\Delta x}=0$.

即 $(C)'=0$(C 是常数).

这就是说，常数的导数恒等于零.

例 2 已知函数 $f(x)=x^2$，求 $f'(x)$，$f'(-1)$.

解 (1)求增量：$\Delta y=f(x+\Delta x)-f(x)=(x+\Delta x)^2-x^2=2x\Delta x+(\Delta x)^2$；

(2)算比值：$\dfrac{\Delta y}{\Delta x}=\dfrac{2x\Delta x+(\Delta x)^2}{\Delta x}=2x+\Delta x$；

(3)取极限：$f'(x)=\lim\limits_{\Delta x\to 0}\dfrac{\Delta y}{\Delta x}=\lim\limits_{\Delta x\to 0}(2x+\Delta x)=2x$.

所以 $(x^2)'=2x$，$\quad f'(-1)=2x\big|_{x=-1}=-2$.

例 3 求函数 $y=\sqrt{x}$ 的导数.

解 (1)求增量：$\Delta y=f(x+\Delta x)-f(x)=\sqrt{x+\Delta x}-\sqrt{x}$；

(2)算比值：$\dfrac{\Delta y}{\Delta x}=\dfrac{\sqrt{x+\Delta x}-\sqrt{x}}{\Delta x}=\dfrac{1}{\sqrt{x+\Delta x}+\sqrt{x}}$；

(3)取极限：$y'=\lim\limits_{\Delta x\to 0}\dfrac{\Delta y}{\Delta x}=\lim\limits_{\Delta x\to 0}\dfrac{\sqrt{x+\Delta x}-\sqrt{x}}{\Delta x}=\lim\limits_{\Delta x\to 0}\dfrac{1}{\sqrt{x+\Delta x}+\sqrt{x}}=\dfrac{1}{2\sqrt{x}}$.

所以$\left(x^{\frac{1}{2}}\right)'=\dfrac{1}{2}x^{-\frac{1}{2}}$　或　$\left(\sqrt{x}\right)'=\dfrac{1}{2\sqrt{x}}$.

事实上，对于一般的幂函数 $y=x^{\alpha}(\alpha\in\mathbf{R})$，求导有如下规律：

$$(x^{\alpha})'=\alpha\cdot x^{\alpha-1}\quad(\alpha\in\mathbf{R}).$$

当 $\alpha=1$ 时，$y=x$ 的导数为

$$(x)'=1\cdot x^{1-1}=x^{0}=1;$$

当 $\alpha=-1$ 时，$y=x^{-1}=\dfrac{1}{x}$的导数为

$$\left(\frac{1}{x}\right)'=(x^{-1})'=-1\cdot x^{-1-1}=-x^{-2}=-\frac{1}{x^{2}}.$$

例 4　求对数函数 $y=\log_a x(a>0$ 且 $a\neq 1)$的导数.

解　(1)求增量：$\Delta y=f(x+\Delta x)-f(x)=\log_a(x+\Delta x)-\log_a x$

$$=\log_a\frac{x+\Delta x}{x}=\log_a\left(1+\frac{\Delta x}{x}\right);$$

(2)算比值：$\dfrac{\Delta y}{\Delta x}=\dfrac{\log_a\left(1+\dfrac{\Delta x}{x}\right)}{\Delta x}=\dfrac{1}{x}\log_a\left(1+\dfrac{\Delta x}{x}\right)^{\frac{x}{\Delta x}}$；

(3)取极限：根据重要极限$\lim\limits_{t\to 0}(1+t)^{\frac{1}{t}}=\mathrm{e}$得

$$y'=\lim_{\Delta x\to 0}\frac{\Delta y}{\Delta x}=\lim_{\Delta x\to 0}\frac{1}{x}\log_a\left(1+\frac{\Delta x}{x}\right)^{\frac{x}{\Delta x}}=\frac{1}{x}\log_a\mathrm{e}=\frac{1}{x\ln a}.$$

由此可得

$$(\log_a x)'=\frac{1}{x\ln a}$$

特别地，当 $a=\mathrm{e}$ 时，得自然对数 $y=\ln x$ 的导数为

$$(\ln x)'=\frac{1}{x}.$$

类似可得，正弦函数的导数

$$(\sin x)'=\cos x;$$

余弦函数的导数

$$(\cos x)'=-\sin x.$$

例 5　求曲线 $y=x^{2}+x-2$ 在点(1,0)处的切线方程和法线方程.

解　根据导数的几何意义，所求切线的斜率为

$$k_1=y'|_{x=1}=(2x+1)|_{x=1}=3,$$

所以，曲线 $y=x^{2}+x-2$ 在(1,0)处的切线方程为 $y=3(x-1)$，即 $y=3x-3$.

因为法线斜率　$k_2=-\dfrac{1}{k_1}=-\dfrac{1}{3}$，所以，曲线 $y=x^{2}+x-2$ 在(1,0)处的法线方程为

$y=-\frac{1}{3}(x-1)$,即 $y=-\frac{1}{3}x+\frac{1}{3}$.

例 6 一物体做直线运动,其运动规律为 $s=\sin t$,求该物体在任意时刻 t 的速度 $v(t)$ 及 $t=\frac{\pi}{6}$时的瞬时速度.

解 因为 $s'=(\sin t)'=\cos t$,所以,该物体在任意时刻 t 的速度 $v(t)=\cos t$,故在 $t=\frac{\pi}{6}$时的瞬时速度为

$$v\left(\frac{\pi}{6}\right)=s'\Big|_{t=\frac{\pi}{6}}=\cos\frac{\pi}{6}=\frac{\sqrt{3}}{2}.$$

3.1.4 可导与连续的关系

如果函数 $y=f(x)$ 在点 x 处可导,那么函数 $y=f(x)$ 在点 x 处必连续.

事实上,若函数 $y=f(x)$ 在点 x_0 处可导,即 $\lim\limits_{\Delta x\to 0}\frac{\Delta y}{\Delta x}$ 存在,这时

$$\lim_{\Delta x\to 0}\Delta y=\lim_{\Delta x\to 0}\frac{\Delta y}{\Delta x}\cdot\Delta x=\lim_{\Delta x\to 0}\frac{\Delta y}{\Delta x}\cdot\lim_{\Delta x\to 0}\Delta x=0.$$

故函数 $y=f(x)$ 在点 x_0 处连续.

但函数在某点连续,在该点未必可导.

例如,函数 $y=|x|$ 在点 $x=0$ 处连续但不可导.

习 题 3.1

1. 判断题.

(1) 因为 $(\ln x)'=\frac{1}{x}$,所以 $(\ln 3)'=\frac{1}{3}$. ( )

(2) 因为 $(x^{\alpha})'=\alpha\cdot x^{\alpha-1}$,所以 $(5^{x})'=x\cdot 5^{x-1}$. ( )

(3) $\left(\sin\frac{\pi}{6}\right)'=0$. ( )

(4) $(\log_2 x)'=\frac{1}{x}$. ( )

(5) 函数 $y=f(x)$ 在点 x 处可导,那么函数 $y=f(x)$ 在点 x 处连续. ( )

2. 填空题.

(1) $(\log_2 3)'=$ ________.

(2) 变速直线运动物体的运动方程 $s(t)=2t^2+1$,则其速度 $v(t)=$ ________.

(3) 函数 $f(x)=\cos x$ 在点 $x=\frac{\pi}{3}$ 处的切线斜率 $k=$ ________.

(4) 曲线 $y=x^3$ 上切线平行于 x 轴的点是________.

3. 利用导数定义,求 $y=2x$ 在 $x=1$ 处的导数值.

4. 求曲线 $y=\ln x$ 在点 $(e,1)$ 处的切线和法线方程.

5. 设 $y=\cos x$ 求 $y'\big|_{x=\frac{\pi}{6}}$.

6. 求下列函数的导数.

(1)$y=\dfrac{\sqrt[3]{x}}{\sqrt{x}}$;　　　　(2)$f(x)=\dfrac{\sqrt[3]{x^2}\sqrt{x}}{\sqrt{x^5}}$.

【知识拓展】牛顿与微积分

17 世纪生产力的发展推动了自然科学和技术的发展,在前人创造性研究的基础上,大数学家牛顿、莱布尼茨等从不同的角度开始系统地研究微积分.

艾萨克·牛顿是 17—18 世纪英国物理学家、数学家.幼年的牛顿就在设计灵巧的机械模型和做实验上显示出超强的力学天赋和爱好.18 岁时他进入剑桥大学三一学院,迅速掌握了当时的科学和数学知识,很快开始进行独立的研究工作,开始发现推广的二项式定理,并且创造了流数法(微积分的另一种表述).

1665 年夏末到 1667 年夏末,牛顿在家中研究数学(过曲线上任意点作切线和计算曲率半径问题)和各种物理问题,做了他的第一个光学实验,并将万有引力理论的基本原理进行了系统化.

在牛顿开始大学教授生活后,他的第一个研究是关于光色的,后来以一篇论文的形式由皇家学会发表.但引起一些科学家的猛烈攻击,牛顿感到很无聊,发誓再也不发表任何关于科学的东西了.这对数学史产生了重大影响,几乎所有他的发现都在许多年后才发表.也就引出了后来他与莱布尼兹在微积分发现的优先权上的争论.他的《流数法》写于 1671 年,直到 1676 年才发表.他定义了极大值和极小值、曲线的切线、曲线的曲率、拐点、曲线的凹凸性,并且把他的理论应用于许多求积问题和曲线的求长问题.在微分方程的积分中,他显示出了超人的能力.

3.2　导数的四则运算和求导公式

【课前导学】

1. 掌握导数的四则运算法则

设函数 $u=u(x)$,$v=v(x)$都是 x 可导函数,则

(1)$(u\pm v)'=$__________;

(2)$(uv)'=$__________;

(3)$\left(\dfrac{u}{v}\right)'=$__________.

2. 牢记基本初等函数的求导公式

$(C)'=$__________;　　　　$(x^a)'=$__________;

$(a^x)'=$ ________;　　$(\log_a x)'=$ ________;

$(\sin x)'=$ ________;　　$(\cos x)'=$ ________.

3.2.1 导数的四则运算法则

前面利用导数的定义求出了一些基本初等函数的导数,但对于一般的初等函数而言,用定义求导数运算比较复杂.为了迅速准确地求出一般初等函数的导数,本节将介绍求导法则和求导基本公式.

扫一扫

导数的四则运算法则

法则 设函数 $u=u(x)$,$v=v(x)$都是 x 可导函数,则

(1)$(u\pm v)'=u'\pm v'$;

(2)$(uv)'=u'v+uv'$,　特别地,$(ku)'=ku'$ (k 是常数);

(3)$\left(\dfrac{u}{v}\right)'=\dfrac{u'v-uv'}{v^2}$,　特别地,$\left(\dfrac{1}{v}\right)'=-\dfrac{1}{v^2}$ $(v\neq 0)$.

法则(1)、(2)可推广到有限个可导函数的情形.

例 1 设 $f(x)=\dfrac{2}{x}-3\sqrt{x}+\ln x+\sin\dfrac{\pi}{4}$,求 $f'(x)$,$f'(1)$.

解
$$f'(x)=\left(\frac{2}{x}-3\sqrt{x}+\ln x+\sin\frac{\pi}{4}\right)'$$
$$=2\left(\frac{1}{x}\right)'-(3\sqrt{x})'+(\ln x)'+\left(\sin\frac{\pi}{4}\right)'$$
$$=-\frac{2}{x^2}-\frac{3}{2\sqrt{x}}+\frac{1}{x};$$
$$f'(1)=-\frac{5}{2}.$$

例 2 求 $y=\sin x\cdot\ln x$ 的导数.

解 $y'=(\sin x\cdot\ln x)'=(\sin x)'\cdot\ln x+\sin x\cdot(\ln x)'=\cos x\cdot\ln x+\dfrac{\sin x}{x}$.

例 3 求 $y=\mathrm{e}^x(\sin x+\cos x)$的导数.

解 $y'=(\mathrm{e}^x)'(\sin x+\cos x)+\mathrm{e}^x(\sin x+\cos x)'=\mathrm{e}^x(\sin x+\cos x)+\mathrm{e}^x(\cos x-\sin x)$
$=2\mathrm{e}^x\cos x$.

例 4 求 $y=\tan x$ 的导数.

解
$$(\tan x)'=\left(\frac{\sin x}{\cos x}\right)'=\frac{(\sin x)'\cos x-\sin x(\cos x)'}{\cos^2 x}$$
$$=\frac{\cos^2 x+\sin^2 x}{\cos^2 x}=\frac{1}{\cos x}$$
$$=\sec^2 x.$$

类似可得:

$$(\cot x)'=-\csc^2 x,\quad (\sec x)'=\sec x\tan x,\quad (\csc x)'=-\csc x\cot x.$$

例 5 求 $y=\sec x$ 的导数.

解 $(\sec x)'=\left(\dfrac{1}{\cos x}\right)'=-\dfrac{(\cos x)'}{\cos^2 x}=\dfrac{\sin x}{\cos x}\cdot\dfrac{1}{\cos x}=\sec x\cdot\tan x$.

例6 求 $y=\sin 2x$ 的导数.

解 $y'=\sin' 2x=(2\sin x\cos x)'$

$=2(\sin' x\cos x+\sin x\cos' x)$

$=2(\cos^2 x-\sin^2 x)$

$=2\cos 2x.$

例7 求 $y=\ln\sqrt[3]{x\mathrm{e}^x}$ 的导数.

解 因为 $y=\ln\sqrt[3]{x\mathrm{e}^x}=\frac{1}{3}\ln x+\frac{1}{3}x$，所以 $y'=\frac{1}{3x}+\frac{1}{3}$.

例8 求 $y=\frac{\cos 2x}{\sin x+\cos x}$ 的导数.

解 $y=\frac{\cos 2x}{\sin x+\cos x}=\frac{\cos^2 x-\sin^2 x}{\sin x+\cos x}=\cos x-\sin x$，

$y'=-\sin x-\cos x$.

由例7和例8不难看出，有时先化简再求导可以简化运算过程.

3.2.2 基本初等函数的求导公式

根据导数定义可以得到基本求导公式：

(1) $c'=0$（c 为常数）；

(2) $(x^\alpha)'=\alpha x^{\alpha-1}(\alpha\in\mathbf{R})$；

(3) $(\mathrm{e}^x)'=\mathrm{e}^x$；

(4) $(a^x)'=a^x\ln a(a>0,a\neq1)$；

(5) $(\ln x)'=\frac{1}{x}$；

(6) $(\log_a x)'=\frac{1}{x\ln a}(a>0,a\neq1)$；

(7) $(\sin x)'=\cos x$；

(8) $(\cos x)'=-\sin x$；

(9) $(\tan x)'=\sec^2 x$；

(10) $(\cot x)'=-\csc^2 x$；

(11) $(\sec x)'=\sec x\tan x$；

(12) $(\csc x)'=-\csc x\cot x$；

(13) $(\arcsin x)'=\frac{1}{\sqrt{1-x^2}}$；

(14) $(\arccos x)'=-\frac{1}{\sqrt{1-x^2}}$；

(15) $(\arctan x)'=\frac{1}{1+x^2}$；

(16) $(\mathrm{arccot}\, x)'=-\frac{1}{1+x^2}$.

另外，$(\sqrt{x})'=\frac{1}{2\sqrt{x}}$，$\left(\frac{1}{x}\right)'=-\frac{1}{x^2}$ 是公式(2)的特殊情况，经常用到，可当公式使用.

习　题　3.2

1. 判断题.

(1) 设 $u=u(x)$，$v=v(x)$ 均为可导函数，则 $[u(x)v(x)]'=u'(x)v'(x)$.　(　　)

(2) $(x^6-20)'=6x^5$.　(　　)

(3) $\left(\frac{1}{x}\right)'=\frac{1}{x^2}$.　(　　)

(4) $(\tan x)'=\left(\frac{\sin x}{\cos x}\right)'=\frac{\sin' x}{\cos' x}=\frac{\cos x}{-\sin x}=-\cot x$.　(　　)

(5) $y'=\ln'(xe^x)=\ln'x+\ln'e^x=\dfrac{1}{x}$.　　( )

2. 填空题.

(1) 曲线 $f(x)=x^3+2$ 在点 $x=-1$ 处的切线斜率 $k=$________.

(2) 曲线 $f(x)=2\sqrt{x}+3$ 在点 $x=4$ 处的法线斜率 $k=$________.

(3) 已知 $y=2^x+x^2+2\cos\dfrac{\pi}{3}$，则 $y'=$________.

(4) 设 $y=x^2-Ae^x$，已知 $y'|_{x=0}=1$，则 $A=$________.

3. 选择题.

(1) 设 $y=f(x)$，$y=g(x)$ 均为可导函数，则以下结论正确的是( ).

A. $[f(x)-g(x)]'=f'(x)-g'(x)$　　B. $[f(x)\cdot g(x)]'=f'(x)\cdot g'(x)$

C. $[f(x)\div g(x)]'=f'(x)\div g'(x)$　　D. 以上都不对

(2) 下列各式正确的是( ).

A. $(x^{-2})'=-2x^{-3}$　　B. $(3^x)'=x\cdot 3^{x-1}$

C. $(\sqrt{x})'=2\sqrt{x}$　　D. $(\cos x)'=-\cos x$

4. 求下列函数的导数.

(1) $y=x^4+2\sin x-\ln x-\cos\dfrac{\pi}{5}$；　　(2) $y=\tan x+2\arccos x-5^x$；

(3) $y=e^x\sin x$；　　(4) $y=\sqrt{x}\ln x$；

(5) $y=\dfrac{3\sin x}{1+x}$　　(6) $y=\dfrac{\sin^2 x}{1+\cos x}$；

(7) $y=\dfrac{x^3+\sqrt{x}-2+\ln x}{x}$.

5. 设 $y=x\cos x$，求 $y'|_{x=\frac{\pi}{6}}$.

6. 求曲线 $y=x^2+x-2$ 的切线方程，使该切线平行于直线 $x+y-3=0$.

3.3 复合函数的求导法则

【课前导学】

1. 理解并掌握复合函数的求导法则

复合函数的导数等于________乘以中间变量对自变量的导数，又称为________.

2. 掌握复合函数求导方法

在求复合函数的导数时，一要分清函数的复合过程，二要从________往________逐层求导，每次仅对________层求导.

对函数 $y=\sin 2x$，能否用公式 $(\sin x)'=-\cos x$ 直接求得 $(\sin 2x)'=\cos 2x$ 呢？与 3.2 节例 6 比较一下，发现答案不一样. 原因在于基本求导公式只能直接适用于基本初等函数，而 $y=\sin 2x$ 不是基本初等函数，它是 x 的复合函数. 对于复合函数求导，给出以下法则：

复合函数求导法则 设函数 $u=\varphi(x)$ 在 x 处有导数 $u'_x=\varphi'(x)$，函数 $y=f(u)$ 在相应的点 $u=\varphi(x)$ 处也有导数 $y'_u=f'(u)$，则复合函数 $y=f[\varphi(x)]$ 在点 x 处也有导数，且有

$$\frac{\mathrm{d}y}{\mathrm{d}x}=\frac{\mathrm{d}y}{\mathrm{d}u}\cdot\frac{\mathrm{d}u}{\mathrm{d}x};$$

扫一扫

复合函数的求导

也可以写成

$$y'_x=y'_u\cdot u'_x，\text{或 } y'=f'(u)\cdot\varphi'(x).$$

即复合函数的导数，等于函数对中间变量的导数乘以中间变量对自变量的导数.

例1 求下列函数的导数.

(1) $y=\sin 2x$； (2) $y=(5x-2)^3$； (3) $y=\ln\sqrt{\sin x}$.

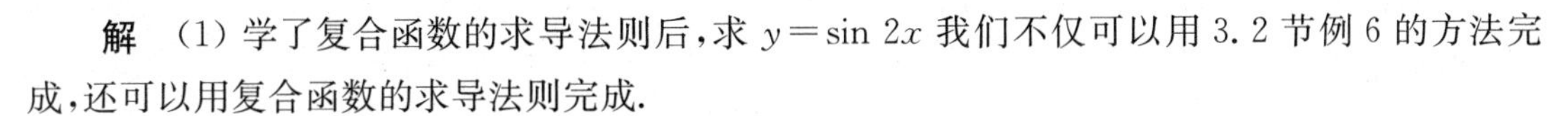

解 (1) 学了复合函数的求导法则后，求 $y=\sin 2x$ 我们不仅可以用3.2节例6的方法完成，还可以用复合函数的求导法则完成.

分解复合函数得 $y=\sin u$，$u=2x$，则

$$y'=(\sin 2x)'=(\sin u)'_u\cdot(2x)'_x=\cos u\cdot 2=2\cos 2x.$$

(2)分解复合函数得 $y=u^3$，$u=5x-2$，则

$$y'=(u^3)'_u\cdot(5x-2)'_x=3u^2\cdot 5=15(5x-2)^2.$$

其实，复合函数的求导法则可以推广到有限个函数复合的情形，因此复合函数的求导法则通常又称**链式法则**.

(3)解法1：分解复合函数得 $y=\ln u$，$u=\sqrt{v}$，$v=\sin x$，则

$$y'=(\ln u)'_u\cdot(\sqrt{v})'_v\cdot(\sin x)'_x=\frac{1}{u}\cdot\frac{1}{2\sqrt{v}}\cos x$$

$$=\frac{1}{\sqrt{\sin x}}\cdot\frac{1}{2\sqrt{\sin x}}\cdot\cos x$$

$$=\frac{1}{2}\cot x.$$

解法2：$y'=(\ln\sqrt{\sin x})'=\left(\frac{1}{2}\ln\sin x\right)'$

$$=\frac{1}{2}\cdot\frac{1}{\sin x}(\sin x)'$$

$$=\frac{1}{2}\cot x.$$

在求复合函数的导数时，要分清函数的复合过程，从外层往里层逐层求导. 在初学时可写出中间变量再求导，熟练之后，也可不必写出中间变量，将其记在心里，由外往里逐层求导即可.

有了基本初等函数的导数公式、四则运算求导法则和复合函数求导法则，初等函数的求导问题就解决了.

例2 求函数 $y=\mathrm{e}^x\cos 3x$ 的导数.

解 $y'=(\mathrm{e}^x)'\cos 3x+\mathrm{e}^x(\cos 3x)'=\mathrm{e}^x\cos 3x-\mathrm{e}^x\sin 3x(3x)'=\mathrm{e}^x(\cos 3x-3\sin 3x)$.

习 题 3.3

1. 判断题.

(1)$(e^{-x})'=e^{-x}$. ( )

(2)$\ln'(1+x)=\dfrac{1}{1+x}$. ( )

(3)$\sin'5x=5\cos 5x$. ( )

(4)$(\arctan\sqrt{x-1})'=\dfrac{1}{1+(x-1)^2}\cdot(x-1)'$ ( )

(5)$\tan'3x=\tan'3x\cdot(3x)'=3\sec^2 3x$. ( )

2. 填空题.

(1)$(\cos 3x)'=(\quad)\sin 3x$.

(2)$(e^{x^2})'=e^{x^2}(\quad)'=(\quad)$.

(3)$\left(\dfrac{1}{1+x^2}\right)'=(\quad)(1+x^2)'=(\quad)$.

(4)$(\arctan 2x)'=\dfrac{1}{1+4x^2}(\quad)'$.

(5)$(\quad)'=3\sin^2 2x(\sin 2x)'=(\quad)$

3. 选择题.

(1)以下求导结果不正确的是( ).

A. $[\cos(2x)]'=-2\sin 2x$　　B. $[\ln(1-x)]'=\dfrac{1}{1-x}$

C. $[e^{x+1}]'=e^{x+1}$　　D. $(x^\alpha+2)'=\alpha\cdot x^{\alpha-1}$.

(2)函数 $y=\ln\cos(e^x)$的求导结果是( ).

A. $y=\ln\sin(e^x)$　　B. $y=-\ln\sin(e^x)$

C. $y=-e^x\tan(e^x)$　　D. $y=e^x\tan(e^x)$.

4. 求下列函数的导数.

(1)$y=(4x+1)^5$;　　(2)$y=\sqrt[3]{1-x^2}$;

(3)$y=\ln(1+2^x)$;　　(4)$y=\arcsin\sqrt{x}$;

(5)$y=\cos^2 x$;　　(6)$y=e^{1-3x}\cos x$;

(7)$y=\ln x^2+\ln^2 x$;　　(8)$y=e^{\sin\frac{1}{x}}$.

5. 求下列函数在给定点处的导数.

(1)设 $y=(2-x^2)^3$,求$y'|_{x=1}$.

(2)设 $y=\sin^3\left(2x-\dfrac{\pi}{6}\right)$,求 $y'\Big|_{x=\frac{\pi}{6}}$.

3.4 高阶导数

【课前导学】

1. 理解高阶导数的定义

对于函数 $y=f(x)$ 的导数 $f'(x)$ 再求一次导数(若存在),所得的导数称为函数 $y=f(x)$ 的__________,记为__________.

二阶及二阶以上的导数称为__________.

2. 了解高阶导数的物理意义

变速直线运动的瞬时速度函数 $v(t)$ 是路程函数 $s(t)$ 对 t 的________,即 $v(t)=$________,加速度函数 $a(t)$ 是速度函数 $v(t)$ 对 t 的导数,是速度函数 $v(t)$ 对 t 的__________阶导数,即 $a(t)=v'(t)=$__________.

定义 对于函数 $y=f(x)$ 的导数 $f'(x)$ 再求一次导数(若存在),所得的导数称为函数 $y=f(x)$ 的**二阶导数**;对函数 $y=f(x)$ 的二阶导数再求一次导数(若存在),所得的导数称为函数 $y=f(x)$ 的**三阶导数**;依此类推;对函数 $y=f(x)$ 的 $n-1$ 阶导数再求一次导数(若存在),所得的导数称为函数 $y=f(x)$ 的 n **阶导数**.

二阶及二阶以上的导数称为**高阶导数**.

二阶导数记为 y'' 或 $f''(x)$ 或 $\frac{d^2y}{dx^2}$;

三阶导数记为 y''' 或 $f'''(x)$ 或 $\frac{d^3y}{dx^3}$;

四阶导数记为 $y^{(4)}$ 或 $f^{(4)}(x)$ 或 $\frac{d^4y}{dx^4}$;

……

n 阶导数记为 $y^{(n)}$ 或 $f^{(n)}(x)$ 或 $\frac{d^ny}{dx^n}$.

相应地,把 $y=f(x)$ 的导数 $f'(x)$ 称为 $f(x)$ 的一阶导数.

显然,求高阶导数就是接连多次求导,因此仍可用前面学过的求导方法计算高阶导数.但一般函数的高阶导数的表达式是相当复杂的,现介绍几个简单函数的高阶导数.

例1 设函数 $f(x)=x^2-5^x+2$,求 $f'''(0)$.

解 $f'(x)=2x-5^x\ln 5$;

$f''(x)=2-5^x\ln^2 5$;

$f'''(x)=-5^x\ln^3 5$;

$f'''(0)=-\ln^3 5$.

例2 设函数 $f(x)=e^{nx}$,求 $f^{(n)}(x)$.

解 $f'(x)=ne^{nx}$;

$f''(x)=n^2e^{nx}$;

$f'''(x)=n^3\mathrm{e}^{nx}$；

……

$f^{(n)}(x)=n^n\mathrm{e}^{nx}$.

3.1 节在讨论变速直线运动时，速度函数 $v(t)$ 是位移函数 $s(t)$ 对 t 的导数，即 $v(t)=s'(t)$. 加速度函数 $a(t)$ 是速度函数 $v(t)$ 对 t 的导数，即 $a(t)=v'(t)=[s'(t)]'$. 因此加速度函数 $a(t)$ 是位移函数 $s(t)$ 对 t 的导数的导数，称为函数 $s(t)$ 对 t 的二阶导数.

例 3 已知物体做变速直线运动的运动方程为 $s=3\sin\left(4t+\frac{\pi}{6}\right)$，求物体运动的速度及加速度.

解 $v=s'=12\cos\left(4t+\frac{\pi}{6}\right)$；

$a=v'=s''=-48\sin\left(4t+\frac{\pi}{6}\right)$.

习 题 3.4

1. 判断题.

(1) $(C)''=0$. ( )

(2) 设 $y=x^n$，则 $y^{(n)}=n!$. ( )

(3) 设 $y=3^x$，则 $y^{(n)}=3^x$. ( )

(4) $y=\mathrm{e}^{4x}$ 的 n 阶导数 $y^{(n)}=\mathrm{e}^{4x}$. ( )

(5) 变速直线运动物体的运动方程 $s(t)=t^2+2t$，则其加速度 $a(t)=2t+2$. ( )

2. 填空题.

(1) $(\cos x)''=$________.

(2) $(\mathrm{e}^x)'''=$________.

(3) $(\ln 3x)''=$________.

(4) 已知 $y=3x^5-4x^3+2$，则 $y''=$________.

(5) 设物体做变速直线运动的方程为 $s=t^5$，则物体在 $t=1$ s 时的速度为________米/秒，此时的加速度为________米/秒^2.

3. 下列各式不正确的是( ).

A. $(\mathrm{e}^x)''=\mathrm{e}^x$　　B. $(\mathrm{e}^{3x})''=\mathrm{e}^{3x}$

C. $(\sin x)''=-\sin x$　　D. $(\cos x)''=-\cos x$.

4. 设 $f(x)=(x+10)^6$，求 $f''(2)$.

5. 设 $y=x\cos x$，求 y''.

6. 设 $y=\frac{1}{2}\ln(1+x^2)+\arctan x$，求 y''.

3.5　微分及其运算

【课前导学】

1. 理解微分的定义

设函数 $y=f(x)$ 在点 x_0 及其附近可导，则称 $f'(x_0)\Delta x$ 为函数 $y=f(x)$ 在点 x_0 处的__________，记作__________，按习惯通常将自变量的改变量 Δx 记作__________，称为自变量的微分.

2. 掌握求微分的方法

定义法：由微分定义知，可导函数 $y=f(x)$ 在任一点处的微分 $\mathrm{d}y=$__________，求微分的关键步骤是要先求出函数的__________，然后将函数的导数乘以__________得到函数的微分.

法则法：运用微分的运算法则和一阶微分形式不变性求微分.

3.5.1　微分的概念

前几节讨论了函数的导数概念及一系列求导法则. 现在讨论微分学中另一个基本概念——微分. 在实际问题中分析变化过程时，可以通过微小的局部运动变化状态进而寻找一般的变化规律，这就需要考察变量的微小改变量间的关系. 对自变量的微小改变量引起的函数增量的研究，微分提供了表达这种增量的一种简便方法.

例 1　如图 3.5.1 所示，一块正方形金属薄片由于温度的变化，其边长由 x_0 变化为 $x_0+\Delta x$，此时薄片的面积改变了多少？

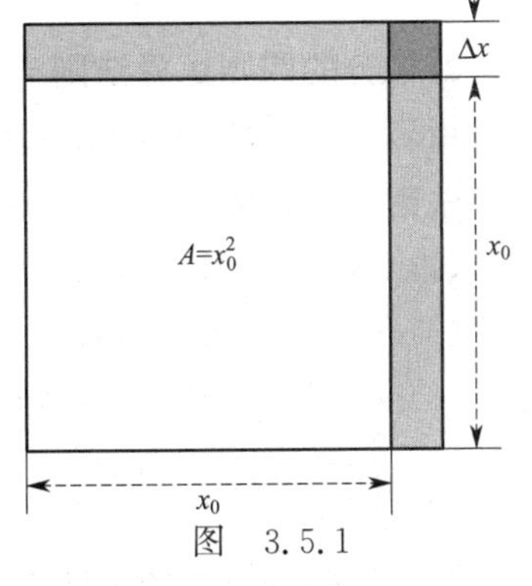

图　3.5.1

解　设此薄片的边长为 x、面积为 A，则 $A=x^2$.

当自变量 x 在 x_0 有增量 Δx 时，相应的面积函数的增量为 ΔA，则

$$\Delta A=(x_0+\Delta x)^2-x_0^2=2x_0\Delta x+(\Delta x)^2.$$

从图 3.5.1 可以看出，当 Δx 很小时，面积的增量 ΔA（阴影部分的两个矩形面积之和）可以用 $2x_0\Delta x$（浅色阴影部分）近似代替，即在计算函数 $A=x^2$ 在 x_0 处的改变量时，可以用 $2x_0\Delta x$ 近似计算，其中 $2x_0=(x^2)'|_{x=x_0}$.

下面给出函数的微分的定义.

定义　设函数 $y=f(x)$ 在点 x_0 及其附近可导，则称 $f'(x_0)\Delta x$ 为函数 $y=f(x)$ 在点 x_0 处的**微分**，记作 $\mathrm{d}y|_{x=x_0}$.

按习惯通常将自变量的改变量 Δx 记作 $\mathrm{d}x$，称为自变量的微分.

一般地，可导函数在任一点处的微分为 $\mathrm{d}y=f'(x)\mathrm{d}x$.

由上式可得，$f'(x)=\dfrac{\mathrm{d}y}{\mathrm{d}x}$，即函数 $f(x)$ 的导数 $f'(x)$ 等于函数的微分 $\mathrm{d}y$ 与自变量的微分 $\mathrm{d}x$ 之商 $\dfrac{\mathrm{d}y}{\mathrm{d}x}$，所以导数又称**微商**.

例如，函数 $y=\sin x$ 的微分为 $\mathrm{d}y=y'\mathrm{d}x=\cos x\mathrm{d}x$；

函数 $y=\ln x$ 的微分为 $dy=y'dx=\frac{1}{x}dx$.

3.5.2 微分的基本公式与微分的运算法则

1. 微分的基本公式

由基本初等函数的导数公式、导数与微分的关系，便得基本初等函数的微分公式.

(1) $d(c)=0$（c 为常数）；

(2) $d(x^{\alpha})=\alpha x^{\alpha-1}dx\ (\alpha\in\mathbf{R})$；

(3) $d(e^x)=e^x dx$；

(4) $d(a^x)=a^x\ln a\,dx\ (a>0,a\neq1)$；

(5) $d(\ln x)=\frac{dx}{x}$；

(6) $d(\log_a x)=\frac{dx}{x\ln a}\ (a>0,a\neq1)$；

(7) $d(\sin x)=\cos x\,dx$；

(8) $d(\cos x)=-\sin x\,dx$；

(9) $d(\tan x)=\sec^2 x\,dx$；

(10) $d(\cot x)=-\csc^2 x\,dx$；

(11) $d(\sec x)=\sec x\tan x\,dx$；

(12) $d(\csc x)=-\csc x\cot x\,dx$；

(13) $d(\arcsin x)=\frac{dx}{\sqrt{1-x^2}}$；

(14) $d(\arccos x)=-\frac{dx}{\sqrt{1-x^2}}$；

(15) $d(\arctan x)=\frac{dx}{1+x^2}$；

(16) $d(\text{arccot}\, x)=-\frac{dx}{1+x^2}$.

2. 微分的四则运算法则

由函数的四则运算的求导法则、导数与微分的关系，便得函数的和差积商的微分法则.

法则 设函数 $u=u(x),v=v(x)$ 可微，则：

(1) $d(u\pm v)=du\pm dv$；

(2) $d(uv)=v\,du+u\,dv$；

(3) $d(ku)=k\,du$（k 为常数）；

(4) $d\left(\frac{u}{v}\right)=\frac{v\,du-u\,dv}{v^2}\ (v\neq0)$.

3. 一阶微分形式的不变性

根据微分的概念，复合函数 $y=f[\varphi(x)]$ 的微分为

$$dy=f'[\varphi(x)]dx=f'(u)\varphi'(x)dx=f'(u)d[\varphi(x)]=f'(u)du,$$

故有

$$dy=f'(u)du.$$

扫一扫

微分的计算

上式说明：不论 u 是自变量还是中间变量，函数 y 的微分均可表示为 $dy=f'(u)du$，这一特性称为**一阶微分形式的不变性**，也称**复合函数的微分法则**.

例 2 求函数 $y=x\ln x$ 微分.

解 解法 1（定义法）：

由于 $(x\ln x)'=\ln x+1$，因此 $dy=(\ln x+1)dx$.

解法 2（法则法）：$dy=d(x\ln x)=\ln x\,dx+x\,d\ln x=(\ln x+1)dx$.

例 3 求函数 $y=\sin\left(2x+\frac{\pi}{6}\right)$ 的微分.

解 解法 1（定义法）：

因为　$y'=\left[\sin\left(2x+\frac{\pi}{6}\right)\right]'=\cos\left(2x+\frac{\pi}{6}\right)\cdot\left(2x+\frac{\pi}{6}\right)'=2\cos\left(2x+\frac{\pi}{6}\right)$,

所以
$$\mathrm{d}y=f'(x)\mathrm{d}x=2\cos\left(2x+\frac{\pi}{6}\right)\mathrm{d}x.$$

解法 2(法则法):

$$\mathrm{d}y=\mathrm{d}\left[\sin\left(2x+\frac{\pi}{6}\right)\right]=\cos\left(2x+\frac{\pi}{6}\right)\mathrm{d}\left(2x+\frac{\pi}{6}\right)$$
$$=2\cos\left(2x+\frac{\pi}{6}\right)\mathrm{d}x.$$

3.5.3　微分在近似计算中的应用

当 $f'(x_0)\neq 0$, $|\Delta x|$ 很小时, $\Delta y\approx \mathrm{d}y$, 即
$$\Delta y=f(x_0+\Delta x)-f(x_0)\approx f'(x_0)\Delta x.$$
记 $x_0+\Delta x=x$, 可得
$$f(x)\approx f(x_0)+f'(x_0)(x-x_0).$$
上述两式分别表示了用微分近似计算函数增量与函数值的公式. 在后者中令 $x_0=0$, 有
$$f(x)\approx f(0)+f'(0)x.$$

扫一扫
微分在近似计算中应用

例 4　计算 $\cos 30°12'$ 的近似值.

解　设函数　$f(x)=\cos x$, $x_0=\frac{\pi}{6}$, $\Delta x=\frac{\pi}{900}$, $f'(x)=-\sin x$, 由公式
$$f(x)\approx f(x_0)+f'(x_0)(x-x_0),$$
得
$$\cos 30°12'\approx\cos\frac{\pi}{6}+\left(-\sin\frac{\pi}{6}\right)\cdot\frac{\pi}{900}\approx 0.864\ 3.$$

例 5　计算 $\sqrt[3]{8.2}$ 的近似值.

解　设函数　$f(x)=\sqrt[3]{x}$, $x_0=8$, $\Delta x=0.2$, $f'(x)=\frac{1}{3\cdot\sqrt[3]{x^2}}$, 由公式
$$f(x)\approx f(x_0)+f'(x_0)(x-x_0),$$
得
$$\sqrt[3]{8.2}\approx\sqrt[3]{8}+\frac{1}{3\cdot\sqrt[3]{8^2}}\times 0.2\approx 2.017.$$

习　题　3.5

1. 判断题.

(1) $\mathrm{d}(2\ 020)=0$.　(　　)

(2) $\mathrm{d}(x^6)=6x^5$.　(　　)

(3) $\mathrm{d}(\ln x)=\frac{1}{x}\mathrm{d}x$.　(　　)

(4) $\mathrm{d}(-\cos x)=-\sin x\mathrm{d}x$.　(　　)

(5)$d(\arctan x)=\dfrac{1}{1+x^2}$.　　　　(　　)

2. 填空题.

(1)$d(x^{2\,020})=$__________.　　(2)$d(2^x)=$__________.

(3)$x^2dx=$__________ $d(3x^3+2)$.　　(4)$d(\log_{19}x)=$__________ $\dfrac{1}{x}dx$.

(5)$d(\sin 6x)=$__________ $\cos 6x dx$.　　(6)d__________$=2dx$.

(7)d__________$=-\sin x dx$.　　(8)d__________$=\dfrac{1}{x}dx$.

3. 以下结论正确的是(　　).

A. $d(\arccos x)=-\dfrac{1}{\sqrt{1-x^2}}$　　B. $d(\arcsin x)=\dfrac{1}{\sqrt{1+x^2}}dx$

C. $d(\text{arccot}\, x)=-\dfrac{1}{1+x^2}dx$　　D. $d\left(\dfrac{1}{1+x^2}\right)=\arctan x dx$.

4. 求下列函数的微分.

(1)$y=2x^8+3\log_2x+4\cos x+5$;　　(2)$y=x^2\cos x$;

(3)$y=\sin(5x+8)$;　　(4)$y=\dfrac{1-2\sin^2x}{\cos x-\sin x}$.

3.6　洛必达法则

【课前导学】

1. 掌握洛必达法则使用的基本条件

使用洛必达法则求极限时,首先要判断$\lim\limits_{x\to x_0}\dfrac{f(x)}{g(x)}$是__________或__________型.

其次函数 $f(x)$,和 $g(x)$的__________存在,且 $g'(x)$__________.

再次$\lim\limits_{x\to x_0}\dfrac{f'(x)}{g'(x)}$__________.

2. 学会判断未定式的类型

(1)$\lim\limits_{x\to 2}\dfrac{x^2-4}{x-2}$是__________型;　　(2)$\lim\limits_{x\to 0}\dfrac{1-\cos x}{3x^4}$是__________型;

(3)$\lim\limits_{x\to +\infty}\dfrac{\ln x}{e^x}$是__________型;　　(4)$\lim\limits_{x\to \infty}\dfrac{3x^3+4x^2+5}{6x^3-7x-8}$是__________型.

3. 牢记洛必达法则的重要结论

如果满足洛必达法则的条件,则$\lim\limits_{x\to x_0}\dfrac{f(x)}{g(x)}=$__________.

3.6.1　洛必达法则的定义

在极限的学习过程中遇到过$\lim\limits_{x\to 1}\dfrac{x^2-1}{x-1}$、$\lim\limits_{x\to 0}\dfrac{1-\cos 2x}{x^2}$、$\lim\limits_{x\to 4}\dfrac{x-4}{\sqrt{x+5}-3}$等一些极限的求解问

题，当时分别用了不同的方法求出了极限结果，仔细观察不难发现它们有一个共性，在给定的极限条件下，分子、分母分别都以零为极限，它们被称为$\frac{0}{0}$型的极限未定式. 对于$\frac{0}{0}$型的极限未定式的求解有一个较为通用的方法，这种方法就是本节要学习的洛必达(L'Hospital)法则.

洛必达法则：如果函数 $f(x)$，$g(x)$满足下列条件：

(1)$\lim\limits_{x\to x_0}\frac{f(x)}{g(x)}$是$\frac{0}{0}$型未定式；

(2)$f'(x)$，$g'(x)$存在(点 x_0 可除外)，且 $g'(x)\neq 0$；

(3)$\lim\limits_{x\to x_0}\frac{f'(x)}{g'(x)}$ 存在(或为无穷大，或仍为$\frac{0}{0}$或$\frac{\infty}{\infty}$型)；

则
$$\lim_{x\to x_0}\frac{f(x)}{g(x)}=\lim_{x\to x_0}\frac{f'(x)}{g'(x)}.$$

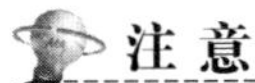
注 意

(1)法则中条件“$\lim\limits_{x\to x_0}\frac{f(x)}{g(x)}$是$\frac{0}{0}$型未定式”改为“$\lim\limits_{x\to x_0}\frac{f(x)}{g(x)}$是$\frac{\infty}{\infty}$型未定式”时法则依然成立.

(2)法则中的极限条件改变为 $x\to x_0^+$，$x\to x_0^-$，$x\to\infty$，$x\to+\infty$，$x\to-\infty$时法则仍成立.

3.6.2 洛必达法则的运用

例 1 求$\lim\limits_{x\to 0}\frac{1-\cos 2x}{x^2}$.

解 $\lim\limits_{x\to 0}\frac{1-\cos 2x}{x^2}\overset{\frac{0}{0}}{=}\lim\limits_{x\to 0}\frac{(1-\cos 2x)'}{(x^2)'}=2\lim\limits_{x\to 0}\frac{\sin 2x}{2x}=2.$

例 2 求$\lim\limits_{x\to+\infty}\frac{\ln x}{x^2}$.

解 $\lim\limits_{x\to+\infty}\frac{\ln x}{x^2}\overset{\frac{\infty}{\infty}}{=}\lim\limits_{x\to+\infty}\frac{\ln' x}{(x^2)'}=\lim\limits_{x\to+\infty}\frac{1}{2x^2}=0.$

例 3 求$\lim\limits_{x\to+\infty}\frac{\frac{\pi}{2}-\arctan x}{\frac{1}{x}}$.

解 $\lim\limits_{x\to+\infty}\frac{\frac{\pi}{2}-\arctan x}{\frac{1}{x}}\overset{\frac{0}{0}}{=}\lim\limits_{x\to+\infty}\frac{\left(\frac{\pi}{2}-\arctan x\right)'}{\left(\frac{1}{x}\right)'}=\lim\limits_{x\to+\infty}\frac{x^2}{1+x^2}\overset{\frac{\infty}{\infty}}{=}\lim\limits_{x\to+\infty}\frac{(x^2)'}{(1+x^2)'}=1.$

由例 3 可知，在满足洛必达法则的前提条件下，可以多次反复使用洛必达法则，而且$\frac{0}{0}$和$\frac{\infty}{\infty}$可以交替使用. 虽然洛必达法则在求极限时很有效，但是也不是万能的，例如，

$$\lim_{x\to+\infty}\frac{\sqrt{4+x^2}}{x}\overset{\frac{\infty}{\infty}}{=}\lim_{x\to+\infty}\frac{(\sqrt{4+x^2})'}{x'}=\lim_{x\to+\infty}\frac{\frac{x}{\sqrt{4+x^2}}}{1}\overset{\frac{\infty}{\infty}}{=}\lim_{x\to+\infty}\frac{\sqrt{4+x^2}}{x},$$

此时法则就失效了,但是$\lim\limits_{x\to+\infty}\frac{\sqrt{4+x^2}}{x}$还是可求的,即

$$\lim_{x\to+\infty}\frac{\sqrt{4+x^2}}{x}=\lim_{x\to+\infty}\sqrt{\frac{4}{x^2}+1}=1.$$

本节只学习了$\frac{0}{0}$型与$\frac{\infty}{\infty}$型的极限未定式的求解方法,其实除此之外,还有"$0\cdot\infty$"型、"$\infty-\infty$"型、"0^0"型、"∞^0"型、"1^∞"型等类型的极限,通常也可以使用洛必达法则求解,但是不能直接使用,要将这些类型的极限化为$\frac{0}{0}$型或$\frac{\infty}{\infty}$型的极限未定式后,才能用洛必达法则.

习 题 3.6

1. 判断题.

(1)洛必达法则是一种求解函数极限的工具. ( )

(2)洛必达法则只能够用于求解$\frac{0}{0}$型极限未定式的极限. ( )

(3)$\frac{\infty}{\infty}$型极限未定式的极限用洛必达法则一定可以求解. ( )

(4)$\lim\limits_{x\to+\infty}\frac{e^x}{x^2}=\lim\limits_{x\to+\infty}\left(\frac{e^x}{x^2}\right)'$. ( )

(5)$\lim\limits_{x\to0}\frac{\sin 2\,020x}{2\,019x}=\frac{2\,020}{2\,019}$. ( )

2. 填空题.

(1)$\lim\limits_{x\to+\infty}\frac{\ln x}{x}\overset{\frac{\infty}{\infty}}{=}\lim\limits_{x\to+\infty}\frac{\ln' x}{x'}=$__________$=$__________.

(2)$\lim\limits_{x\to0}\frac{\sin x}{x^3+3x}\overset{\frac{0}{0}}{=}$__________$=\lim\limits_{x\to0}\frac{\cos x}{3x^2+3}=$__________.

(3)因为$\lim\limits_{x\to0}\frac{\sin x}{\tan x}$是__________型的极限未定式,所以$\lim\limits_{x\to0}\frac{\sin x}{\tan x}=$__________$=$__________$=$__________.

3. 下列各式能够用洛必达法则计算出结果的是( ).

A. $\lim\limits_{x\to\infty}\frac{\sin x^2}{x^2}$　　B. $\lim\limits_{x\to+\infty}\frac{\sqrt{1+x^2}}{x}$

C. $\lim\limits_{x\to0}\frac{2x^2+3x}{x^2+1}$　　D. $\lim\limits_{x\to0}\frac{x^3}{x-\sin x}$

4. 用洛必达法则求下列极限.

(1) $\lim\limits_{x\to 1}\dfrac{1-x-\ln x}{x^2-x}$；　　(2) $\lim\limits_{x\to\infty}\dfrac{3x^3+4x^2+2}{7x^3-5x-3}$；

(3) $\lim\limits_{x\to 3}\dfrac{\ln(x-2)}{x-3}$；　　(4) $\lim\limits_{x\to+\infty}\dfrac{2x^2-4x-1}{e^{3x}}$；

(5) $\lim\limits_{x\to a}\dfrac{\sin x-\sin a}{x-a}$；　　(6) $\lim\limits_{x\to 0}\dfrac{1-\cos x}{x^2}$.

3.7　函数的单调性与极值

【课前导学】

(1)掌握导数符号与函数单调性的关系.

设函数 $y=f(x)$在闭区间$[a,b]$上连续，在开区间内可导(a,b)内可导，则：

①如果在(a,b)内__________，则函数 $y=f(x)$在$[a,b]$上单调增加；

②如果在(a,b)内__________，则函数 $y=f(x)$在$[a,b]$上单调减少.

(2)理解并掌握单调区间分界点和极值点的可疑点：__________和__________.

(3)理解极大值和极小值的定义.

(4)掌握极值存在的第一充分条件.

设函数 $f(x)$在点 x_0-δ 邻域$(x_0-\delta,x_0+\delta)(\delta>0)$内连续且可导(在点 x_0 允许不可导)，则：

①若 $f'(x)$在点 x_0 的两侧变号，则 $f(x_0)$是极值. 特别地，当 $f'(x)$在点 x_0 的左、右两侧__________时，$f(x_0)$是极大值；当 $f'(x)$在点 x_0 的左、右两侧__________时，$f(x_0)$是极小值.

②若 $f'(x)$在点 x_0 的两侧__________，则 $f(x_0)$不是极值.

(5)了解求单调区间或极值的步骤.

①__________；②__________；③__________；④__________；⑤__________.

3.7.1　函数的单调性

单调性是函数的一个重要属性，本节着重讨论函数的单调性与其导数之间的关系，从而提供一种判别函数单调性以及求函数极值的方法.

观察图 3.7.1 和图 3.7.2，有如下现象：

(1) $y=f(x)$单调递增，切线倾斜角 α 是锐角，即切线斜率 $k>0$，也就是 $f'(x)>0$；

(2) $y=f(x)$单调递减，切线倾斜角 α 是钝角，即切线斜率 $k<0$，也就是 $f'(x)<0$.

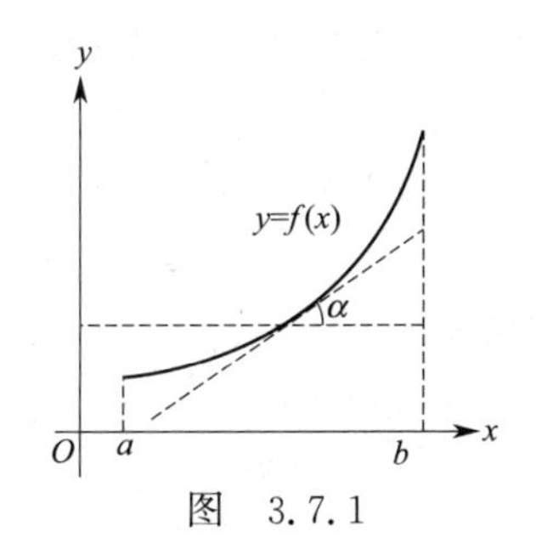

图　3.7.1

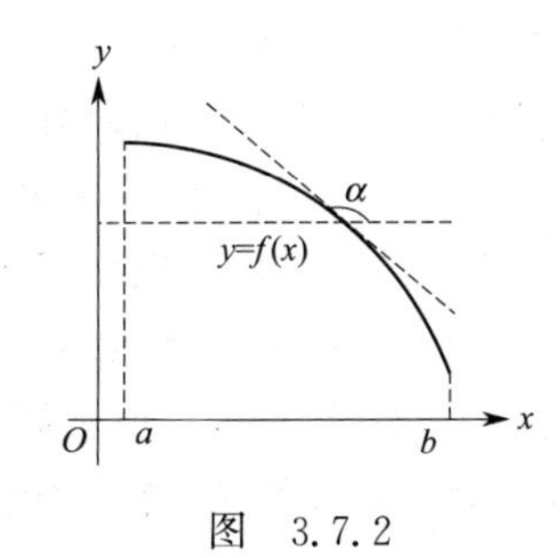

图　3.7.2

定理1 设函数 $y=f(x)$ 在闭区间 $[a,b]$ 上连续,在开区间内可导 (a,b) 内可导,则

(1)如果在 (a,b) 内 $f'(x)>0$,则函数 $y=f(x)$ 在 $[a,b]$ 上单调增加;

(2)如果在 (a,b) 内 $f'(x)<0$,则函数 $y=f(x)$ 在 $[a,b]$ 上单调减少.

例1 判定函数 $f(x)=\mathrm{e}^x+2$ 的单调性.

解 因为 $f'(x)=(\mathrm{e}^x+2)'=\mathrm{e}^x>0$,所以 $y=f(x)$ 在其定义域内 $(-\infty,+\infty)$ 单调递增.

注意

如果可导函数 $y=f(x)$ 是单调函数,则很容易根据 $f'(x)$ 的符号判断其是单调递增还是单调递减;但如果 $y=f(x)$ 不是单调函数,则需要分区间讨论 $f'(x)$ 的符号才能求出它的单调区间.

定义1 如果 $f'(x_0)=0$,则称 $x=x_0$ 为函数 $y=f(x)$ 的**驻点**.

例2 求函数 $f(x)=x^3-3x^2-9x+5$ 的单调区间.

解 (1) $f(x)$ 的定义域为 $(-\infty,+\infty)$.

(2)求 $f(x)$ 的导数 $f'(x)=3x^2-6x-9$.

(3)令 $f'(x)=0$,即 $3x^2-6x-9=3(x+1)(x-3)=0$,解得函数的驻点 $x_1=-1,x_2=3$.

$x_1=-1$ 和 $x_2=3$ 把函数的定义域 $(-\infty,+\infty)$ 分成三个区间 $(-\infty,-1)$,$(-1,3)$,$(3,+\infty)$.

(4)函数单调性可列表讨论,如表3.7.1所示(表中"↗""↘"分别表示函数在相应区间内是单调递增、单调递减).

表 3.7.1

x	$(-\infty,-1)$	$(-1,3)$	$(3,+\infty)$
$f'(x)$	+	−	+
$f(x)$	↗	↘	↗

故 $(-\infty,-1)$,$(3,+\infty)$ 为函数 $f(x)$ 的单调递增区间,$(-1,3)$ 为函数 $f(x)$ 的单调递减区间.

3.7.2 函数的极值

定义2 设函数 $f(x)$ 在 (a,b) 内有定义,$x_0\in(a,b)$.

(1)如果对于 x_0 近旁的任意点 $x(x\neq x_0)$ 都有 $f(x)<f(x_0)$,则称 $f(x_0)$ 是 $f(x)$ 的一个**极大值**,点 x_0 称为 $f(x)$ 的一个**极大值点**;

(2)如果对于 x_0 近旁的任意点 $x(x\neq x_0)$ 都有 $f(x)>f(x_0)$,则称 $f(x_0)$ 是 $f(x)$ 的一个**极小值**,点 x_0 称为 $f(x)$ 的一个**极小值点**.

极大值和极小值统称**极值**,极大值点和极小值点统称**极值点**.

通俗地说,函数 $f(x)$ 的极值点就是函数 $f(x)$ 单调增加与单调减少的分界点.

定理2(极值存在的第一充分条件) 设函数 $f(x)$ 在点 $x_0-\delta$ 邻域 $(x_0-\delta,x_0+\delta)(\delta>0)$ 内连续且可导(在点 x_0 允许不可导),则:

(1)若 $f'(x)$在点 x_0 的两侧变号,则 $f(x_0)$是极值.特别地,当 $f'(x)$在点 x_0 的左、右两侧由正变负时,$f(x_0)$是极大值;当 $f'(x)$在点 x_0 的左、右两侧由负变正时,$f(x_0)$是极小值.

(2)若 $f'(x)$在点 x_0 的两侧不变号,则 $f(x_0)$不是极值.

例 3　求函数 $f(x)=x-\frac{5}{3}x^{\frac{3}{5}}$ 的极值.

解　(1)$f(x)$的定义域为$(-\infty,+\infty)$.

(2)求 $f(x)$的导数,$f'(x)=1-x^{-\frac{2}{5}}$.

(3)求嫌疑点.令 $f'(x)=0$,即 $1-\frac{1}{\sqrt[5]{x^2}}=0$,$\frac{\sqrt[5]{x^2}-1}{\sqrt[5]{x^2}}=0$,由 $\sqrt[5]{x^2}-1=0$ 求出驻点 $x=\pm1$.

还有一个使得一阶导数不存在的点 $x_2=0$.用 $x_1=-1$,$x_2=0$,$x_3=1$ 把函数的定义域$(-\infty,+\infty)$分成四个区间.

(4)列表讨论,如表 3.7.2 所示.

表　3.7.2

x	$(-\infty,-1)$	-1	$(-1,0)$	0	$(0,1)$	1	$(1,+\infty)$
$f'(x)$	$+$	0	$-$	不存在	$-$	0	$+$
$f(x)$	↗	$y_{极大值}=\frac{2}{3}$	↘	不是极值	↘	$y_{极小值}=-\frac{2}{3}$	↗

结论:函数的极大值是 $y_{极大值}=\frac{2}{3}$,极小值是 $y_{极小值}=-\frac{2}{3}$.

此例再次告诉我们,一阶导数不存在的点对单调性的判断和极值的求解产生影响,它是有可能成为极值点的.

由以上例题求解过程,可归纳出判定单调性、求单调区间和求极值的一般解题步骤:

(1)求 $f(x)$的定义域;

(2)求 $f(x)$的导数;

(3)求 $f(x)$的极值点的嫌疑点;

(4)列表讨论;

(5)给出结论.

定理 3(极值的第二充分条件)　设函数 $f(x)$在点 x_0 具有二阶导数且 $f''(x_0)\neq0$.

(1)如果 $f''(x_0)<0$,那么 $f(x)$在 x_0 取得极大值;

(2)如果 $f''(x_0)>0$,那么 $f(x)$在 x_0 取得极小值.

注:如果 $f''(x_0)=0$,此法失效.

例 4　求函数 $f(x)=\frac{x}{2}+\cos x$ 在$[0,2\pi)$上的极值.

解　$f'(x)=\frac{1}{2}-\sin x$.

令 $f'(x)=0$,得$\frac{1}{2}-\sin x=0$,即得驻点 $x_1=\frac{\pi}{6}$,$x_2=\frac{5\pi}{6}$.

$f''(x)=-\cos x$.

因为 $f''\left(\frac{\pi}{6}\right)=-\cos\frac{\pi}{6}=-\frac{\sqrt{3}}{2}<0$,所以 $f(x)$在 $x_1=\frac{\pi}{6}$处取得极大值 $f\left(\frac{\pi}{6}\right)=\frac{\pi}{12}+\frac{\sqrt{3}}{2}$;

$f''\left(\frac{5\pi}{6}\right)=-\cos\frac{5\pi}{6}=\frac{\sqrt{3}}{2}>0$,所以 $f(x)$在 $x_2=\frac{5\pi}{6}$处取得极小值 $f\left(\frac{5\pi}{6}\right)=\frac{5\pi}{12}-\frac{\sqrt{3}}{2}$.

习 题 3.7

1. 判断题.

(1)函数 $y=\sin x$ 在其定义域内单调递增. ( )

(2)在同一函数中,函数的极大值就是它的最大值. ( )

(3)在同一函数中,函数的极大值一定大于极小值. ( )

(4)函数 $y=x^3$ 的驻点为 $x=0$,同时也是它的极值点. ( )

(5)函数的极值可能在驻点和一阶不可导点处取得. ( )

2. 填空题.

(1)函数 $y=x^2-2x$ 的驻点是__________.

(2)函数 $y=x^3+x$ 在区间$(0,+\infty)$上单调__________.

(3)函数 $y=(x-2)^2$ 单调递减区间是__________.

(4)函数 $y=e^x+6$ 在其定义域内单调__________.

(5)函数 $y=\ln x$ 在其定义域内单调__________.

3. 选择题.

(1)函数 $y=2x^5+8x$ 在定义域内( ).

A. 单调递减　B. 单调递增　C. 既单调递增又单调递减　D. 以上说法都不对

(2)函数 $y=3x+\sin x$ 的单调递增区间是( ).

A. $(0,+\infty)$　B. $(-\infty,0)$　C. $(-\infty,+\infty)$　D. $(-1,1)$

(3)$y=\frac{1}{2}x^2-2x$ 在点 $x=$( )取得极值.

A. 1　B. 2　C. $\frac{1}{2}$　D. 0

(4)下列函数在定义域内为单调函数的是( ).

A. $y=\sin x$　B. $y=\cos x$　C. $y=2^x$　D. $y=x^2-x+1$

4. 求下列函数的单调区间:

(1)$f(x)=\frac{1}{3}x^3-3x^2+8x-26$;(2)$f(x)=\frac{1}{2}x^2+5x+1$.

5. 求下列函数的极值:

(1)$f(x)=\frac{1}{4}x^4-2x^2+2\,020$;　(2)$f(x)=x-\ln(1+x)$.

3.8 函数的最值

【课前导学】

1. 了解连续函数在闭区间上求解最值的步骤

(1)____________________;(2)____________________;(3)____________________.

2. 掌握连续函数在开区间上求最值的问题转换

如果连续函数 $f(x)$ 在开区间 (a,b) 内只有一个极大值(或极小值),则该极大值(或__________)就是__________(或最小值).

3. 实际生活问题中求最优解的步骤

(1)____________________;(2)____________________;(3)____________________.

在实践中常会遇到在一定条件下怎样使投资最少、收益最高、成本最低、利润最大、材料最省、效率最高、性能最好、容积最大等问题,这类实际问题就可以归结到最值问题.

3.8.1 函数在给定区间上的最值

1. 连续函数在闭区间 $[a,b]$ 上的最值

连续函数在闭区间 $[a,b]$ 上一定有最大值和最小值,最大值和最小值统称**最值**.使函数取得最值的点 x_0 称为**最值点**,而最值点只能在 $[a,b]$ 的内部或区间端点处取得;若在 $[a,b]$ 的内部取得,则最值点一定是极值点.因此,可直接求出函数在 (a,b) 内的驻点、一阶导数不存在的点和端点的函数值,比较这些函数值的大小,即可得出函数的最大值和最小值.

例1 求 $f(x)=\frac{1}{2}x^4-x^2$ 在 $[-1,3]$ 上的最值和最值点.

解 $f'(x)=2x^3-2x=2x(x-1)(x+1)$.

令 $f'(x)=0$,得驻点 $x_1=0,x_1=1,x_1=-1$.

因为 $f(0)=0,f(1)=-\frac{1}{2},f(-1)=-\frac{1}{2},f(3)=\frac{63}{2}$,所以 $f(x)=\frac{1}{2}x^4-x^2$ 在 $[-1,3]$ 上的最大值为 $f(3)=\frac{63}{2}$ 和最小值为 $f(1)=f(-1)=-\frac{1}{2}$,最大值点为 $x=3$,最小值点有两个,为 $x=1$ 和 $x=-1$.

2. 连续函数在开区间 (a,b) 内只有一个极值的情形

如图3.8.1和图3.8.2所示,如果连续函数 $f(x)$ 在开区间 (a,b) 内只有一个极大值(或极小值),则该极大值(或极小值)就是最大值(或最小值).

例2 求函数 $y=x^2+\frac{16}{x}$ 在开区间 $(0,+\infty)$ 内的最值.

解 因为 $y'=2x-\frac{16}{x^2}=\frac{2(x^3-8)}{x^2}$,令 $y'=0$,得 $x=2$.

当 $0<x<2$ 时,$y'<0$;当 $2<x<+\infty$ 时,$y'>0$.

$x=2$ 是函数 $y=x^2+\dfrac{16}{x}$ 在区间 $(0,+\infty)$ 内的唯一极小值点，因此，函数 $y=x^2+\dfrac{16}{x}$ 在区间 $(0,+\infty)$ 内的只有一个最小值 $f(2)=12$，没有最大值.

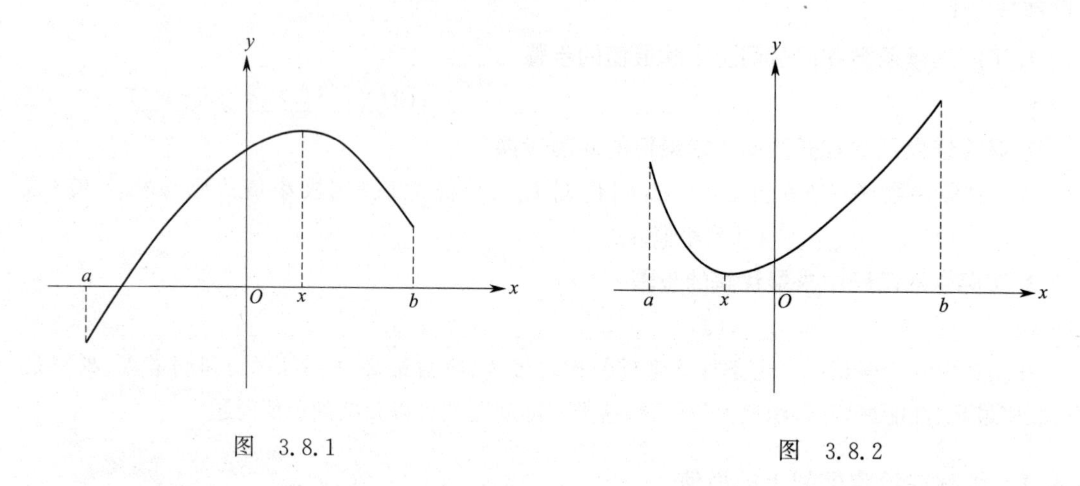

图 3.8.1　　　　图 3.8.2

3.8.2 最值在实际中的应用

在实际问题中，若函数 $f(x)$ 在开区间 (a,b) 内可导，且只有唯一有效驻点 x_0，而由实际问题本身可判断 $f(x)$ 在开区间 (a,b) 内有最大值（或最小值），则 x_0 就是 $f(x)$ 的最大值点（或最小值点），即 $f(x_0)$ 就是所求的最大值（或最小值）.

例 3 铁路线上 AB 段的距离为 100 km，工厂 C 距离 A 处为 20 km，AC 垂直于 AB（见图 3.8.3），为了运输需要，要在 AB 线上选定一点 D 向工厂修筑一条公路，已知铁路上每吨公里货运的费用与公路上每吨公里货运的运费之比为 3∶5，为了使货物从供应站 B 运到工厂 C 每吨货物的总运费最省，D 应选在何处？

解 如图 3.8.3 所示，设 $AD=x$（单位：km），则 $DB=(100-x)$，$CD=\sqrt{20^2+x^2}$，总运费为 y，铁路每吨公里货运的运费为 $3k$，则公路上每吨公里货运的运费为 $5k$（k 为非零常数），依题意得

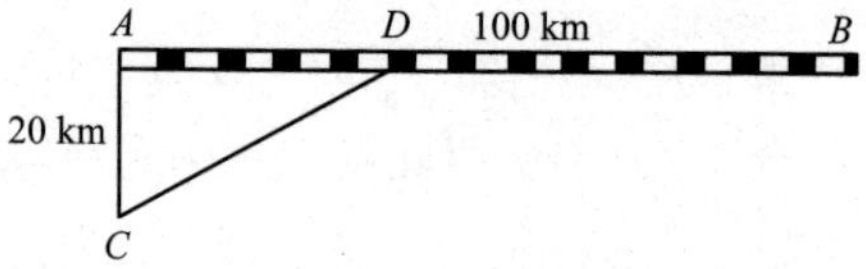

A　D　100 km　B
20 km
C

图 3.8.3

$$y=5k\sqrt{20^2+x^2}+3k(100-x)\quad(0<x<100),$$

$$y'=\frac{5k\cdot 2x}{2\sqrt{20^2+x^2}}+3k(-1)=k\left(\frac{5x}{\sqrt{20^2+x^2}}-3\right).$$

令 $y'=0$，则得驻点 $x_1=15$，　$x_1=-15$（舍去）.

因为运费问题中必有最小值，而且有效驻点唯一，因此，$x_1=15$ 为函数的最小值点，即当车站 D 建在 AB 之间距 A 点 15 km 处时运费最省.

解决有关函数最值的实际问题时，可采取以下步骤：

(1)根据题意建立函数关系式(数学建模)；

(2)确定函数的定义域；

(3)求驻点，若在定义内只有唯一的驻点，那么驻点的函数值就是问题所求的最值.

例 4　某人家装修房屋要在露台上建一个花池，现有能够砌 7 m 长材料，所砌花池形状如图 3.8.4 所示，问怎样才能使所砌的花池面积最大？(由于精度要求不高，为方便计算，取 $\pi\approx 3$)

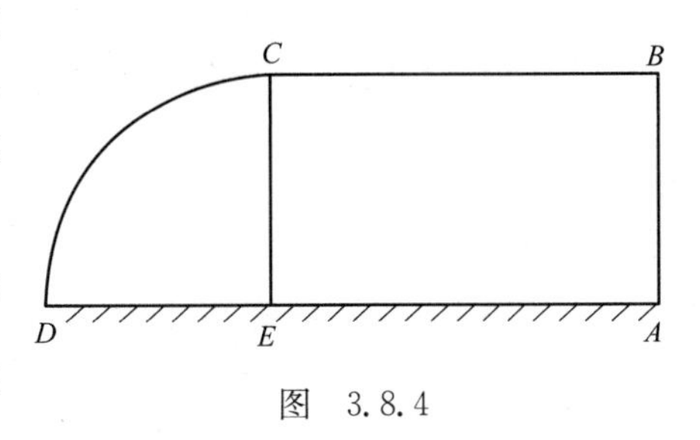

图　3.8.4

解　如图 3.8.4 所示，设矩形的 AB 边的长度为 $2x$，则 1/4 圆弧长 $\overset{\frown}{CD}$ 的长度为 $\dfrac{2\cdot\pi(2x)}{4}$ m，BC 边的长度为 $(7-2x-\pi x)$ m，依题意面积

$$y=2x(7-2x-\pi x)+\frac{\pi(2x)^2}{4}\quad(0<x<1.4)$$
$$=14x-4x^2-\pi x^2=14x-7x^2,$$
$$y'=14-14x.$$

令 $y'=0$，得 $x=1$.

由于驻点唯一，故当 AB 边长为 2 m，1/4 圆弧长为 3 m，BC 边长度为 2 m 时，所砌花池的面积最大.

习　题　3.8

1. 判断题.

(1)连续函数一定存在最大值和最小值.　(　　)

(2)闭区间上连续函数的最值可以在区间端点取得，也可以在区间内部取得.　(　　)

(3)连续函数在开区间上的极大值同时也是它的最大值.　(　　)

(4)若连续函数 $y=f(x)$ 在闭区间 $[a,b]$ 上单调递增，则它的最大值为 $f(a)$.　(　　)

(5)连续函数在闭区间上的最值一定在驻点和一阶不可导点处取得.　(　　)

2. 填空题.

(1) $f(x)=2e^x$ 在 $[-1,1]$ 上的最大值 $y_{\max}=$__________.

(2)函数 $f(x)=2x^3$ 在区间 $[-2,2]$ 上的最小值 $y_{\min}=$__________.

(3)函数 $f(x)=x^2$ 在区间 $[-3,3]$ 上有__________个最大值点.

(4)连续函数 $y=f(x)$ 在闭区间 $[a,b]$ 上单调递减，则它的最大值 $y_{\max}=$__________.

3. 下列函数在 $[1,2]$ 上最小值 $y_{\min}=f(2)$ 的是(　　).

A. $f(x)=x^2+1$　　B. $f(x)=x^3+1$　　C. $f(x)=x+1$　　D. $f(x)=\dfrac{1}{x}+1$

4. 求函数 $f(x)=x^4-8x^2+2$ 在区间 $[-1,3]$ 上的最大值和最小值.

5. 求函数 $f(x)=x^3-x^2-x+2\,020$ 在区间 $(0,2)$ 上的最值.

6. 要用一段圆木锯成方木，已知圆木横截面的直径等于 d，问方木横截面的长与宽为多少时，所得方木横截面积最大？

3.9　用 MATLAB 求导数和极值

通过学习本章的知识，我们了解到函数的导数是很重要的数学概念，导数的重要应用之一就是求函数的极值、最值问题.如果函数表达式比较复杂，可以用 MATLAB 求函数的导数及求解函数的极值和最值.由于 MATLAB 的自带命令只能求函数在某区间上的最小值，所以可以先用 MATLAB 命令作图，观察函数的极值点所在的小区间，再用 MATLAB 的自带命令求解函数在小区间上的最小值.

3.9.1 命令

MATLAB 中求解函数导数和极值的命令如表 3.9.1 所示.

表 3.9.1

命 令	说 明
diff(f,x,n)	求函数表达式 f 对 x 的 n 阶导数，省略 n 时求一阶导数
subs(diff(f,x,n),k)	求函数表达式 f 对 x 的 n 阶导数在 x=k 的值
[x1,f1]=fminbnd(f,a,b)	求函数表达式 f 在小区间(a,b)上的最小值点 x1 及最小值 f1

注意

fminbnd()命令仅适用于在小范围里面求最小值(即极小值)的情况，如果需要求函数表达式 f 在小区间(a,b)上的最大值点、最大值(即极大值)，可以通过命令[x1,f1]=fminbnd(g,a,b)，先得到 g=-f 在小区间(a,b)上的最小值点 x1 及最小值 f1，然后得到 f 在小区间[a,b]上的最大值点 x1 及最大值-f1，在题目中可以先画出函数的图像，然后根据图像特征再调用命令来求解函数在区间上的最值和极值.

3.9.2 实例

例 1 用 MATLAB 求下列函数的导数.

(1) $y=\ln\sqrt{\dfrac{1+\sin x}{1-\sin x}}$；　　(2) $y=\dfrac{e^{\sin x}}{\cos(\ln x)}$.

解 (1) ≫syms x　　% 定义符号变量

≫ y=1/2*log((1+sin(x))/(1-sin(x)));　　% 定义函数 $y=\dfrac{1}{2}\ln\dfrac{1+\sin x}{1-\sin x}$

≫ y1=diff(y,x)　　% 求导数 $y_1=y'$

按 Enter 键

y1=

1/2*(cos(x)/(1-sin(x))+(1+sin(x))/(1-sin(x))^2*cos(x))/(1+sin(x))*(1-sin(x))

% $y1=\dfrac{1}{2}\cdot\dfrac{\dfrac{\cos x}{1-\sin x}+\dfrac{1+\sin x}{(1-\sin x)^2}\cdot\cos x}{1+\sin x}\cdot(1-\sin x)$

≫ y2= simplify(y1)　　% 化简 y_1 结果，得 y_2

按 Enter 键

y2=

1/cos (x)

所以　$y'=\dfrac{1}{\cos x}$.

注：一般情况下，遇到较复杂的式子优先考虑用 simplify()命令进行化简.

(2)≫f=diff(exp(sin(x))/cos(log(x)),x)　　% 求函数 $y=\dfrac{e^{\sin x}}{\cos(\ln x)}$的导数 f

f =

cos (x) * exp(sin(x))/cos(log(x))+exp(sin(x))/cos(log(x))^2 * sin(log(x))/x

$\%f=\dfrac{\cos x\cdot e^{\sin x}}{\cos\ln x}+\dfrac{e^{\sin x}\cdot\sin\ln x}{x\cos^2\ln x}$

≫f1=simplify(f)　　%化简 f，得结果 f_1

按 Enter 键

f 1 =

exp(sin(x)) * (cos(x) * cos(log(x)) * x+sin(log(x)))/cos(log(x))^2/x

所以　$y'=\dfrac{e^{\sin x}(x\cos x\cdot\cos\ln x+\sin\ln x)}{x\cos^2\ln x}$.

例 2　用 MATLAB 求下列函数的高阶导数.

(1) $y=e^{x^2}-\sin^2 x$，求 y''；　　(2)$y=x^2+\sqrt{1+x^2}$，求 y'''.

解　(1)≫syms x　　% 定义符号变量

≫　y=exp(x∧2)−sin (x)∧2;

≫y1=diff(y,x,2)　　% 定义函数 $y=e^{x^2}-\sin^2 x$，求 y''

按 Enter 键

y1 =2 * exp(x∧2)+4 * x∧2 * exp(x∧2)−2 * cos (x)∧2+2 * sin (x)∧2

≫y2=simplify(y1)　　%化简 y_1 结果

按 Enter 键

y2=2 * exp(x∧2)+4 * x∧2 * exp(x∧2)−2 * cos (2 * x)

所以 $y''=2e^{x^2}+4x^2e^{x^2}-2\cos 2x=2e^{x^2}(1+2x^2)-2\cos 2x$.

(2)≫y=x∧2+sqrt(1+x∧2);y1=diff(y,x,3)　　% 定义函数 $y=x^2+\sqrt{1+x^2}$，求 y'''

按 Enter 键

y1 = 3/(1+x∧2)∧(5/2) * x∧3−3/(1+x∧2)∧(3/2) * x

所以　$y'''=\dfrac{3x^3}{\sqrt{(1+x^2)^5}}-\dfrac{3x}{\sqrt{(1+x^2)^3}}$.

例 3　用 MATLAB 求下列函数的导数值.

(1)$y=\sin^4 x-2\cos 3x$，求 $y'''\big|_{x=\frac{\pi}{2}}$；　　(2)$y=\dfrac{2^x+x^2}{\sqrt{x+\sqrt{x}}}$，求 $y^{(5)}\big|_{x=9}$.

解　(1)　≫ syms x

≫ y=sin (x)∧4−2 * cos (3 * x);

≫ a=subs(diff(y,x,3),pi/2)　　% 求 $y'''\big|_{x=\frac{\pi}{2}}$

按 Enter 键

a =　　54

所以　$y'''\big|_{x=\frac{\pi}{2}}=54$.

(2)≫ y=(2^x+x^2)/sqrt(x+sqrt(x));

≫b=subs(diff(y,x,5),9)　　　求 $y^{(5)}\big|_{x=9}$

按 Enter 键

b =　17.9657

所以　$y^{(5)}\big|_{x=9}=17.9657$.

例 4　求函数 $y=-x^4+2x^2$ 在区间$(-2,2)$的极值.

解　(1)先作函数 y 在$[-2,2]$的图形,如图 3.9.1 所示,观察函数的极值点位置.

≫syms x

≫fplot('-x^4+2*x^2',[-2,2])　　% 作 $y=-x^4+2x^2$ 在$[-2,2]$的图.

≫title('y=-x^4+2*x^2')　　% 图形标题 $y=-x^4+2x^2$.

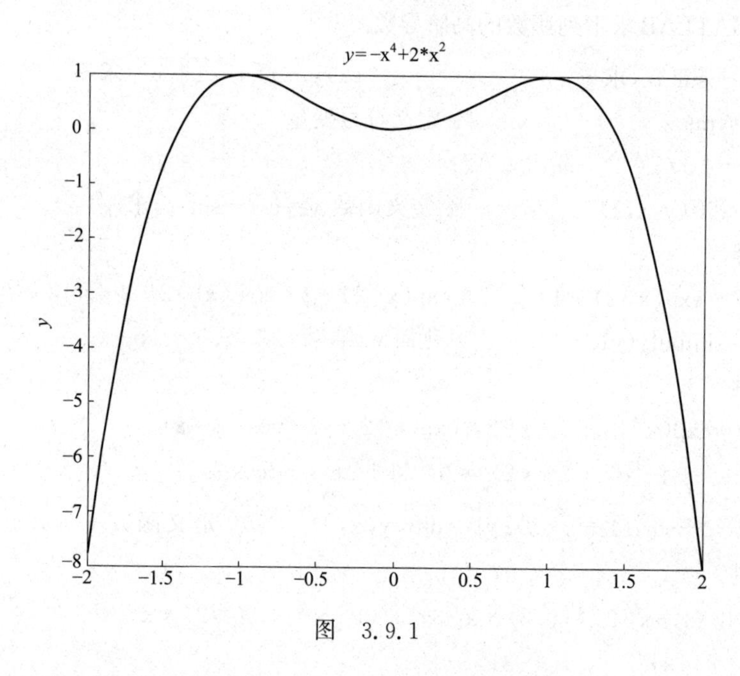

图　3.9.1

(2)此时观察到原函数的两个极大值点、一个极小值点的位置,现在来求函数在相应小区间上的最值,即函数在区间$(-2,2)$内的极值.

≫ f=inline('-x^4+2*x^2','x');　%定义函数 $f=-x^4+2x^2$

≫ [x1,y1]=fminbnd(f,-0.5,0.5)　　%求函数 f 在$[-0.5,0.5]$的最小值点 x_1 及最小值 y_1

x1 =　　0

y1 =　　0

```
>>  g=inline('x^4-2*x^2','x');             %定义函数 g=-f=x^4-2x^2
>> [x2,y2]=fminbnd(g,-1.5,-0.5),[x3,y3]=fminbnd(g,0.5,1.5)
```

%求函数 g 在[−1.5,−0.5]的最小值点 x_2 及最小值 y_2(等价于求 $f=-g$ 在[−1.5,−0.5]的最大值点 x_2 及最大值 $-y_2$)；求函数 g 在[0.5,1.5]的最小值点 x_3 及最小值 y_3(等价于求函数 $f=-g$ 在[0.5,1.5]的最大值点 x_3 及最大值 $-y_3$)

```
x2 =    -1.0000
y2 =    -1.0000
x3 =     1.0000
y3 =    -1.0000
```

故函数在区间(−2,2)的极大值是 $y|_{x=\pm1}=1$,极小值是 $y|_{x=0}=0$.

例 5　求函数 $y=\sin^2 x e^{-0.3x}-1.2|x|$ 在区间(−7,−1)内的极值.

解　(1)先作函数 y 在[−7,−1]的图形,如图 3.9.2 所示,观察函数的极值点位置

```
>>syms x ;
>>fplot('sin (x)^2*exp(-0.3*x)-1.2*abs(x)',[-7,-1])    % 作函数 y 在[-7,-1]的图
>>title('(sin (x))^2*exp(-0.3*x)-1.2*abs(x)')          % 作图形标题
```

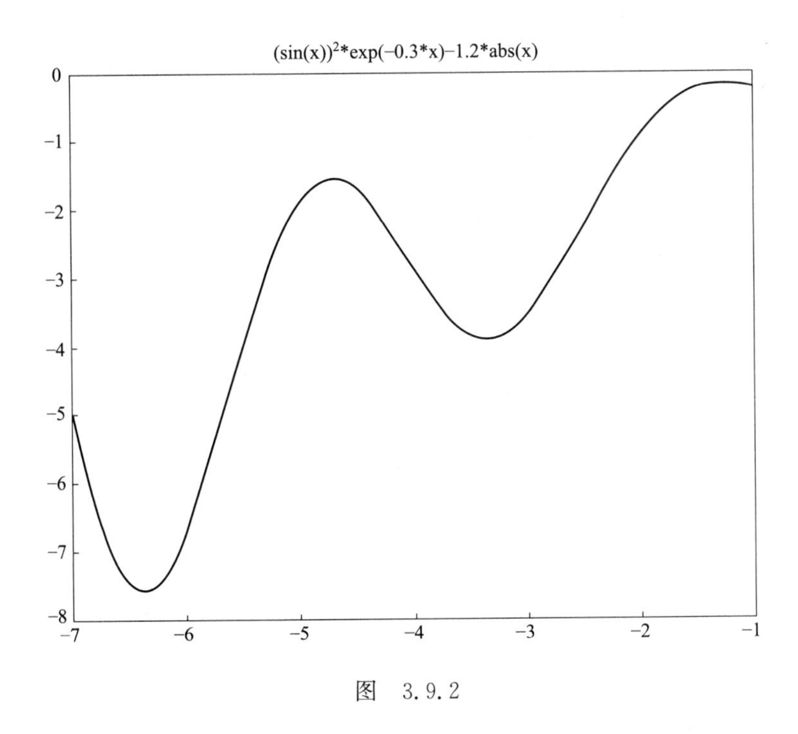

图　3.9.2

(2)此时观察到函数的两个极小值点、两个极大值点的位置,现在来求函数在相应小区间上的最值,即函数在区间(−7,−1)内的极值:

```
>>f=inline('sin (x)^2*exp(-0.3*x)-1.2*abs(x)','x');   %  定义函数 y
```

```
≫[xmin1,fmin1]=fminbnd(f,-7,-6),[xmin2,fmin2]=fminbnd(f,-4,-3)
% 求函数在[-7,-6],[-4,-3]的最小值点及最小值
xmin1 =    -6.3712fmin1 =    -7.5932
xmin2 =    -3.3604fmin2 =    -3.9034
≫g=inline('-((sin (x))^2*exp(-0.3*x)-1.2*abs(x))','x');
≫[xmin3,fmin3]=fminbnd(g,-5,-4),[xmin4,fmin4]=fminbnd(g,-2,-1)
```

% 求函数 $g=-f$ 在[-5,-4],[-2,-1]的最小值点及最小值(其实就是求函数 f 在[-5,-4],[-2,-1]的最大值点及最大值:$-f_{\min3}$,$-f_{\min4}$)

```
xmin3 =    -4.7166fmin3 =     1.5436
xmin4 =    -1.2858fmin4 =     0.1885
```

故函数有四个极值:

两个极小值 $f(-6.3712)=-7.593\,2$, $f(-3.3604)=-3.903\,4$;

两个极大值 $f(-4.7166)=-1.543\,6$, $f(-1.2858)=-0.188\,5$.

习 题 3.9

1. 用 MATLAB 求下列函数的一阶导数.

(1)$y=4^{\cot x+\cos x}$; (2)$y=(x^4+3x^2+5)\sin x$;

(3)$y=5\cos\ln x-6\arctan\sqrt{x}$.

2. 用 MATLAB 求下列函数的导数.

(1)设函数 $y=3x^2-e^{3x^3}$,求 y''',$y^{(4)}\big|_{x=1}$;

(2)设函数 $y=5^x+\ln(2x+5)$,求 $y^{(4)}$,$y^{(3)}\big|_{x=1}$.

3. 求下列函数的极值.

(1)$f(x)=(x-2)^2(x+3)^3$,$x\in(-2,3)$; (2)$f(x)=x^3-3x$,$x\in(-2,2)$.

本章重点知识与方法归纳

名称	主要内容	
导数	定义	设函数 $y=f(x)$ 在点 x_0 及其附近有定义,当自变量 x 在 x_0 处有增量 Δx 时,函数 y 有相应的增量 $\Delta y=f(x_0+\Delta x)-f(x_0)$,如果当 $\Delta x\to 0$ 时,增量的比 $\frac{\Delta y}{\Delta x}$ 的极限存在,则称此极限值为函数 $y=f(x)$ 在点 x_0 处的导数,也称函数 $y=f(x)$ 在点 x_0 处可导,否则称函数 $y=f(x)$ 在点 x_0 处不可导,记作 $$f'(x_0) \text{ 或 } y'\Big\|_{x=x_0} \text{ 或 } \frac{dy}{dx}\Big\|_{x=x_0} \text{ 或 } \frac{df(x)}{dx}\Big\|_{x=x_0}$$ 即 $$f'(x_0)=\lim_{\Delta x\to 0}\frac{\Delta y}{\Delta x}=\lim_{\Delta x\to 0}\frac{f(x_0+\Delta x)-f(x_0)}{\Delta x}$$

续表

名称		主 要 内 容
导数	意义	几何意义：如果 $y=f(x)$ 表示曲线，则曲线在点 $P_0(x_0,f(x_0))$ 处切线的斜率为 $k=f'(x_0)$. 物理意义：如果路程函数为 $s=s(t)$，则变速直线运动在 t_0 时的瞬时速度 $v(t_0)=s'(t_0)$. 经济意义：边际函数
	计算	1. 基本初等函数导数公式. 2. 函数四则运算求导法则： (1) $(u\pm v)'=u'\pm v'$； (2) $(uv)'=u'v+uv'$，特别地，$(ku)'=ku'$　（k 是常数）； (3) $\left(\frac{u}{v}\right)'=\frac{u'v-uv'}{v^2}$，特别地，$\left(\frac{1}{v}\right)'=-\frac{1}{v^2}$　$(v\neq 0)$. 3. 复合函数求导法则： 函数对中间变量的导数乘以中间变量对自变量的导数，$\frac{\mathrm{d}y}{\mathrm{d}x}=\frac{\mathrm{d}y}{\mathrm{d}u}\cdot\frac{\mathrm{d}u}{\mathrm{d}x}$ 或 $y'_x=y'_u\cdot u'_x$. 4. 高阶导数：$f^{(n)}(x)=[f^{(n-1)}(x)]'$
微分	定义	设函数 $y=f(x)$ 在点 x_0 及其附近可导，则称 $f'(x_0)\Delta x$ 为函数 $y=f(x)$ 在点 x_0 处的微分，记作 $\mathrm{d}y\big\|_{x=x_0}$
	运算	1. 定义法：$\mathrm{d}y=f'(x)\mathrm{d}x$ 2. 法则法： $\mathrm{d}(u\pm v)=\mathrm{d}u\pm\mathrm{d}v$； $\mathrm{d}(uv)=v\mathrm{d}u+u\mathrm{d}v$； $\mathrm{d}\left(\frac{u}{v}\right)=\frac{v\mathrm{d}u-u\mathrm{d}v}{v^2}(v\neq 0)$. 一阶微分形式的不变性：$y=f(u)$，$u=\varphi(x)$，$\mathrm{d}y=f'(u)\mathrm{d}u$
导数与微分的关系		可导与可微是等价关系. 可导⇔可微
导数的应用	求极限	洛必达法则：如果函数 $f(x)$，$g(x)$ 满足下列条件： (1) $\lim\limits_{x\to x_0}\frac{f(x)}{g(x)}$ 是 $\frac{0}{0}$ 型未定式； (2) $f'(x)$，$g'(x)$ 存在（点 x_0 可除外），且 $g'(x)\neq 0$； (3) $\lim\limits_{x\to x_0}\frac{f'(x)}{g'(x)}$ 存在（或为无穷大，或仍为 $\frac{0}{0}$ 或 $\frac{\infty}{\infty}$ 型）； 则　$\lim\limits_{x\to x_0}\frac{f(x)}{g(x)}=\lim\limits_{x\to x_0}\frac{f'(x)}{g'(x)}$. 注 1：法则中条件"$\lim\limits_{x\to x_0}\frac{f(x)}{g(x)}$ 是 $\frac{0}{0}$ 型未定式"改为"$\lim\limits_{x\to x_0}\frac{f(x)}{g(x)}$ 是 $\frac{\infty}{\infty}$ 型未定式"时法则依然成立. 注 2：法则中的极限条件改变为 $x\to x_0^+$，$x\to x_0^-$，$x\to\infty$，$x\to+\infty$，$x\to-\infty$ 时法则仍成立. 注 3：还有"$0\cdot\infty$"型、"$\infty-\infty$"型、"0^0"型、"∞^0"型、"1^∞"型等类型的极限，将这些类型的极限化为 $\frac{0}{0}$ 型或 $\frac{\infty}{\infty}$ 型的极限未定式后通常也可以使用洛必达法则求解
	求单调区间	函数的单调性判别法： (1) 如果在 (a,b) 内 $f'(x)>0$，则函数 $y=f(x)$ 在 $[a,b]$ 上单调增加； (2) 如果在 (a,b) 内 $f'(x)<0$，则函数 $y=f(x)$ 在 $[a,b]$ 上单调减少. 单调区间分界嫌疑点：(1) 驻点；(2) 不可导点

续表

名称		主要内容
导数的应用	求极值	极值存在的第一充分条件： (1)若 $f'(x)$ 在点 x_0 的两侧变号，则 $f(x_0)$ 是极值. 左＋右－，x_0 为极大值点；左－右＋，x_0 为极小值点. (2)若 $f'(x)$ 在点 x_0 的两侧不变号，则 x_0 不是极值点. 极值的第二充分条件： 设函数 $f(x)$ 在点 x_0 满足：$f'(x_0)=0$，$f''(x_0)\neq 0$. (1)如果 $f''(x_0)<0$，那么 $f(x)$ 在 x_0 取得极大值； (2)如果 $f''(x_0)>0$，那么 $f(x)$ 在 x_0 取得极小值. 注 1：如果 $f''(x_0)=0$，此法失效. 注 2：该方法仅对驻点有效
	求最值	1. 连续函数在闭区间 $[a,b]$ 上一定有最大值和最小值，最大值和最小值统称最值. 使函数取得最值的点 x_0 叫最值点，而最值点只能在 $[a,b]$ 的内部或区间端点处取得；若在 $[a,b]$ 的内部取得，则最值点一定是极值点. 2. 如果连续函数 $f(x)$ 在开区间 (a,b) 内只有一个极大值(或极小值)，则该极大值(或极小值)就是最大值(或最小值)
用 MATLAB 求导数、极值	软件命令	1. 用 diff(f,x,n)命令求函数表达式 f 对 x 的 n 阶导数. 2. 用[x1,f1]=fminbnd(f,a,b)命令求函数表达式 f 在小区间(a,b)上的最小值点 x1 及最小值 f1

第 4 章 积分及其应用

在这一章中,我们将讨论微积分的另一部分内容——积分学.积分学中有两个重要的概念:不定积分与定积分.不定积分是求导和微分运算的逆运算.定积分是一种具有特定结构和式的极限,它有极强的实际背景,是计算许多实际问题(如不规则平面图形的面积、变力做功、水的压力等)的数学工具.定积分与不定积分之间存在非常密切的联系.

4.1 不定积分的概念

【课前导学】

1. 理解原函数的概念

若 $F'(x)=f(x)$,则__________是__________的一个原函数.

2. 掌握不定积分的概念

函数 $f(x)$ 的全部原函数 $F(x)+C$ 称为 $f(x)$ 的__________,记为 $\int f(x)\mathrm{d}x=$__________.

$\int$ 称为__________,$f(x)$ 称为__________,$f(x)\mathrm{d}x$ 称为__________,x 称为__________,C 称为__________.

3. 了解不定积分的几何意义

积分曲线族的特点:对于同一横坐标 x,曲线族在点 $(x,f(x))$ 的__________.

4.1.1 原函数的概念

扫一扫

不定积分的定义

在微分学中已经讨论了已知函数求导数(或微分)的问题.在科学技术和经济问题中,经常需要解决与求导数(或微分)相反的问题,即已知函数的导数(或微分),求函数本身.

看以下两个问题:

(1)已知曲线上任意一点 x 处的切线的斜率为 $k=f'(x)$,求曲线的方程 $y=f(x)$.

(2)已知各物体在任意时刻 t 的运动速度是 $v(t)=s'(t)$,求物体的运动方程 $s=s(t)$.

这些问题抽掉它们的几何意义或物理意义,归结为同一问题,就是已知某函数的导数 $F'(x)=f(x)$,求这个函数 $F(x)$ 的问题,为此引入原函数的概念.

1. 原函数的概念

定义 1 设 $f(x)$ 是定义在某区间 D 上的函数,若存在一个函数 $F(x)$,对任何 $x\in D$ 都有

$$F'(x)=f(x) \quad 或 \quad \mathrm{d}F(x)=f(x)\mathrm{d}x,$$

则称 $F(x)$ 为 $f(x)$ 在区间 D 上的一个**原函数**.

例如，$(x^2)'=2x$，故 x^2 是 $2x$ 在 $(-\infty,+\infty)$ 上的一个原函数；$(\sin x)'=\cos x$，故 $\sin x$ 是 $\cos x$ 在 $(-\infty,+\infty)$ 上的一个原函数.

除了 $(x^2)'=2x$，还有 $(x^2+1)'=2x$，$(x^2-\sqrt{2})'=2x$，说明 x^2，x^2+1，$x^2-\sqrt{2}$ 等都是 $2x$ 的原函数，于是，我们自然会想到以下两个问题：

(1)已知函数 $f(x)$ 应具备什么条件才能保证它存在原函数？

(2)如果 $f(x)$ 存在原函数，那么它的原函数有几个？相互之间有什么关系？

2. 原函数存在定理

定理 1 如果函数 $f(x)$ 在某区间上连续的，那么 $f(x)$ 在该区间上的原函数一定存在.

由于初等函数在其定义区间上连续，所以初等函数在其定义区间上都有原函数.

3. 原函数族定理

定理 2 如果函数 $f(x)$ 有原函数，那么它就有无数多个原函数，并且其中任意两个原函数的差是一个常数.

证 要求证明下列两点：

(1) $f(x)$ 的原函数有无限多个. 设函数 $f(x)$ 的一个原函数为 $F(x)$，即 $F'(x)=f(x)$，并设 C 为任意常数. 由于 $[F(x)+C]'=F'(x)+(C)'=f(x)$，因此，$F(x)+C$ 也是 $f(x)$ 的原函数，又因为 C 为任意常数，即 C 可以取无限多个值，所以 $f(x)$ 有无限多个原函数.

(2) $f(x)$ 的任意两个原函数的差是一个常数. 设 $F(x)$ 和 $G(x)$ 都是 $f(x)$ 的原函数，根据原函数的定义，则有

$$F'(x)=f(x), \quad G'(x)=f(x),$$

于是

$$[G(x)-F(x)]'=G'(x)-F'(x)=f(x)-f(x)=0,$$

根据导数恒为零的函数必为常数的定理可知

$$G(x)-F(x)=C \quad (C\ 为任意常数),$$

即

$$G(x)=F(x)+C,$$

从这个定理可以得下面的结论：

如果 $F(x)$ 是 $f(x)$ 的一个原函数，那么 $F(x)+C$ 就是 $f(x)$ 的全部原函数(称为原函数族)，这里 C 为任意常数.

4.1.2 不定积分的定义

定义 2 若函数 $F(x)$ 是 $f(x)$ 的一个原函数，则函数 $f(x)$ 的全部原函数 $F(x)+C$ 称为 $f(x)$ 的**不定积分**，记为

$$\int f(x)\mathrm{d}x=F(x)+C \qquad (其中\ F'(x)=f(x)，且\ C\ 是任意常数).$$

式中，$\int$ 称为**积分号**；$f(x)$ 称为**被积函数**；$f(x)\mathrm{d}x$ 称为**被积表达式**；x 称为**积分变量**；C 称为**积分常数**.

注 意

(1)求 $\int f(x)\mathrm{d}x$ 时，切记要加上积分常数 C，否则，求出的只是一个原函数，而不是不定积分.

(2)如果把积分的变量 x 换成其他符号(如 u)也行，即若 $F'(u)=f(u)$，则 $\int f(u)\mathrm{d}u=F(u)+C$ 成立.

例 1　求下列不定积分.

(1) $\int 3x^2\mathrm{d}x$；　(2) $\int \frac{1}{1+x^2}\mathrm{d}x$；　(3) $\int \frac{1}{x}\mathrm{d}x$.

解：(1)因为 $(x^3)'=3x^2$，所以 $\int 3x^2\mathrm{d}x=x^3+C$；

(2) 因为 $(\arctan x)'=\frac{1}{1+x^2}$，所以 $\int \frac{1}{1+x^2}\mathrm{d}x=\arctan x+C$；

(3) 当 $x>0$ 时，$(\ln x)'=\frac{1}{x}$，所以 $\int \frac{1}{x}\mathrm{d}x=\ln x+C$；

当 $x<0$ 时，$[\ln(-x)]'=\frac{1}{-x}(-1)=\frac{1}{x}$，所以 $\int \frac{1}{x}\mathrm{d}x=\ln(-x)+C$.

由绝对值的性质有

$$\ln|x|=\begin{cases}\ln x, & x>0\\ \ln(-x), & x<0\end{cases},$$

从而

$$\int \frac{1}{x}\mathrm{d}x=\ln|x|+C \quad (x\neq 0).$$

思考：不定积分和导数(微分)有什么关系？

4.1.3　不定积分的几何意义

在实际应用中，往往需要从全体原函数中求出一个满足已知条件的确定解，即要确定出常数 C 的具体数值，如例 2 所示.

例 2　求在平面上经过点(0,1)，且在任一点处的斜率为其横坐标的一半的曲线方程.

解　设曲线方程为 $y=f(x)$，由于在任一点(x,y)处的切线斜率 $k=\frac{x}{2}$，则有 $y'=\frac{x}{2}$，即

$$y=\int \frac{x}{2}\mathrm{d}x=\frac{1}{4}x^2+C.$$

又由于曲线经过点(0,1)，得 $C=1$，所以 $y=\frac{1}{4}x^2+1$.

通常我们把函数 $f(x)$的一个原函数 $F(x)$的图像称为 $f(x)$的一条积分曲线，其方程为 $y=F(x)$，因此，不定积分 $\int f(x)\mathrm{d}x$ 在几何上就表示由 $y=F(x)$ 沿 y 轴上、下平移而得到的一族曲线，称为积分曲线族(见图 4.1.1).

积分曲线族的特点：对于同一横坐标 x，曲线族在点$(x,f(x))$的切线平行(见图 4.1.2).

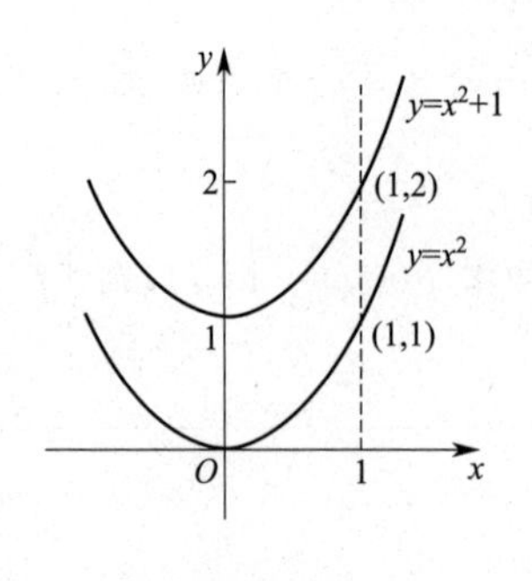

图 4.1.1

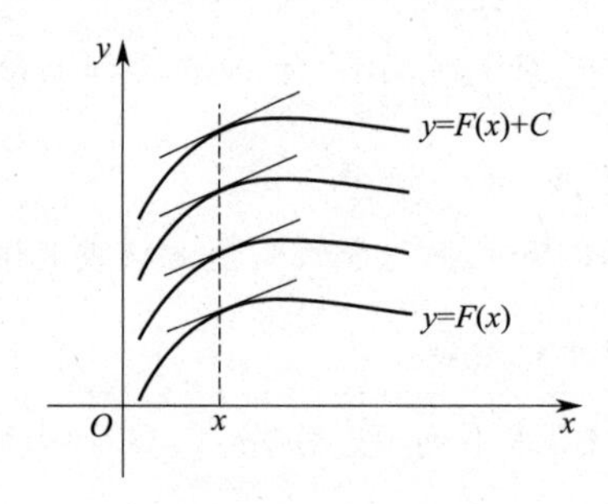

图 4.1.2

习 题 4.1

1. 在括号内把导数式补充完整,并写出相应的不定积分.

(1)(__________)$'=2x$,$\int 2x\mathrm{d}x=$__________;

(2)(__________)$'=\mathrm{e}^x$,$\int \mathrm{e}^x\mathrm{d}x=$__________;

(3)(__________)$'=3$,$\int 3\mathrm{d}x=$__________;

(4)(__________)$'=\frac{1}{\sqrt{1-x^2}}$,$\int \frac{1}{\sqrt{1-x^2}}\mathrm{d}x=$__________;

(5)(__________)$'=\frac{1}{x}$,$\int \frac{1}{x}\mathrm{d}x=$__________;

(6)(__________)$'=x$,$\int x\mathrm{d}x=$__________,其中图像经过点(0,1)的一个原函数是__________.

2. 选择题.

(1)如果$F'(x)=f(x)$,那么下列式子中正确的是( ).

A. $\int F(x)\mathrm{d}x=F'(x)+C$ B. $\int f'(x)\mathrm{d}x=F(x)+C$

C. $\int F'(x)\mathrm{d}x=f(x)+C$ D. $\int f(x)\mathrm{d}x=F(x)+C$

(2)$\int \sin x\mathrm{d}x=$( ).

A. $-\cos x+C$ B. $\cos x+C$

C. $-\sin x+C$ D. $\sin x+C$

(3)$\sin x\cdot\cos x$的原函数的是下列中的( ).

A. $\sin^2x$ B. $\frac{1}{2}\cos^2x$ C. $\frac{1}{2}\sin^2x$ D. $\cos^2x$

3. 计算题.

(1) $\int k\,dx$（k 是常数）；　　(2) $\int x^{-2}\,dx$；

(3) $\int 3^x\,dx$；　　(4) $\int \frac{1}{1+x^2}\,dx$；

(5) $\int \left(-\frac{1}{\sqrt{1-x^2}}\right)dx$；　　(6) $\int x\sqrt{x}\,dx$.

4. 已知 $\int f(x)\,dx = \sin^2 x + C$，求 $f(x)$.

5. 已知曲线 $y=f(x)$ 在任一点处的切线斜率为 2，且经过(1,4)，求该曲线方程.

4.2　不定积分的性质与基本公式

【课前导学】

1. 理解并掌握不定积分的性质

性质 1：若 $F'(x)=f(x)$，则

(1) $\left[\int f(x)\,dx\right]' =$__________或 $d\left[\int f(x)\,dx\right] =$__________.

(2) $\int F'(x)\,dx =$__________或 $\int dF(x) =$__________.

性质 2：$\int kf(x)\,dx =$__________.

性质 3：$\int [f(x)\pm g(x)]\,dx =$__________.

2. 掌握不定积分的基本积分公式

(1) $\int k\,dx =$__________；　　(2) $\int x^{\alpha}\,dx =$__________；

(3) $\int \frac{1}{x}\,dx =$__________；　　(4) $\int e^x\,dx =$__________；

(5) $\int a^x\,dx =$__________；　　(6) $\int \sin x\,dx =$__________；

(7) $\int \cos x\,dx =$__________.

3. 掌握直接积分法

利用不定积分的__________和__________来求积分的方法称为直接积分法.

4.2.1　不定积分的性质

性质 1　微分运算与积分运算互为逆运算.

若 $F'(x)=f(x)$，则

(1) $\left[\int f(x)\,dx\right]' = [F(x)+C]' = f(x)$ 或 $d\left[\int f(x)\,dx\right] = d[F(x)+C] = f(x)\,dx$.

该性质表示一个函数 $f(x)$ 先求不定积分再求导，就等于 $f(x)$ 本身.

(2) $\int F'(x)\mathrm{d}x=\int f(x)\mathrm{d}x=F(x)+C$ 或 $\int \mathrm{d}F(x)=\int f(x)\mathrm{d}x=F(x)+C$.

该性质表示一个函数 $f(x)$ 先求导数(或微分)再求不定积分，等于这个函数加上一个任意常数.

性质 2 被积函数中的非零常数因子可以提到积分号外,即

$$\int kf(x)\mathrm{d}x=k\int f(x)\mathrm{d}x \quad (k\neq 0).$$

性质 3 函数代数和的不定积分等于函数不定积分的代数和,即

$$\int [f(x)\pm g(x)]\mathrm{d}x=\int f(x)\mathrm{d}x\pm\int g(x)\mathrm{d}x.$$

性质 3 又称不定积分的线性性质,推广到有限多个函数的和也成立,即

$$\int [f_1(x)\pm f_2(x)\pm\cdots\pm f_k(x)]\mathrm{d}x=\int f_1(x)\mathrm{d}x\pm\int f_2(x)\mathrm{d}x\pm\cdots\pm\int f_k(x)\mathrm{d}x.$$

例 1 写出下列各式的结果.

(1) $\left[\int \mathrm{e}^x\cos(\ln x)\mathrm{d}x\right]'$； (2) $\int\left[\mathrm{e}^{-\sqrt{x}}\right]'\mathrm{d}x$； (3) $\mathrm{d}\left[\int(\arcsin x)^2\mathrm{d}x\right]$.

解 (1) $\left[\int \mathrm{e}^x\cdot\cos(\ln x)\mathrm{d}x\right]'=\mathrm{e}^x\cdot\cos(\ln x)$；

(2) $\int\left[\mathrm{e}^{-\sqrt{x}}\right]'\mathrm{d}x=\mathrm{e}^{-\sqrt{x}}+C$；

(3) $\mathrm{d}\left[\int(\arcsin x)^2\mathrm{d}x\right]=(\arcsin x)^2\mathrm{d}x$.

4.2.2 不定积分的基本积分公式

由于求不定积分是求导数的逆运算,所以由导数公式可以相应地得出不定积分的公式(见表 4.2.1)

表 4.2.1

序号	导数公式	对应的积分公式
(1)	$(kx)'=k$	$\int k\mathrm{d}x=kx+C$
特例	$(C)'=0$	$\int 0\mathrm{d}x=C$
	$(x)'=1$	$\int 1\mathrm{d}x=\int\mathrm{d}x=x+C$
(2)	$\left(\frac{1}{\alpha+1}x^{\alpha+1}\right)'=x^\alpha$	$\int x^\alpha\mathrm{d}x=\frac{1}{\alpha+1}x^{\alpha+1}+C(\alpha\neq-1)$
特例	$(\sqrt{x})'=\frac{1}{2\sqrt{x}}$	$\int\frac{1}{\sqrt{x}}\mathrm{d}x=2\sqrt{x}+C$
	$\left(\frac{1}{x}\right)'=-\frac{1}{x^2}$	$\int\frac{1}{x^2}\mathrm{d}x=-\frac{1}{x}+C$
(3)	$(\ln\lvert x\rvert)'=\frac{1}{x}$	$\int\frac{1}{x}\mathrm{d}x=\ln\lvert x\rvert+C$

续表

序号	导 数 公 式	对应的积分公式
(4)	$(e^x)'=e^x$	$\int e^x dx = e^x + C$
(5)	$\left(\frac{a^x}{\ln a}\right)'=a^x$	$\int a^x dx = \frac{a^x}{\ln a}+C$
(6)	$(-\cos x)'=\sin x$	$\int \sin x dx = -\cos x + C$
(7)	$(\sin x)'=\cos x$	$\int \cos x dx = \sin x + C$
(8)	$(\tan x)'=\sec^2 x$	$\int \sec^2 x dx = \tan x + C$
(9)	$(-\cot x)'=\csc^2 x$	$\int \csc^2 x dx = -\cot x + C$
(10)	$(\sec x)'=\sec x\tan x$	$\int \sec x\tan x dx = \sec x + C$
(11)	$(-\csc x)'=\csc x\cot x$	$\int \csc x\cot x dx = -\csc x + C$
(12)	$(\arcsin x)'=\frac{1}{\sqrt{1-x^2}}$	$\int \frac{1}{\sqrt{1-x^2}}dx = \arcsin x + C$
(13)	$(\arctan x)'=\frac{1}{1+x^2}$	$\int \frac{1}{1+x^2}dx = \arctan x + C$

以上 13 个公式是求不定积分的基本公式,读者必须熟记.另外,基本公式是以 x 为积分变量的,若将基本公式中所有的 x 换成其他字母,公式仍成立.

4.2.3 直接积分法

直接积分法

利用不定积分的运算性质和基本积分公式直接求出不定积分.这是求不定积分的基本方法,称为直接积分法.

例 2 求 $\int \frac{dx}{x^2\sqrt{x}}$.

分析 被积函数 $\frac{1}{x^2\sqrt{x}}=x^{-\frac{5}{2}}$,由积分表中的公式(2)可解.

解 $\int \frac{dx}{x^2\sqrt{x}}=\int x^{-\frac{5}{2}}dx=-\frac{2}{3}x^{-\frac{3}{2}}+C.$

例 3 求 $\int\left(\sqrt[3]{x}-\frac{1}{\sqrt{x}}\right)dx$.

分析 根据不定积分的线性性质,将被积函数分为两项,分别积分.

解 $\int\left(\sqrt[3]{x}-\frac{1}{\sqrt{x}}\right)dx=\int x^{\frac{1}{3}}dx-\int x^{-\frac{1}{2}}dx=\frac{3}{4}x^{\frac{4}{3}}-2x^{\frac{1}{2}}+C.$

注意

在分项积分后，不必每个积分结果后都“$+C$”，只要在总的结果中加即可.

例 4 求$\int\sqrt{x}(x-3)\mathrm{d}x$.

分析 首先，应该把积的形式化为和的形式；然后，根据不定积分的线性性质，将被积函数逐项积分得.

解 $\int\sqrt{x}(x-3)\mathrm{d}x=\int x^{\frac{3}{2}}\mathrm{d}x-3\int x^{\frac{1}{2}}\mathrm{d}x=\frac{2}{5}x^{\frac{5}{2}}-2x^{\frac{3}{2}}+C$.

例 5 求$\int 3^x\mathrm{e}^x\mathrm{d}x$.

分析 指数的乘法：$a^mb^m=(ab)^m$，显然 $3^x\mathrm{e}^x=(3\mathrm{e})^x$.

解 $\int 3^x\mathrm{e}^x\mathrm{d}x=\int(3\mathrm{e})^x\mathrm{d}x=\frac{(3\mathrm{e})^x}{\ln(3\mathrm{e})}+C$.

例 6 $\int\frac{(\sqrt{x}-1)^2}{x}\mathrm{d}x$.

分析 观察到$\frac{(\sqrt{x}-1)^2}{x}=1-\frac{2}{\sqrt{x}}+\frac{1}{x}$后，根据不定积分的线性性质，将被积函数分项，然后分别积分.

解 $\int\frac{(\sqrt{x}-1)^2}{x}\mathrm{d}x=\int\left(1-\frac{2}{\sqrt{x}}+\frac{1}{x}\right)\mathrm{d}x=\int\mathrm{d}x-2\int\frac{1}{\sqrt{x}}\mathrm{d}x+\int\frac{1}{x}\mathrm{d}x=x-4\sqrt{x}+\ln|x|+C$.

例 7 求$\int\frac{3x^4+3x^2+1}{x^2+1}\mathrm{d}x$.

分析 观察到$\frac{3x^4+3x^2+1}{x^2+1}=3x^2+\frac{1}{x^2+1}$后，根据不定积分的线性性质，将被积函数分项，然后分别积分.

解 $\int\frac{3x^4+3x^2+1}{x^2+1}\mathrm{d}x=\int 3x^2\mathrm{d}x+\int\frac{1}{1+x^2}\mathrm{d}x=x^3+\arctan x+C$.

例 8 求$\int\frac{\cos 2x}{\cos x-\sin x}\mathrm{d}x$.

分析 关键知道 $\cos 2x=\cos^2x-\sin^2x=(\cos x+\sin x)(\cos x-\sin x)$.

解 $\int\frac{\cos 2x}{\cos x-\sin x}\mathrm{d}x=\int(\cos x+\sin x)\mathrm{d}x=\sin x-\cos x+C$.

习 题 4.2

1. 写出下列各式的结果.

(1) $\left[\int\frac{\sin x}{\sqrt{x+1}(1+x^4)}\mathrm{d}x\right]'$； (2) $\int[\mathrm{e}^x(\sin x-\cos^2x)]'\mathrm{d}x$；

(3) $\int\mathrm{d}(\sqrt{1+x^2}+\ln\cos x)$； (4) $\mathrm{d}\left(\int\frac{x}{2\sqrt{1+\ln x}}\mathrm{d}x\right)$.

(5) 设 $f(x)=x^4e^{x+1}$，求 $\int f'(x)dx$.

2. 计算下列不定积分.

(1) $\int\left(x-\frac{1}{x}+\frac{3}{x^3}\right)dx$；　　(2) $\int(3^x+x^2+1)dx$；

(3) $\int e^x(2+e^{-x})dx$；　　(4) $\int\left(\frac{3}{1+x^2}-\frac{2}{\sqrt{1-x^2}}\right)dx$；

(5) $\int 2^x\cdot e^x dx$；　　(6) $\int\left(x+\frac{1}{x}\right)^2 dx$；

(7) $\int\frac{1+x+x^2}{x(1+x^2)}dx$；　　(8) $\int\frac{3^x-e^x}{2^x}dx$；

(9) $\int\frac{1}{x^2(1+x^2)}dx$；　　(10) $\int\frac{x^4}{1+x^2}dx$；

(11) $\int\frac{1}{1+\cos 2x}dx$；　　(12) $\int\sin^2\frac{x}{2}dx$.

3. 已知函数 $f(x)$ 的导数为 e^x+1，且当 $x=0$，$y=2$，求 $y=f(x)$.

4. 已知某曲线 $y=f(x)$ 过点 $(0,0)$，且在点 (x,y) 处的切线斜率 $k=3x^2+1$，求该曲线方程.

4.3　第一类换元积分法

【课前导学】

(1) 掌握常用的凑微分公式.

①$dx=$__________ $d(ax+b)$；

② __________ $dx=d(\ln x+k)$；

③ __________ $dx=d(\sin x+k)$；

④$e^x dx=d($__________$)$.

(2) 熟练掌握凑微分的方法.

利用直接积分法可以求一些简单函数的不定积分，但当被积函数较为复杂时，直接积分法往往难以奏效. 本节将介绍计算不定积分的其他方法——换元积分法. 换元积分法有两类，本节介绍第一类换元积分法.

第一类换元积分法是与微分学中复合函数微分法则相应的积分法.

例如，求 $\int\cos 2x dx$.

由积分的基本公式(见表 4.2.1)有 $\int\cos x dx=\sin x+C$，但却不能直接去套用，因为 $\cos 2x$ 是 x 的复合函数. 为了能利用这个公式，我们作如下变量代换，然后再进行计算.

$$\int\cos 2x dx \xlongequal{\text{恒等变形}} \frac{1}{2}\int\cos 2x\cdot 2dx \xlongequal{\text{凑微分}} \frac{1}{2}\int\cos 2x d(2x)$$

$$\xlongequal{令2x=u}\frac{1}{2}\int\cos u\,\mathrm{d}u=\frac{1}{2}\sin u+C$$

$$\xlongequal{回代u=2x}\frac{1}{2}\sin 2x+C.$$

验证：因为$\left(\frac{1}{2}\sin 2x+C\right)'=\cos 2x$，所以$\int\cos 2x\,\mathrm{d}x=\frac{1}{2}\sin 2x+C$.

一般地，若不定积分的表达式能写成

$$\int g(x)\,\mathrm{d}x\xlongequal{恒等变形}\int f[\varphi(x)]\varphi'(x)\,\mathrm{d}x$$

$$\xlongequal{凑微分}\int f[\varphi(x)]\,\mathrm{d}[\varphi(x)]$$

$$\xlongequal{换元(令\varphi(x)=u)}\int f(u)\,\mathrm{d}u$$

$$\xlongequal{积分}F(u)+C$$

$$\xlongequal{回代u=\varphi(x)}F[\varphi(x)]+C.$$

这种先“凑”微分，再进行变量代换的方法，称为**第一类换元积分法**，也称**凑微分法**. 在凑微分后，不定积分$\int f(u)\,\mathrm{d}u$必须是可积的.

定理1 设$f(u)$具有原函数$F(u)$，$u=\varphi(x)$是可导函数，那么

$$\int f[\varphi(x)]\varphi'(x)\mathrm{d}x=F[\varphi(x)]+C.$$

用上式求不定积分的方法称为**第一类换元积分法**.

运用定理1的关键是将所求积分式中的$g(x)\mathrm{d}x$恒等变形为$f[\varphi(x)]\varphi'(x)\,\mathrm{d}x$. 下面通过例子介绍凑微分的思路.

(1) 利用$\mathrm{d}x=\frac{1}{a}\mathrm{d}(ax+b)$($a,b$均为常数，且$a\neq 0$)凑微分.

例1 求$\int(2x-1)^{10}\mathrm{d}x$.

分析 对照基本积分公式，上式与表4.2.1中公式(2)相似，如果把$\mathrm{d}x$写为$\frac{1}{2}\mathrm{d}(2x-1)$，就可以用定理1和公式(2).

解 $\int(2x-1)^{10}\mathrm{d}x\xlongequal{恒等变形}\frac{1}{2}\int(2x-1)^{10}\cdot 2\mathrm{d}x$

$$\xlongequal{凑微分}\frac{1}{2}\int(2x-1)^{10}\mathrm{d}(2x-1)$$

$$\xlongequal{令2x-1=u}\frac{1}{2}\int u^{10}\mathrm{d}u$$

$$\xlongequal{积分}\frac{1}{22}u^{11}+C$$

$$\xlongequal{回代u=2x-1}\frac{1}{22}(2x-1)^{11}+C.$$

例 2　求$\int\frac{1}{1-2x}\mathrm{d}x$.

分析　对照基本积分公式，上式与表 4.2.1 中公式(3)相似，如果把 $\mathrm{d}x$ 写为$-\frac{1}{2}\mathrm{d}(1-2x)$，就可以用定理 1 和公式(3).

解

$$\int\frac{1}{1-2x}\mathrm{d}x\xlongequal{恒等变形}-\frac{1}{2}\int\frac{1}{1-2x}\cdot(-2)\mathrm{d}x$$

$$\xlongequal{凑微分}-\frac{1}{2}\int\frac{1}{1-2x}\mathrm{d}(1-2x)$$

$$\xlongequal{令1-2x=u}-\frac{1}{2}\int\frac{1}{u}\mathrm{d}u$$

$$\xlongequal{积分}-\frac{1}{2}\ln|u|+C$$

$$\xlongequal{回代u=1-2x}-\frac{1}{2}\ln|1-2x|+C.$$

(2) 被积函数中包含 x^n 和 x^{n-1}，利用 $x^{n-1}\mathrm{d}x=\frac{1}{n}\mathrm{d}(x^n+k)$($k$ 为常数) 凑微分.

例 3　求$\int x^2\cdot\cos(x^3+1)\mathrm{d}x$.

解:

$$\int x^2\cdot\cos(x^3+1)\mathrm{d}x\xlongequal{恒等变形}\frac{1}{3}\int\cos(x^3+1)(3x^2)\mathrm{d}x$$

$$\xlongequal{凑微分}\frac{1}{3}\int\cos(x^3+1)\mathrm{d}x^3$$

$$\xlongequal{凑微分}\frac{1}{3}\int\cos(x^3+1)\mathrm{d}(x^3+1)$$

$$\xlongequal{令x^3+1=u}\frac{1}{3}\int\cos u\mathrm{d}u$$

$$\xlongequal{积分}\frac{1}{3}\sin u+C$$

$$\xlongequal{回代x^3+1=u}\frac{1}{3}\sin(x^3+1)+C.$$

(3) 被积函数中同时含有 $\ln x$ 与$\frac{1}{x}$，利用$\frac{1}{x}\mathrm{d}x=\mathrm{d}(\ln x+k)$($k$ 为常数) 凑微分.

例 4　求$\int\frac{\ln^2 x}{x}\mathrm{d}x$.

解

$$\int\frac{\ln^2 x}{x}\mathrm{d}x\xlongequal{恒等变形}\int\ln^2 x\cdot\frac{1}{x}\mathrm{d}x$$

$$\xlongequal{凑微分}\int\ln^2 x\mathrm{d}(\ln x)$$

$$\overset{\text{令}\ln x=u}{=\!=\!=\!=}\int u^2\mathrm{d}u$$

$$\overset{\text{积分}}{=\!=}\frac{1}{3}u^3+C$$

$$\overset{\text{回代}\ln x=u}{=\!=\!=\!=}\frac{1}{3}(\ln x)^3+C.$$

在熟练掌握方法后，可以略去换元，即“令 $\phi(x)=u$”和“回代 $u=\phi(x)$”的过程可以省略，直接利用积分基本公式求出结果.

(4) 被积函数中同时含有 $\sin x$，$\cos x$，利用 $\cos x\mathrm{d}x=\mathrm{d}(\sin x+k)$（$k$ 为常数）或 $\sin x\mathrm{d}x=\mathrm{d}(-\cos x+k)$（$k$ 为常数）凑微分.

例 5 求 $\int\tan x\mathrm{d}x$.

解 $\int\tan x\mathrm{d}x=\int\frac{\sin x}{\cos x}\mathrm{d}x=-\int\frac{1}{\cos x}\mathrm{d}(\cos x)=-\ln|\cos x|+C.$

例 6 求 $\int\cos x\cdot\sin^3 x\mathrm{d}x$.

解 $\int\cos x\cdot\sin^3 x\mathrm{d}x=\int\sin^3 x(\sin x)'\mathrm{d}x=\int\sin^3 x\mathrm{d}(\sin x)=\frac{1}{4}\sin^4 x+C.$

(5) 被积函数中同时含有 $\arcsin x$ 与 $\frac{1}{\sqrt{1-x^2}}$ 或 $\arctan x$ 与 $\frac{1}{1+x^2}$. 利用 $\frac{1}{\sqrt{1-x^2}}\mathrm{d}x=\mathrm{d}(\arcsin x+k)$（$k$ 为常数）；$\frac{1}{1+x^2}\mathrm{d}x=\mathrm{d}(\arctan x+k)$（$k$ 为常数）凑微分.

例 7 求 $\int\frac{\arcsin x}{\sqrt{1-x^2}}\mathrm{d}x$.

解 $\int\frac{\arcsin x}{\sqrt{1-x^2}}\mathrm{d}x=\int\arcsin x\mathrm{d}\arcsin x=\frac{1}{2}(\arcsin x)^2+C.$

例 8 求 $\int\frac{1}{4+x^2}\mathrm{d}x$.

解 $\int\frac{1}{4+x^2}\mathrm{d}x=\frac{1}{2^2}\int\frac{1}{1+\left(\frac{x}{2}\right)^2}\mathrm{d}x=\frac{1}{2}\int\frac{1}{1+\left(\frac{x}{2}\right)^2}\mathrm{d}\left(\frac{x}{2}\right)=\frac{1}{2}\arctan\left(\frac{x}{2}\right)+C.$

(6) 其他一些常见的具有导数关系的函数还有：$\frac{1}{x}$ 与 $\frac{1}{x^2}$，$\sqrt{x}$ 与 $\frac{1}{\sqrt{x}}$，e^x 与 e^x，等等. 利用 $\frac{1}{x^2}\mathrm{d}x=-\mathrm{d}\left(\frac{1}{x}\right)$，$\frac{1}{\sqrt{x}}\mathrm{d}x=2\mathrm{d}(\sqrt{x})$，$\mathrm{e}^x\mathrm{d}x=\mathrm{d}(\mathrm{e}^x)$ 凑微分.

例 9 求 $\int\frac{\mathrm{e}^x}{2+\mathrm{e}^x}\mathrm{d}x$.

解 $\int\frac{\mathrm{e}^x}{2+\mathrm{e}^x}\mathrm{d}x=\int\frac{1}{2+\mathrm{e}^x}(\mathrm{e}^x)'\mathrm{d}x=\int\frac{1}{2+\mathrm{e}^x}\mathrm{d}(\mathrm{e}^x+2)=\ln(2+\mathrm{e}^x)+C.$

例 10　求$\int \frac{\sin(\sqrt{x}+1)}{\sqrt{x}}dx$.

解　$\int \frac{\sin(\sqrt{x}+1)}{\sqrt{x}}dx = 2\int \sin(\sqrt{x}+1)\cdot\frac{1}{2\sqrt{x}}dx = 2\int \sin(\sqrt{x}+1)\cdot d(\sqrt{x}+1)$

$= -2\cos(\sqrt{x}+1)+C$.

习　题　4.3

1. 在下列各式等号的右端添上适当的系数,使等式成立.

(1) $dx =$ ________ $d(2x+3)$;

(2) $\frac{1}{x}dx =$ ________ $d(5\ln|x|+2)$;

(3) $x dx =$ ________ dx^2;

(4) $e^{3x} dx =$ ________ de^{3x};

(5) $\sin\frac{x}{2}dx =$ ________ $d\left(\cos\frac{x}{2}\right)$;

(6) $\frac{1}{\sqrt{x}}dx =$ ________ $d(\sqrt{x})$.

2. 求下列不定积分.

(1) $\int (x-3)^{10}dx$;

(2) $\int \left(1+\frac{1}{2}x\right)^5 dx$;

(3) $\int e^{4x}dx$;

(4) $\int \frac{1}{1-4x}dx$;

(5) $\int x^2(1+x^3)^2 dx$;

(6) $\int \frac{1+\ln x}{x}dx$;

(7) $\int e^x \sin e^x dx$;

(8) $\int \cot x dx$;

(9) $\int \frac{e^x dx}{1+e^x}$;

(10) $\int \frac{\sin x}{\cos^3 x}dx$;

(11) $\int \sin 3x dx$;

(12) $\int \frac{1}{4+9x^2}dx$.

4.4　分部积分法

【课前导学】

1. 掌握分部积分公式

$\int u(x)\cdot v'(x)dx =$ ________ $-\int u'(x)\cdot v(x)dx$;

$\int u(x)dv(x) = u(x)\cdot v(x) -$ ________.

2. 掌握 u 和 v 的选择规律

(1) 被积函数=幂函数×三角函数(或指数函数)时,选取 $u=$ ________, $dv=$三角函数(或指数函数)×dx.

(2) 被积函数= 幂函数×反三角函数(或对数函数)时,选取 $u=$ __________,$\mathrm{d}v=$ 幂函数×$\mathrm{d}x$.

(3) 被积函数=单一的反三角函数(或对数函数)时,选取 $u=$ __________,$v=x$.

(4) 被积函数=指数函数×三角函数时,选取__________.

前面,我们在复合函数求导法则的基础上得到了换元法. 现在,我们利用两个函数乘积的求导法则来推出另一种积分法——分部积分法.

定理 1 设函数 $u=u(x),v=v(x)$ 均具有连续导数,

$$\int u(x)\cdot v'(x)\mathrm{d}x=u(x)\cdot v(x)-\int u'(x)\cdot v(x)\mathrm{d}x,$$

或

$$\int u(x)\mathrm{d}v(x)=u(x)\cdot v(x)-\int v(x)\mathrm{d}u(x).$$

证明 因为函数 $u=u(x),v=v(x)$ 均具有连续导数,所以由两个函数乘法的微分法则可得

$$\mathrm{d}(uv)=v\mathrm{d}u+u\mathrm{d}v \quad 或 \quad u\mathrm{d}v=\mathrm{d}(uv)-v\mathrm{d}u,$$

两边积分得

$$\int u\mathrm{d}v=\int \mathrm{d}(uv)-\int v\mathrm{d}u,$$

即

$$\int u\mathrm{d}v=uv-\int v\mathrm{d}u.$$

上式称为**分部积分公式.**

定理 1 的主要作用是把左边的不定积分 $\int u(x)\mathrm{d}v(x)$ 转化为右边的不定积分 $\int v(x)\mathrm{d}u(x)$,这就要求后一个积分比前一个积分要容易,否则,该转化是无意义的. 故正确地选取 u 和 $\mathrm{d}v$ 是应用分步积分法的关键. 下面举例介绍如何正确地选取 u 和 $\mathrm{d}v$.

(1) 被积函数=幂函数×三角函数(或指数函数),选取 $u=$幂函数,$\mathrm{d}v=$三角函数(或指数函数)×$\mathrm{d}x$.

例 1 求 $\int x\mathrm{e}^x\mathrm{d}x$.

解 选 $u(x)=x,v(x)=\mathrm{e}^x$.

$$原式=\int x(\mathrm{e}^x)'\mathrm{d}x=\int x\mathrm{d}\mathrm{e}^x=x\mathrm{e}^x-\int \mathrm{e}^x\mathrm{d}x=x\mathrm{e}^x-\mathrm{e}^x+C.$$

例 2 求 $\int x\cos x\mathrm{d}x$.

解 选 $u(x)=x,v(x)=\sin x$.

$$原式=\int x\mathrm{d}\sin x=x\sin x-\int \sin x\mathrm{d}x=x\sin x+\cos x+C.$$

(2) 被积函数=幂函数×反三角函数(或对数函数),选取 $u=$反三角函数(或对数函数),$\mathrm{d}v=$幂函数×$\mathrm{d}x$.

例 3 求 $\int x^2\ln x\mathrm{d}x$.

解 选 $u=\ln x,\mathrm{d}v=x^2\mathrm{d}x=\mathrm{d}\left(\frac{x^3}{3}\right)$.

$$原式=\int \ln x\mathrm{d}\left(\frac{x^3}{3}\right)=\frac{x^3}{3}\ln x-\int\frac{x^3}{3}\mathrm{d}(\ln x)=\frac{x^3}{3}\ln x-\frac{1}{3}\int x^3\cdot\frac{1}{x}\mathrm{d}x$$

$$=\frac{x^3}{3}\ln x-\frac{1}{9}x^3+C=\frac{x^3}{9}(3\ln x-1)+C.$$

例 4 求$\int x\arctan x\mathrm{d}x$.

解 $$\int x\arctan x\mathrm{d}x=\int\arctan x\mathrm{d}\left(\frac{x^2}{2}\right)=\frac{x^2}{2}\arctan x-\int\frac{x^2}{2}\mathrm{d}(\arctan x)$$

$$=\frac{x^2}{2}\arctan x-\frac{1}{2}\int\frac{x^2}{1+x^2}\mathrm{d}x=\frac{x^2}{2}\arctan x-\frac{1}{2}\int\left(1-\frac{1}{1+x^2}\right)\mathrm{d}x$$

$$=\frac{x^2}{2}\arctan x-\frac{x}{2}+\frac{1}{2}\arctan x+C.$$

(3) 被积函数＝单一的反三角函数(或对数函数),选取 $u=$单一的反三角函数(或对数函数),$v=x$.

例 5 求$\int\ln x\mathrm{d}x$.

解 令 $u=\ln x,\mathrm{d}x=\mathrm{d}v$,则

$$\int\ln x\mathrm{d}x=x\cdot\ln x-\int x\mathrm{d}(\ln x)=x\cdot\ln x-\int 1\mathrm{d}x=x\cdot\ln x-x+C.$$

(4) 被积函数＝指数函数×三角函数,选取哪一个函数为 u 均可以.但该积分要经过两次积分,再解出所求的积分.

例 6 求$\int \mathrm{e}^x\sin x\mathrm{d}x$.

解 令 $u=\mathrm{e}^x,\sin x\mathrm{d}x=\mathrm{d}(-\cos x)=\mathrm{d}v$,则

$$\int\mathrm{e}^x\sin x\mathrm{d}x=-\mathrm{e}^x\cdot\cos x+\int\cos x\mathrm{d}(\mathrm{e}^x)=-\mathrm{e}^x\cdot\cos x+\int\mathrm{e}^x\cos x\mathrm{d}x$$

$$=-\mathrm{e}^x\cdot\cos x+\int\mathrm{e}^x\mathrm{d}(\sin x)=\mathrm{e}^x\cdot(\sin x-\cos x)-\int\sin x\mathrm{d}(\mathrm{e}^x)$$

$$=\mathrm{e}^x\cdot(\sin x-\cos x)-\int\mathrm{e}^x\sin x\mathrm{d}x,$$

移项 $$2\int\mathrm{e}^x\sin x\mathrm{d}x=\mathrm{e}^x\cdot(\sin x-\cos x)+C_1,$$

故 $$\int\mathrm{e}^x\cos x\mathrm{d}x=\frac{1}{2}\mathrm{e}^x\cdot(\sin x-\cos x)+C_1\left(C=\frac{1}{2}C_1\right).$$

习　题　4.4

1. 填空题.

(1) 计算$\int x\sin x\mathrm{d}x$,可设 $u=$__________,$\mathrm{d}v=$__________;

(2) 计算$\int \arcsin x\mathrm{d}x$，可设 $u=$__________，$\mathrm{d}v=$__________；

(3) 计算$\int x^2\ln x\mathrm{d}x$，可设 $u=$__________，$\mathrm{d}v=$__________；

(4) 计算$\int \mathrm{e}^{-x}\cos x\mathrm{d}x$，可设 $u=$__________，$\mathrm{d}v=$__________；

(5) 计算$\int x^2\arctan x\mathrm{d}x$，可设 $u=$__________，$\mathrm{d}v=$__________.

2. 选择题.

(1) 若$\int xf(x)\mathrm{d}x=x\cdot\sin x-\int\sin x\mathrm{d}x$，则 $f(x)=($　　$)$.

A. $\sin x$　　B. $\cos x$　　C. $-\cos x$　　D. $-\sin x$

(2) 若 $f(x)$ 的一个原函数为$\ln^2 x$，则$\int xf'(x)\mathrm{d}x=($　　$)$.

A. $\ln x-\ln^2 x+C$　　B. $2\ln x+\ln^2 x+C$　　C. $2\ln x-\ln^2 x+C$　　D. $\ln x+\ln^2 x+C$

3. 用分部积分法求下列不定积分.

(1)$\int x\sin x\mathrm{d}x$；　　(2)$\int x\ln x\mathrm{d}x$；

(3)$\int x^2\mathrm{e}^x\mathrm{d}x$；　　(4)$\int \arcsin x\mathrm{d}x$；

(5)$\int \mathrm{e}^x\cos x\mathrm{d}x$；　　(6)$\int \ln(1+x^2)\mathrm{d}x$

(7)$\int \mathrm{arttan}\, x\mathrm{d}x$；　　(8)$\int x\mathrm{e}^{-x}\mathrm{d}x$.

4.5　定积分的概念

【课前导学】

1. 掌握定积分的概念

若函数 $f(x)$ 在区间$[a,b]$连续，则$\int_a^b f(x)\mathrm{d}x=$__________.

2. 理解定积分与不定积分的区别

定积分$\int_a^b f(x)\mathrm{d}x$ 表示一个__________；不定积分$\int f(x)\mathrm{d}x$ 表示一簇__________. 因此 $\left[\int_a^b f(x)\mathrm{d}x\right]'=$__________；$\left[\int f(x)\mathrm{d}x\right]'=$__________.

3. 了解定积分的几何意义

(1) 当$[a,b]$上的函数 $f(x)\geqslant 0$ 时，定积分$\int_a^b f(x)\mathrm{d}x$ 表示__________；

(2) 当$[a,b]$上的函数 $f(x)\leqslant 0$ 时，定积分$\int_a^b f(x)\mathrm{d}x$ 表示__________；

如图 4.5.1 所示，图中面积 A_1 用定积分可表示为__________；

图中面积 A_2 用定积分可表示为 ＿＿＿＿＿；面积 A_1+A_2 可表示为 ＿＿＿＿＿.

图 4.5.1

4. 了解定积分的性质

特别是积分区间的可加性：若 c 是区间 $[a,b]$ 的一个分点，则 $\int_a^b f(x)\mathrm{d}x=$ ＿＿＿＿＿ $+$ ＿＿＿＿＿.

对称区间上奇偶函数的积分性质：设 $f(x)$ 在对称区间 $[-a,a]$ 上连续，如果 $f(x)$ 为奇函数，则 $\int_{-a}^a f(x)\mathrm{d}x=$ ＿＿＿＿＿；如果 $f(x)$ 为偶函数，则 $\int_{-a}^a f(x)\mathrm{d}x=$ ＿＿＿＿＿.

定积分是一元函数积分学中又一个重要基本概念，它主要解决特定结构和式的极限问题. 本节从两个实例出发，引出定积分定义，然后讨论定积分的性质.

4.5.1　定积分的实际背景

1. 计算曲边图形的面积

在实际问题中，我们常遇到计算各类平面图形面积的情况，如圆、三角形、矩形等面积，这些运用初等数学知识就能解决. 而对于由任意曲线所围成的平面图形的面积，一般用初等数学知识是无法解决的. 下面就将介绍计算此类图形面积的方法.

问题 1：设 $y=f(x)$ 是区间 $[a,b]$ 上的非负、连续函数. 由直线 $x=a$，$x=b$，x 轴及曲线 $y=f(x)$ 所围成的图形（见图 4.5.2），称为**曲边梯形**，x 轴上的线段 $[a,b]$ 称为**底**，曲线 $y=f(x)$ 称为**曲边**，求曲边梯形面积 A.

由图 4.5.2 可知，若 $f(x)$ 在区间 $[a,b]$ 上是常数，则图形变成矩形，其面积为

$$\text{矩形面积}=\text{底}\times\text{高}$$

而对于一般的曲边梯形，由于其高 $f(x)$ 在区间 $[a,b]$ 上是变动的，因此无法直接用矩形面积公式去计算. 但也正是由于曲边梯形的高 $f(x)$ 在区间 $[a,b]$ 上是连续变化的，所以根据连续函数的性质，当区间很小时，高 $f(x)$ 的变化也很小（近似于不变）. 因此，如果把区间 $[a,b]$ 分成许多小区间，在每个小区间上就可以用某一点处的高度近似代替该区间上的小曲边梯形的变高. 那么，每个小曲边梯形就可近似看成小矩形，所有小矩形面积之和就可作为曲边梯形面积的近似值. 如果将区间 $[a,b]$ 无限细分下去，即让每个小区间的长度都趋于零，这时所有小矩形面积之和的极限就可定义为曲边梯形的面积. 其具体步骤如下：

扫一扫

积分概念

（1）划分区间——分成 n 个小曲边梯形.

将区间 $[a,b]$ 任意分成 n 个小区间，设分点依次为

$$a=x_0<x_1<x_2<\cdots<x_{i-1}<x_i<\cdots<x_{n-1}<x_n=b,$$

n 个小区间为 $[x_{i-1},x_i]\ (i=1,2,\cdots,n)$，每个小区间长度记为

$$\Delta x_i=x_i-x_{i-1}\quad(i=1,2,\cdots,n);$$

过各个分点作垂直于 x 轴的直线，将整个曲边梯形分成 n 个小曲边梯形（见图 4.5.3），小曲边梯形的面积记为 $\Delta A_i\ (i=1,2,\cdots,n)$.

(2)局部用矩形近似代替曲边梯形——以直代曲.

在每个小区间$[x_{i-1},x_i]$上任意取一点$\xi_i(x_{i-1}\leqslant\xi_i\leqslant x_i)$,作以$f(\xi_i)$为高,底边为$\Delta x_i$的小矩形(见图4.5.3),其面积为$f(\xi_i)\Delta x_i$,用此面积作为小曲边梯形的$\Delta A_i$近似值,即

$$\Delta A_i\approx f(\xi_i)\Delta x_i\quad(i=1,2,\cdots,n).$$

(3)求和得到曲边梯形面积的近似值——求n个小矩形面积的和.

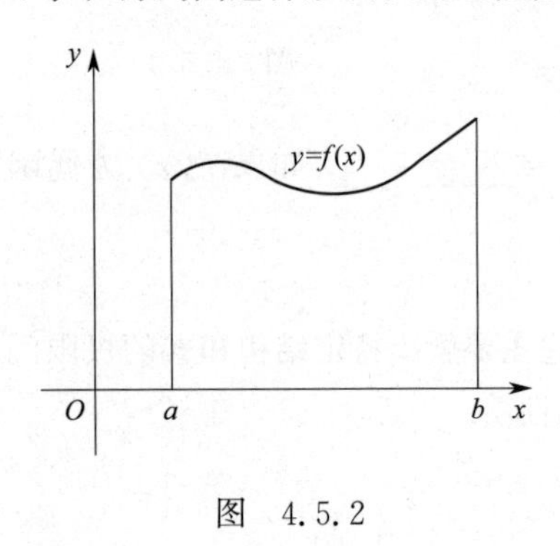

图 4.5.2

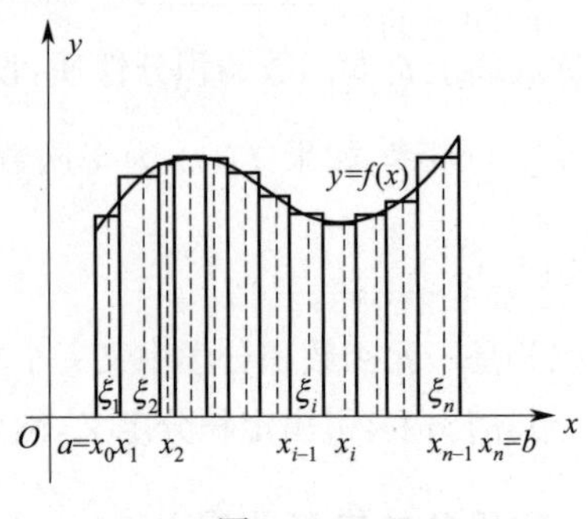

图 4.5.3

求n个小矩形面积的和,就得到曲边梯形面积A的近似值,即

$$A=\sum_{i=1}^{n}\Delta A_i\approx\sum_{i=1}^{n}f(\xi_i)\Delta x_i\ .$$

(4)取极限得到曲边梯形面积的精确值——由近似值过渡到精确值.

令小区间长度的最大值$\lambda=\max\limits_{1\leqslant i\leqslant n}\{\Delta x_i\}$趋于零(这时分段数$n$无限增大,即$n\to\infty$),若和式$\sum\limits_{i=1}^{n}f(\xi_i)\Delta x_i$的极限存在,则此极限值就是曲边梯形面积$A$的精确值,即

$$A=\lim_{\lambda\to0}\sum_{i=1}^{n}f(\xi_i)\Delta x_i\ .$$

综上所述,求曲边梯形的面积就可归结为求一个和式的极限.

2. 变速直线运动的位移

问题2:设某物体做直线运动,已知速度$v=v(t)$是时间间隔在$[T_1,T_2]$上的连续函数,且$v(t)\geqslant0,t\geqslant0$,要计算这段时间内所走的位移$s$.

解决这个问题的思路和步骤与上个问题类似:

若速度$v(t)$在区间$[T_1,T_2]$上是常数,也即物体做匀速直线运动,其位移为

匀速直线运动位移=速度×时间.

而对于一般的变速直线运动,由于其速度$v(t)$在区间$[T_1,T_2]$上是变动的,因此无法用匀速直线运动位移公式来计算.但正是由于变速直线运动的速度$v(t)$在区间$[T_1,T_2]$上是连续变化的,所以根据连续函数的性质,当时间间隔很小时,速度$v(t)$的变化也很小(近似不变).因此,如果时间间隔$[T_1,T_2]$分成许多小时间间隔,在每个小时间间隔上就可以用某一时刻的速度近似代替该时间间隔上变速直线运动的速度.如果每个小时间间隔都可近似看成匀速直线运动,那么所有小时间间隔上匀速直线运动位移之和就可作为整个时间内所走的位移的近似值.如果将时间间隔$[T_1,T_2]$无限细分下去,即让每个小时间间隔都趋于零,这时所有小时间间隔上匀速直线运动位移之和的极限就可定义为整个时间内变速直线运动所走的位移.其具体步骤如下:

(1)划分时间段——将整个时间间隔分成 n 个小时间间隔.

将$[T_1,T_2]$任意分成 n 个小区间,任取分点为

$$T_1=t_0<t_1<t_2<\cdots<t_{i-1}<t_i<\cdots<t_{n-1}<t_n=T_2.$$

将$[T_1,T_2]$分成 n 个小时间段,每个小时间段长为

$$\Delta t_i=t_i-t_{i-1}(i=1,2,\cdots,n),$$

记每个小时间段的位移为 Δs_i.

(2)局部用匀速近似代替变速——以匀代变.

把每小时间段$[t_{i-1},t_i]$上的运动近似看成匀速直线运动,任取时刻 $\xi_i\in[t_{i-1},t_i]$,把 $v(\xi_i)$ 作为$[t_{i-1},t_i]$内每时每刻的速度,作乘积 $v(\xi_i)\Delta t_i$,显然这小段时间所走位移 Δs_i 可近似表示为 $v(\xi_i)\Delta t_i(i=1,2,\cdots,n)$,即

$$\Delta s_i\approx v(\xi_i)\Delta t_i\quad(i=1,2,\cdots,n).$$

(3)求和得到总路程的近似值——求 n 个小时间间隔位移之和.

把 n 个小段时间上的位移相加,就得到整个时间间隔内所走的位移 s 的近似值,即

$$s\approx\sum_{i=1}^{n}v(\xi_i)\Delta t_i.$$

(4) 取极限得到总路程的精确值——由近似值过渡到精确值.

为了求得整个时间间隔内所走的位移,当 $\lambda=\max\limits_{1\leqslant i\leqslant n}\{\Delta t_i\}\to 0$ 时,若上述总和的极限存在,则此极限值为变速直线运动的位移 s 的精确值,即

$$s=\lim_{\lambda\to 0}\sum_{i=1}^{n}v(\xi_i)\Delta t_i.$$

综上所述,求变速直线运动的位移也是归结为和式的极限.

上面两个实例,前者是几何问题,后者是物理问题,尽管它们的具体含义相差甚远,但解决问题的方法却完全类似,概括起来就是“分割、近似代替、求和、取极限”4 个步骤,并且都最终归结为同一特定和式的极限.在其他自然和科学技术领域当中,与其类似的问题也普遍存在.所以抛开它们各自所代表的实际意义,抓住共同本质与特点加以概括,就抽象出定积分的定义.

4.5.2　定积分的定义

定义　设函数 $y=f(x)$是定义在区间$[a,b]$上的有界函数,在中$[a,b]$插入 $n-1$ 个分点

$$a=x_0<x_1<\cdots<x_{i-1}<x_i<\cdots<x_{n-1}<x_n=b,$$

把区间$[a,b]$分成 n 个小区间

$$[x_0,x_1],[x_1,x_2],\cdots[x_{i-1},x_i],\cdots,[x_{n-1},x_n].$$

第 i 个小区间$[x_{i-1},x_i]$的长度记为 $\Delta x_i(i=1,2,\cdots,n)$,即

$$\Delta x_i=x_i-x_{i-1}(i=1,2,\cdots,n),$$

在每个小区间$[x_{i-1},x_i]$上任取一点 ξ_i,$(x_{i-1}\leqslant\xi_i\leqslant x_i)$,作乘积

$$f(\xi_i)\Delta x_i\quad(i=1,2,\cdots,n),$$

把这 n 个乘积相加,得和式 $\sum\limits_{i=1}^{n}f(\xi_i)\Delta x_i$,如果不论对区间$[a,b]$采取何种分法及 ξ_i 如何选取,

当$\lambda(\lambda=\max\{\Delta x_1,\Delta x_2,\cdots,\Delta x_n\})\to 0$时，和式的极限$\lim\limits_{\lambda\to 0}\sum\limits_{i=1}^{\infty}f(\xi_i)\Delta x_i$存在，则称此极限值为函数$f(x)$在区间$[a,b]$上的**定积分**，记作$\int_a^b f(x)\mathrm{d}x$，即

$$\int_a^b f(x)\mathrm{d}x=\lim_{\lambda\to 0}\sum_{i=1}^{n}f(\xi_i)\Delta x_i .$$

其中，符号$\int$称为**积分号**；$f(x)$称为**被积函数**；$f(x)\mathrm{d}x$称为**被积表达式**，x称为**积分变量**；a称为**积分下限**；b称为**积分上限**；$[a,b]$称为**积分区间**.

根据定积分的定义，上述的两个问题可表示如下：

(1)由直线$x=a$，$x=b$，x轴及曲线$y=f(x)$所围成曲边梯形的面积是曲线$y=f(x)$在区间$[a,b]$上的定积分$A=\int_a^b f(x)\mathrm{d}x$；

(2)以速度$v(t)$做变速直线运动的物体，从时刻$t=T_1$到$t=T_2$所走过的位移为$s=\int_{T_1}^{T_2}v(t)\mathrm{d}t$.

注 意

(1)因为定积分是一个“和式的极限”，是一个确定的数值，它与$[a,b]$的分法无关，与ξ_i的取法也无关，也就是说定积分只与积分区间$[a,b]$和被积函数$f(x)$有关，而与积分变量x无关，即

$$\int_a^b f(x)\mathrm{d}x=\int_a^b f(u)\mathrm{d}u=\int_a^b f(t)\mathrm{d}t .$$

(2)定积分的定义中假设$a<b$，若$a>b$，则规定

$$\int_a^b f(x)\mathrm{d}x=-\int_b^a f(x)\mathrm{d}x ,$$

即交换定积分的上下限，定积分的值变号.

(3)当$a=b$时，规定$\int_a^b f(x)\,\mathrm{d}x=0$.

(4)定积分与不定积分的区别：

定积分$\int_a^b f(x)\mathrm{d}x=\lim\limits_{\lambda\to 0}\sum\limits_{i=1}^{n}f(\xi_i)\Delta x_i$表示一个实数.

不定积分$\int f(x)\mathrm{d}x=F(x)+C$表示一簇函数.

4.5.3 定积分的几何意义

当$[a,b]$上的函数$f(x)\geqslant 0$时，定积分$\int_a^b f(x)dx$表示由$y=f(x)$，$x=a$，$x=b$和x轴所围成的曲边梯形的面积，如图4.5.1所示.

当$[a,b]$上的函数$f(x)\leqslant 0$时，定积分$\int_a^b f(x)\mathrm{d}x$表示由$y=f(x)$，$x=a$，$x=b$和x轴所围成的曲边梯形面积的相反数，如图4.5.4所示.

当$[a,b]$上的函数$f(x)$有正有负时,定积分$\int_a^b f(x)\mathrm{d}x$的几何意义表示由$y=f(x)$,$x=a$,$x=b$和x轴所围成的x轴上方图形的面积减去x轴下方图形的面积. 即$\int_a^b f(x)\mathrm{d}x$为各部分面积的代数和,如图 4.5.5 所示.

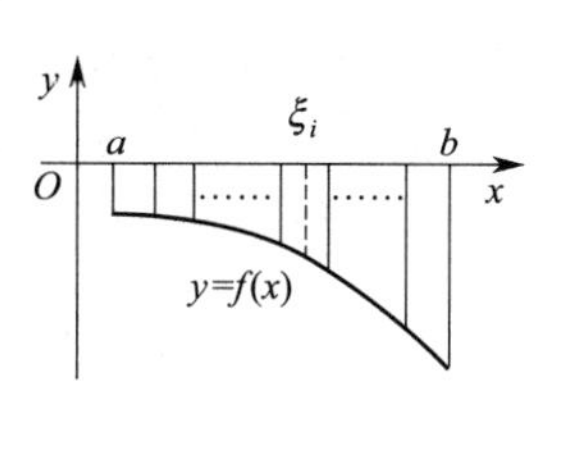

图　4.5.4

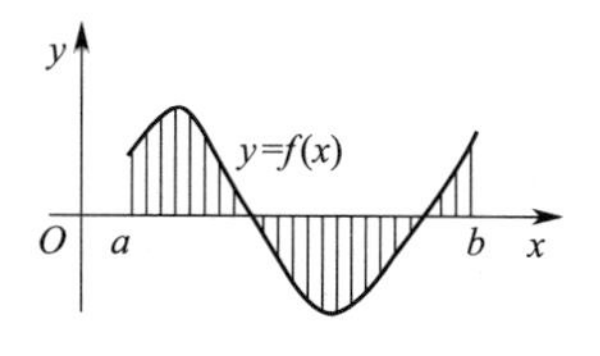

图　4.5.5

例 1　用定积分表示图 4.5.6 中各图形阴影部分的面积,并根据定积分的几何定义求出其值.

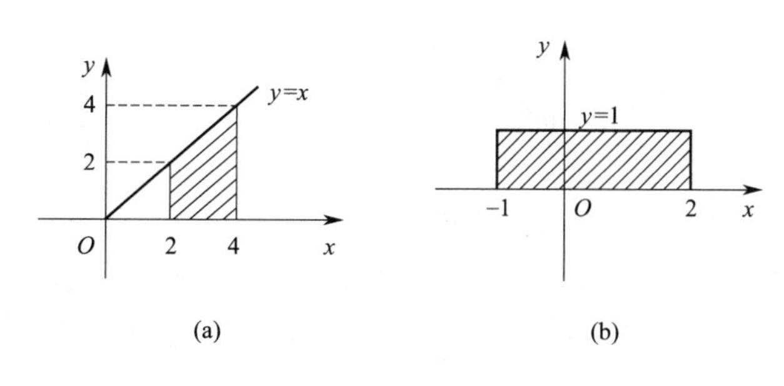

图　4.5.6

解　(1)在图 4.5.6(a)中,被积函数$f(x)=x$在区间$[2,4]$上连续,且$f(x)>0$,根据定积分的几何定义,阴影部分的面积为$A=\int_2^4 x\mathrm{d}x=\frac{(2+4)\times 2}{2}=6$.

(2)在图 4.5.6(b)中,被积函数$f(x)=1$在区间$[-1,2]$上连续,且$f(x)>0$,根据定积分的几何定义,图中阴影部分的面积为$\int_{-1}^2 1\mathrm{d}x=1\times[2-(-1)]=3$.

4.5.4　定积分的性质

假定函数$f(x)$,$g(x)$在讨论的区间上是可积的,由定积分的定义或几何意义,容易得出下面的几个性质.

性质 1(定积分的线性性质)　两个函数的和(差)的定积分等于它们的定积分的和(差),即

$$\int_a^b[f(x)\pm g(x)]\mathrm{d}x=\int_a^b f(x)\mathrm{d}x\pm\int_a^b g(x)\mathrm{d}x .$$

性质 1 可推广到有限个函数的和(差)情形,即

$$\int_a^b[f_1(x)\pm f_2(x)\pm\cdots\pm f_n(x)]\mathrm{d}x=\int_a^b f_1(x)\mathrm{d}x\pm\int_a^b f_2(x)\mathrm{d}x\pm\cdots\pm\int_a^b f_n(x)\mathrm{d}x.$$

性质 2(定积分的线性性质)　被积函数的常数因子可以提到积分号外,即

$$\int_a^b kf(x)\mathrm{d}x = k\int_a^b f(x)\mathrm{d}x \ (k \text{ 为常数}).$$

性质 2 的推论：$\int_a^b \mathrm{d}x = b - a$.

性质 3(积分区间的可加性) 对于三个任意的数 a、b、c，总有

$$\int_a^b f(x)\mathrm{d}x = \int_a^c f(x)\mathrm{d}x + \int_c^b f(x)\mathrm{d}x.$$

注 意

c 可以在 a, b 之内，也可以在 a, b 之外.

例 2 已知 $\int_0^1 f(x)\mathrm{d}x = 3$, $\int_0^3 f(x)\mathrm{d}x = 10$，求 $\int_1^3 f(x)\mathrm{d}x$.

解 根据性质 3，得 $\int_0^3 f(x)\mathrm{d}x = \int_0^1 f(x)\mathrm{d}x + \int_1^3 f(x)\mathrm{d}x$，所以 $\int_1^3 f(x)\mathrm{d}x = \int_0^3 f(x)\mathrm{d}x - \int_0^1 f(x)\mathrm{d}x = 10 - 3 = 7$.

性质 4(积分不等式) 如果在区间 $[a,b]$ 上，$f(x) \geqslant g(x)$，那么 $\int_a^b f(x)\mathrm{d}x \geqslant \int_a^b g(x)\mathrm{d}x$.

推论：若 $f(x)$ 在 $[a,b]$ 上，$f(x) \geqslant 0$，则 $\int_a^b f(x)\mathrm{d}x \geqslant 0$.

性质 5(积分估值定理) 如果 M 和 m 分别是函数 $f(x)$ 在 $[a,b]$ 区间上的最大值和最小值，则

$$m(b-a) \leqslant \int_a^b f(x)\mathrm{d}x \leqslant M(b-a).$$

性质 6(积分中值定理) 如果函数 $f(x)$ 在区间 $[a,b]$ 上连续，那么在区间 $[a,b]$ 上至少存在一点 ξ，使得 $\int_a^b f(x)\mathrm{d}x = f(\xi)(b-a)\ (a \leqslant \xi \leqslant b)$ 成立.

如图 4.5.7 所示，在上 $[a,b]$ 至少存在一个点 ξ，使得以为底 $[a,b]$ 边、以 $y=f(x)$ 为曲边的曲边梯形面积恰好等于同一底边而高为 $f(\xi)$ 的矩形的面积.

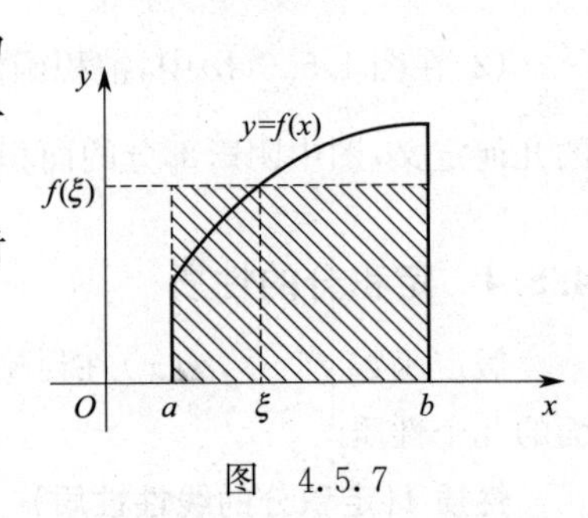

图 4.5.7

性质 7(对称区间上奇偶函数的积分性质) 设 $f(x)$ 在对称区间 $[-a,a]$ 上连续，则有

① 如果 $f(x)$ 为奇函数，则 $\int_{-a}^a f(x)\mathrm{d}x = 0$；

② 如果 $f(x)$ 为偶函数，则 $\int_{-a}^a f(x)\mathrm{d}x = 2\int_0^a f(x)\mathrm{d}x$.

例 3 比较 $\int_0^{\frac{\pi}{2}} x\mathrm{d}x$ 与 $\int_0^{\frac{\pi}{2}} \sin x\mathrm{d}x$ 的大小.

解 因为 $0 \leqslant x \leqslant \frac{\pi}{2}$ 时，有 $\sin x \leqslant x$，所以由性质 5 可知

$$\int_0^{\frac{\pi}{2}} x\mathrm{d}x \geqslant \int_0^{\frac{\pi}{2}} \sin x\mathrm{d}x.$$

例 4 已知$\int_{-\pi}^{0} f(x)\mathrm{d}x=6$,若$f(x)$是奇函数,$\int_{-\pi}^{\pi} f(x)\mathrm{d}x$的值是多少?若$f(x)$是偶函数,$\int_{-\pi}^{\pi} f(x)\mathrm{d}x$的值是多少?

解 若$f(x)$是奇函数在$[-\pi,\pi]$是对称区间,根据性质7得

$$\int_{-\pi}^{\pi} f(x)\mathrm{d}x=0;$$

若$f(x)$是偶函数在$[-\pi,\pi]$是对称区间,根据性质7得

$$\int_{-\pi}^{\pi} f(x)\mathrm{d}x=2\int_{-\pi}^{0} f(x)\mathrm{d}x=2\times 6=12.$$

习 题 4.5

1. 利用定积分的几何意义说明下列等式.

(1) $\int_{0}^{1} x\mathrm{d}x=\frac{1}{2}$;　　(2) $\int_{-\pi}^{\pi} \sin x\mathrm{d}x=0$;

(3) $\int_{0}^{a} \sqrt{a^2-x^2}\mathrm{d}x=\frac{\pi}{4}a^2$;　　(4) $\int_{0}^{2\pi} \cos x\mathrm{d}x=0$

2. 利用定积分表示图4.5.8中各阴影部分的面积.

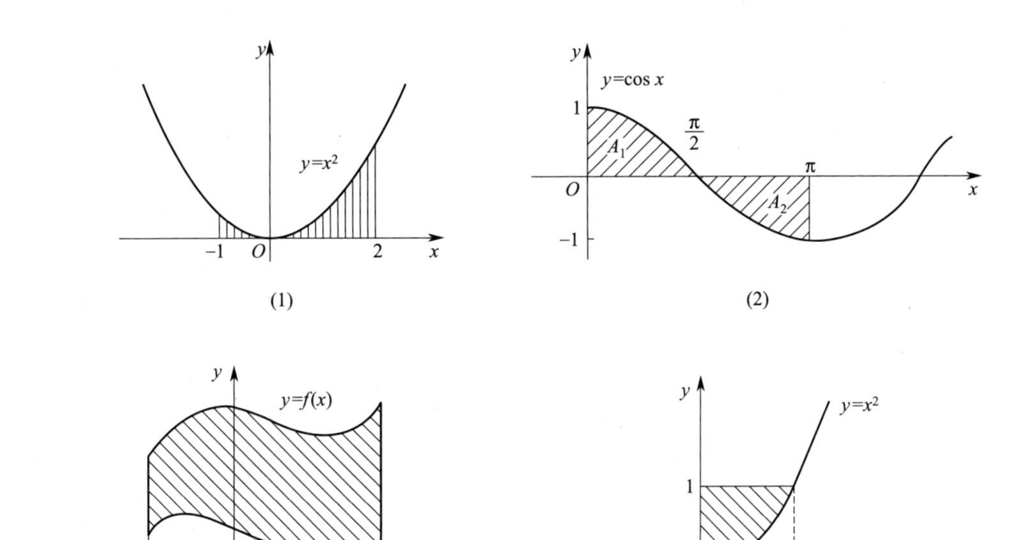

图 4.5.8

3. 选择题.

(1)定积分$a=\int_{1}^{2} x^2\mathrm{d}x$;$b=\int_{1}^{2} x^3\mathrm{d}x$;$c=\int_{1}^{2} \mathrm{e}^x\mathrm{d}x$则$a,b,c$的大小关系是(　　).

A. $a<c<b$　　B. $a<b<c$　　C. $c<b<a$　　D. $c<a<b$

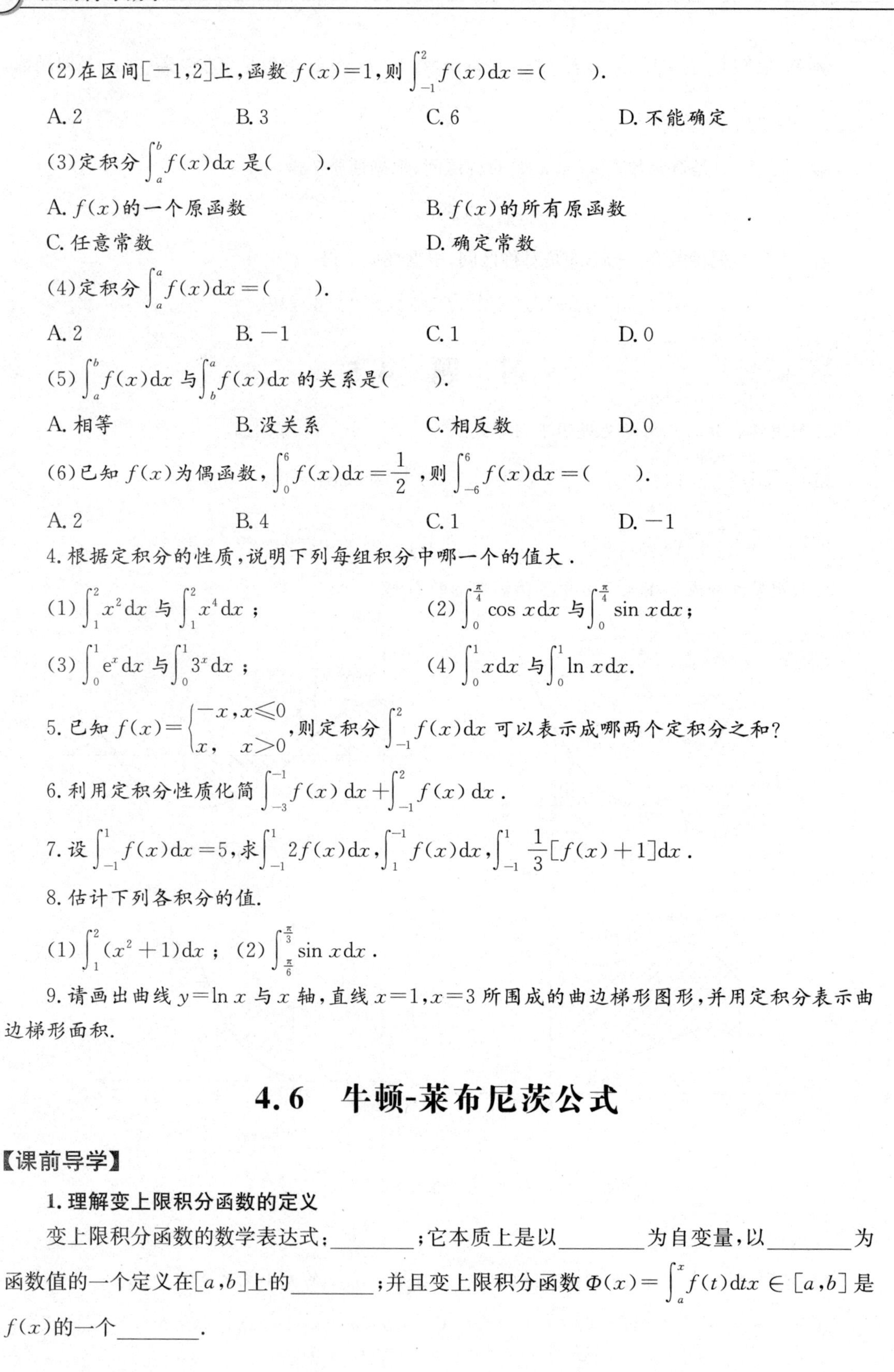

(2)在区间$[-1,2]$上,函数 $f(x)=1$,则 $\int_{-1}^{2} f(x)\mathrm{d}x=($　　$)$.

A. 2　　B. 3　　C. 6　　D. 不能确定

(3)定积分 $\int_{a}^{b} f(x)\mathrm{d}x$ 是(　　).

A. $f(x)$的一个原函数　　B. $f(x)$的所有原函数

C. 任意常数　　D. 确定常数

(4)定积分 $\int_{a}^{a} f(x)\mathrm{d}x=($　　$)$.

A. 2　　B. -1　　C. 1　　D. 0

(5) $\int_{a}^{b} f(x)\mathrm{d}x$ 与 $\int_{b}^{a} f(x)\mathrm{d}x$ 的关系是(　　).

A. 相等　　B. 没关系　　C. 相反数　　D. 0

(6)已知 $f(x)$为偶函数,$\int_{0}^{6} f(x)\mathrm{d}x=\dfrac{1}{2}$,则 $\int_{-6}^{6} f(x)\mathrm{d}x=($　　$)$.

A. 2　　B. 4　　C. 1　　D. -1

4. 根据定积分的性质,说明下列每组积分中哪一个的值大.

(1) $\int_{1}^{2} x^2\mathrm{d}x$ 与 $\int_{1}^{2} x^4\mathrm{d}x$;　　(2) $\int_{0}^{\frac{\pi}{4}} \cos x\mathrm{d}x$ 与 $\int_{0}^{\frac{\pi}{4}} \sin x\mathrm{d}x$;

(3) $\int_{0}^{1} \mathrm{e}^x\mathrm{d}x$ 与 $\int_{0}^{1} 3^x\mathrm{d}x$;　　(4) $\int_{0}^{1} x\mathrm{d}x$ 与 $\int_{0}^{1} \ln x\mathrm{d}x$.

5. 已知 $f(x)=\begin{cases}-x, & x\leqslant 0\\ x, & x>0\end{cases}$,则定积分 $\int_{-1}^{2} f(x)\mathrm{d}x$ 可以表示成哪两个定积分之和?

6. 利用定积分性质化简 $\int_{-3}^{-1} f(x)\,\mathrm{d}x+\int_{-1}^{2} f(x)\,\mathrm{d}x$.

7. 设 $\int_{-1}^{1} f(x)\mathrm{d}x=5$,求$\int_{-1}^{1} 2f(x)\mathrm{d}x$,$\int_{1}^{-1} f(x)\mathrm{d}x$,$\int_{-1}^{1} \dfrac{1}{3}[f(x)+1]\mathrm{d}x$.

8. 估计下列各积分的值.

(1) $\int_{1}^{2} (x^2+1)\mathrm{d}x$; (2) $\int_{\frac{\pi}{6}}^{\frac{\pi}{3}} \sin x\mathrm{d}x$.

9. 请画出曲线 $y=\ln x$ 与 x 轴,直线 $x=1$,$x=3$ 所围成的曲边梯形图形,并用定积分表示曲边梯形面积.

4.6　牛顿-莱布尼茨公式

【课前导学】

1. 理解变上限积分函数的定义

变上限积分函数的数学表达式:________;它本质上是以________为自变量,以________为函数值的一个定义在$[a,b]$上的________;并且变上限积分函数 $\Phi(x)=\int_{a}^{x} f(t)\mathrm{d}t x\in[a,b]$ 是$f(x)$的一个________.

2. 掌握牛顿-莱布尼茨公式

设 $f(x)$在区间$[a,b]$上连续,$F(x)$是 $f(x)$在$[a,b]$上的一个原函数,则$\int_a^b f(x)\,dx=$______$=$______.

3. 使用牛顿-莱布尼茨公式求定积分的步骤

(1)求被积函数的______;

(2)将______代入______求函数值;

(3)求 $F(b)-F(a)$.

4. 求 $\int_1^2(x^2-1)dx$

(1)$f(x)=x^2-1$ 的一个原函数是______.

(2)$b=$______;$F(b)=$______;$a=$______;$F(a)=$______.

(3)$F(b)-F(a)=$______.

定积分就是一种特定和式的极限.直接利用定义计算定积分是十分繁杂的,有时甚至无法计算.本节将介绍定积分计算的有力工具——牛顿-莱布尼茨公式.

4.6.1　变上限积分及其导数

扫一扫

变上限积分函数

定理 1　设函数 $f(x)$在区间$[a,b]$上连续,对于任意 $x\in[a,b]$,$f(x)$在区间$[a,x]$上也连续,所以函数 $f(x)$在$[a,x]$上也可积.显然对于$[a,b]$上的每一个 x 的取值,都有唯一对应的定积分$\int_a^x f(t)dt$ 和 x 对应,因此$\int_a^x f(t)dt$ 是定义在$[a,b]$上的函数.记为

$$\Phi(x)=\int_a^x f(t)dt,\quad x\in[a,b].$$

称 $\Phi(x)$为**变上限定积分**,有时又称**变上限积分函数**.

变上限积分函数的几何意义是:如果 $f(x)>0$,对$[a,b]$上任意x,都对应唯一一个曲边梯形的面积 $\Phi(x)$,如图 4.6.1 中的阴影部分.因此变上限积分函数有时又称**面积函数**.

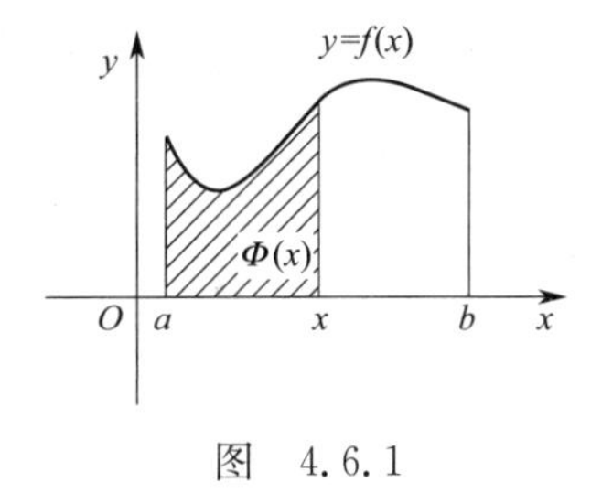

图　4.6.1

函数 $\Phi(x)$具有如下重要性质.

定理 2　如果函数 $f(x)$在区间$[a,b]$上连续,则 $\Phi(x)=\int_a^x f(t)dt$ 在$[a,b]$上可导,且

$$\Phi'(x)=\frac{d}{dx}\int_a^x f(t)dt=f(x)\qquad(a\leqslant x\leqslant b).$$

由这个定理可以得出一个重要结论:变上限积分函数 $\Phi(x)$是连续函数 $f(x)$的一个原函数.

定理 3(原函数存在定理)　如果函数 $f(x)$在闭区间$[a,b]$上连续,则函数 $f(x)$在$[a,b]$上的原函数一定存在.

例 1　设 $\Phi(x)=\int_{\frac{\pi}{4}}^x t^2\sin t\,dt$,求 $\Phi'(x)$,$\Phi'(0)$,$\Phi'\left(\frac{\pi}{2}\right)$.

解　$\Phi'(x)=\left[\int_{\frac{\pi}{4}}^x t^2\sin t\ dt\right]'_x=x^2\sin x$;

$$\Phi'(0)=0^2\times\sin 0=0;$$

$$\Phi'\left(\frac{\pi}{2}\right)=\left(\frac{\pi}{2}\right)^2\times\sin\frac{\pi}{2}=\frac{\pi^2}{4}.$$

扫一扫

N—L公式

4.6.2 牛顿-莱布尼茨公式及其应用

定理3(牛顿-莱布尼茨公式) 设 $f(x)$在区间$[a,b]$上连续,$F(x)$是 $f(x)$在$[a,b]$上的一个原函数,则

$$\int_a^b f(x)\,dx=F(x)\big|_a^b=F(b)-F(a).$$

证明 因为 $F(x)$ 和 $\Phi(x)=\int_a^x f(t)\,dt$ 都是 $f(x)$ 的原函数,所以

$$F(x)-\Phi(x)=C \quad (C\text{ 为常数},a\leqslant x\leqslant b),$$

即 $F(x)=\int_a^x f(t)\,dt+C$.

令 $x=a$,代入上式,得

$$F(a)=\int_a^a f(t)\,dt+C=C,$$

于是 $F(x)=\int_a^x f(t)dt+F(a)$.

再令 $x=b$,代入上式,得

$$F(b)=\int_a^b f(t)\,dt+F(a),$$

故

$$\int_a^b f(t)\,dt=F(b)-F(a).$$

由于定积分的值与积分变量无关,故得 $\int_a^b f(x)\,dx=F(b)-F(a)$.

上式称为牛顿-莱布尼茨(Newton-Leibniz)公式.该公式是17世纪后叶由牛顿与莱布尼茨各自独立地提出来的,它揭示了定积分与导数的逆运算之间的关系,因此也称微积分基本公式,为了方便使用,公式也可写成下面的形式

$$\int_a^b f(x)\,dx=[F(x)]_a^b=F(x)\big|_a^b.$$

牛顿-莱布尼茨公式揭示了定积分与不定积分之间的内在联系,它把求定积分的问题转化为求原函数的问题,给定积分的计算提供了简便而有效的方法.

例2 求 $\int_1^2\left(x+\frac{1}{x}\right)^2dx$.

解 $\int_1^2\left(x+\frac{1}{x}\right)^2dx=\int_1^2\left(x^2+2+\frac{1}{x^2}\right)dx=\left(\frac{x^3}{3}+2x-\frac{1}{x}\right)\Bigg|_1^2=4\frac{5}{6}$.

例3 求 $\int_{-1}^{\frac{\sqrt{3}}{2}}\frac{1}{\sqrt{1-x^2}}dx$.

解 $\int_{-1}^{\frac{\sqrt{3}}{2}} \frac{1}{\sqrt{1-x^2}}\mathrm{d}x = \arcsin x \Big|_{-1}^{\frac{\sqrt{3}}{2}} = \arcsin\frac{\sqrt{3}}{2} - \arcsin(-1) = \frac{\pi}{3} - \left(-\frac{\pi}{2}\right) = \frac{5\pi}{6}$.

扫一扫

定积分例题

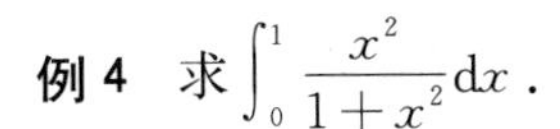

例 4 求 $\int_0^1 \frac{x^2}{1+x^2}\mathrm{d}x$.

解 $\int_0^1 \frac{x^2}{1+x^2}\mathrm{d}x = \int_0^1 \frac{x^2+1-1}{1+x^2}\mathrm{d}x = \int_0^1 \left(1-\frac{1}{1+x^2}\right)\mathrm{d}x$

$$= [x - \arctan x]_0^1 = [(1-\arctan 1) - (0-\arctan 0)] = 1-\frac{\pi}{4}.$$

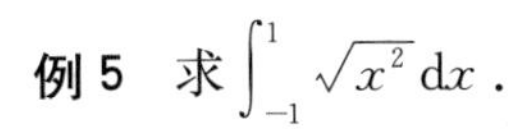

例 5 求 $\int_{-1}^1 \sqrt{x^2}\,\mathrm{d}x$.

解 $\sqrt{x^2} = |x|$ 在$[-1,2]$上写成分段函数的形式

$$f(x) = \begin{cases} -x, & -1 \leqslant x < 0 \\ x, & 0 \leqslant x \leqslant 1 \end{cases},$$

$$\int_{-1}^1 \sqrt{x^2}\,\mathrm{d}x = \int_{-1}^0 (-x)\mathrm{d}x + \int_0^1 x\mathrm{d}x = -\frac{x^2}{2}\Bigg|_{-1}^0 + \frac{x^2}{2}\Bigg|_0^1 = 1.$$

例 6 求 $\int_{-1}^1 \frac{\mathrm{e}^x}{1+\mathrm{e}^x}\mathrm{d}x$.

解 $\int_{-1}^1 \frac{\mathrm{e}^x}{1+\mathrm{e}^x}\mathrm{d}x = \int_{-1}^1 \frac{\mathrm{d}(\mathrm{e}^x+1)}{1+\mathrm{e}^x} = \ln(1+\mathrm{e}^x)\Big|_{-1}^1 = \ln(1+\mathrm{e}) - \ln(1+\mathrm{e}^{-1}) = 1.$

习 题 4.6

1. 填空题.

(1) $\frac{\mathrm{d}}{\mathrm{d}x}\int_0^1 \sin x^2\mathrm{d}x =$ ________, $\frac{\mathrm{d}}{\mathrm{d}x}\int \sin x^2\mathrm{d}x =$ ________;

(2) $\frac{\mathrm{d}}{\mathrm{d}x}\int_0^x \sin t^2\mathrm{d}t =$ ________, $\frac{\mathrm{d}}{\mathrm{d}x}\int_x^0 \sin t^2\mathrm{d}t =$ ________;

(3) $\int_0^1 x^2\mathrm{d}x =$ ______, $\int_1^{\mathrm{e}} \frac{1}{x}\mathrm{d}x =$ ______, $\int_{-1}^1 \frac{1}{1+x^2}\mathrm{d}x =$ ______, $\int_0^{\frac{\pi}{4}} \cos x\mathrm{d}x =$ ______.

2. 选择题.

(1) 变上限积分 $\int_a^x f(t)\mathrm{d}t$ 是(　　).

A. $f'(x)$的一个原函数　　B. $f'(x)$的全体原函数

C. $f(x)$的一个原函数　　D. $f(x)$的全体原函数

(2) 若 $\int_0^1 (2x+k)\mathrm{d}x = 2$,则 $k =$(　　).

A. 0　　B. -1　　C. 1　　D. $\frac{1}{2}$

(3) 设 $F(x)$是连续函数 $f(x)$在区间$[a,b]$上的一个原函数,下列为牛顿-莱布尼茨公式的是(　　).

A. $\int_a^b F(x)\,\mathrm{d}x = F(b) - F(a)$　　B. $\int_a^b f(x)\,\mathrm{d}x = F(b) - F(a)$

C. $\int_a^b f(x)\,\mathrm{d}x = f(x)\big|_a^b$　　D. $\int_a^b F(x)\,\mathrm{d}x = F(x)\big|_a^b$

(4)下列说法正确的是(　　).

A. 定积分表示被积函数的全体原函数　　B. 定积分的结果是一个值

C. 定积分只有一个原函数　　D. 定积分的结果是一个函数

(5) $\int_0^1 (x \cdot \mathrm{e}^x)'\mathrm{d}x =$(　　).

A. 0　　B. -1　　C. 1　　D. e

(6)若 $\int_1^b \ln x\,\mathrm{d}x = 1$,则 $b=$(　　).

A. 0　　B. e　　C. 1　　D. 任意实数

3. 求下列定积分的值.

(1) $\int_1^2 \left(x + \frac{1}{x^2}\right)\mathrm{d}x$;　　(2) $\int_0^1 (2^x + x^2)\,\mathrm{d}x$;

(3) $\int_{\frac{\sqrt{2}}{2}}^1 \frac{1}{\sqrt{1-x^2}}\,\mathrm{d}x$;　　(4) $\int_0^1 \frac{x^2 - 2\sqrt{x} + x}{x}\,\mathrm{d}x$;

(5) $\int_4^9 \sqrt{x}\,(1+\sqrt{x})\,\mathrm{d}x$;　　(6) $\int_0^2 \mathrm{e}^x(1-\mathrm{e}^{-x})\,\mathrm{d}x$;

(7) $\int_0^{\frac{\pi}{2}} \sin^2 \frac{x}{2}\,\mathrm{d}x$;　　(8) $\int_0^1 2^x \mathrm{e}^x\,\mathrm{d}x$;

(9) $\int_0^{\pi} |\cos x|\,\mathrm{d}x$;　　(10) $\int_0^2 |x-1|\,\mathrm{d}x$.

4. 计算 $\Phi(x) = \int_0^x \sin t^2\,\mathrm{d}t$ 在 $x=0, x=\frac{\sqrt{\pi}}{2}$ 处的导数.

【知识拓展】　微积分公案

微积分的发现是近代数学史上的大事,与这一事件同样引人注目的是对于这一发现优先权的争夺.德丢勒1699年说:“牛顿是微积分的第一发明人”,而莱布尼茨作为“第二发明人”,“曾从牛顿那里有所借鉴”.莱布尼茨立即反驳.1712年英国皇家学会成立“牛顿和莱布尼茨发明微积分优先权争论委员会”.1713年英国皇家学会裁定“确认牛顿为第一发明人”.

单从发表的时间先后看,无疑是莱布尼茨在前,牛顿在后.德国哲学家莱布尼茨(1616—1716)在1684年投给《学术学报》的两篇文稿中,正式详尽地发表了他的微积分.第一篇文章主要论述微分学原理,第二篇文章主要论述了积分学,这是微分学的逆运算.

英国科学家牛顿(1642—1727)关于微积分论述的最早正式出版物是在1704年作为《光学》一书的附录而发表的《求曲边形的面积》一文,而其系统论述微积分思想的重要著作《流数方法》在1736才得以正式发表,这已经是牛顿去世多年以后的事了.

但就此认定微积分的发现者是莱布尼茨则有失公允.就开始研究的时间而言,牛顿要早于莱布尼茨.牛顿流数概念的提出要追溯到 1665—1666 年,当时牛顿为逃避鼠疫离开剑桥过隐居生活,正处科学创造力鼎盛时期的牛顿,研究了诸如"线由点的连续运动而产生、面由线的运动而产生、体由面的运动而产生"等问题,并用流数概念来表示引起某个量产生的运动速度或增加速度,由此确立了微积分的基本原理.牛顿写了一篇有关流数法的短文,向一些同行展示了这一方法,同事们劝他尽快公开这一研究成果,但遭到拒绝.莱布尼茨研究微积分的时间稍晚,1672 年,莱布尼茨因政治使命访问巴黎期间得以与著名数学家惠更斯晤谈,这激发他从事数学研究的兴趣.

牛顿在 1687 年出版的《自然哲学的数学原理》的第一版和第二版中写道:"十年前在我和最杰出的几何学家莱布尼茨的通信中.我表明我已知道确定极大值和极小值的方法、作切线的方法以及类似的方法,但我在交换的信件中隐瞒了这方法……这位最卓越的科学家在回信中写到,他也发现了一种同样的方法.他并叙述了他的方法,他与我的方法几乎没有什么不同,除了他的措辞和符号而外."牛顿从物理学出发,运用集合方法研究微积分,造诣高于莱布尼茨.莱布尼茨从几何问题出发,运用分析方法引进微积分,其数学的严密性和系统性是牛顿所不及的.并且莱布尼茨发明了一套适用的符号系统也促进了微积分学的发展.

正是由于牛顿和莱布尼茨独立建立了微积分学的一般方法,他们被公认为是微积分学的创始人.莱布尼茨创立的微积分符号对微积分的传播与发展起了重要作用,并沿用至今.

4.7　定积分的积分法

【课前导学】

(1)了解定积分的换元积分法要求换元必________,不换元则________的原则.

(2)在定积分 $\int_{\frac{\pi}{3}}^{\pi}\sin\left(x+\frac{\pi}{4}\right)\mathrm{d}x$ 中,原积分变量是________;x 的积分上限是________;积分下限是________;现令 $u=x+\frac{\pi}{4}$,则积分变量变成 u,将 x 的积分上限代入 $u=x+\frac{\pi}{4}$ 求出 u 的积分上限是________;将 x 的积分下限代入 $u=x+\frac{\pi}{4}$ 求出 u 的积分下限是________.

(3)在定积分 $\int_{1}^{e}\frac{(\ln x)^2}{x}\mathrm{d}x$ 中,令 $u=$______;则 u 的积分上限是______;积分下限是______.

(4)掌握定积分的分部积分公式是:________;使用该公式时要注意,________,余下的部分继续积分.

由牛顿-莱布尼茨公式可知,计算定积分的问题归结为求不定积分问题.不定积分的换元积分法和分部积分法结合牛顿-莱布尼茨公式,可以得到定积分的换元积分法和分部积分法.

4.7.1　定积分的换元积分法

定理 1　设:

(1)函数 $f(x)$ 在区间 $[a,b]$ 上连续;

(2)函数 $x=\varphi(t)$,$t\in[\alpha,\beta]$ 时,$x\in[a,b]$,且 $a=\varphi(\alpha)$,$b=\varphi(\beta)$;

(3)函数 $x=\varphi(t)$ 在区间 $[\alpha,\beta]$ 上单调,且有连续导数.则

$$\int_a^b f(x)\mathrm{d}x=\int_\alpha^\beta f[\varphi(t)]\varphi'(t)\mathrm{d}t. \tag{4.7.1}$$

公式(4.7.1)称为**定积分的换元积分公式**.(证明略)

例 1 求$\int_0^3 \frac{x}{\sqrt{1+x}}\mathrm{d}x$.

解 令$\sqrt{1+x}=t$,则$x=t^2-1$,$\mathrm{d}x=2t\mathrm{d}t$,当$x=0$时,$t=1$,当$x=3$时,$t=2$,

$$\int_0^3 \frac{x}{\sqrt{1+x}}\mathrm{d}x=\int_1^2 \frac{t^2-1}{t}\cdot 2t\mathrm{d}t=2\int_1^2 (t^2-1)\mathrm{d}t=2\left[\frac{1}{3}t^3-t\right]_1^2=\frac{8}{3}.$$

例 2 求$\int_0^1 \sqrt{1-x^2}\mathrm{d}x$.

解 令$x=\sin t\left(-\frac{\pi}{2}<t<\frac{\pi}{2}\right)$,则$\mathrm{d}x=\cos t\mathrm{d}t$,当$x=0$时,$t=0$;当$x=a$时,$t=\frac{\pi}{2}$.

$$\int_0^1 \sqrt{1-x^2}\mathrm{d}x=\int_0^{\frac{\pi}{2}}\cos t\cdot\cos t\mathrm{d}t=\frac{1}{2}\int_0^{\frac{\pi}{2}}(1+\cos 2t)\mathrm{d}t$$

$$=\frac{1}{2}\left[t+\frac{1}{2}\sin 2t\right]\Big|_0^{\frac{\pi}{2}}=\frac{\pi}{4}.$$

例 3 求$\int_0^{\frac{\pi}{2}}\cos^3 x\sin x\mathrm{d}x$

解 解法 1:设$t=\cos x$,则$\mathrm{d}t=-\sin x\mathrm{d}x$,当$x=0$时,$t=1$;当$x=\frac{\pi}{2}$时,$t=0$,于是

$$\int_0^{\frac{\pi}{2}}\cos^3 x\sin x\mathrm{d}x=\int_1^0 t^3\cdot(-\mathrm{d}t)=\int_0^1 t^3\mathrm{d}t=\left[\frac{1}{4}t^4\right]_0^1=\frac{1}{4}.$$

解法 2:

$$\int_0^{\frac{\pi}{2}}\cos^3 x\sin x\mathrm{d}x=-\int_0^{\frac{\pi}{2}}\cos^3 x\mathrm{d}\cos x=\left[-\frac{1}{4}\cos^4 x\right]_0^{\frac{\pi}{2}}=\frac{1}{4}.$$

解法 1 是变量替换法,上、下限要改变;解法 2 是凑微分法,上、下限不改变.

注 意

在使用定积分的换元公式时,在改变积分变量时必须同时改变积分上、下限,简称“**换元必换限**”.但如果没有换元则不必改变积分上、下限,简称“**不换元则不换限**”.

例 4 证明:

(1)若$f(x)$在$[-a,a]$上连续且为偶函数时,则有$\int_{-a}^a f(x)\mathrm{d}x=2\int_0^a f(x)\mathrm{d}x$;

(2)若$f(x)$在$[-a,a]$上连续且为奇函数时,则有$\int_{-a}^a f(x)\mathrm{d}x=0$.

证明 因为$\int_{-a}^a f(x)\mathrm{d}x=\int_{-a}^0 f(x)\mathrm{d}x+\int_0^a f(x)\mathrm{d}x$,在$\int_{-a}^0 f(x)\mathrm{d}x$中,令$x=-t$,则

$\mathrm{d}x=-\mathrm{d}t$，当 $x=-a$ 时，$t=a$；当 $x=0$ 时，$t=0$. 所以

$$\int_{-a}^{0} f(x)\,\mathrm{d}x=-\int_{-a}^{0} f(-t)\,\mathrm{d}t=\int_{0}^{a} f(-t)\,\mathrm{d}t=\int_{0}^{a} f(-x)\,\mathrm{d}x\ ;$$

$$\int_{-a}^{a} f(x)\,\mathrm{d}x=\int_{0}^{a} f(-x)\,\mathrm{d}x+\int_{0}^{a} f(x)\,\mathrm{d}x=\int_{0}^{a}[f(-x)+f(x)]\,\mathrm{d}x\ ;$$

(1)若 $f(x)$ 是偶函数，则 $f(-x)=f(x)$，那么 $f(-x)+f(x)=2f(x)$. 因此

$$\int_{-a}^{a} f(x)\,\mathrm{d}x=\int_{0}^{a} 2f(x)\,\mathrm{d}x=2\int_{0}^{a} f(x)\,\mathrm{d}x\,.$$

(2)若 $f(x)$ 是奇函数，则 $f(-x)=-f(x)$，那么 $f(-x)+f(x)=0$. 因此

$$\int_{-a}^{a} f(x)\,\mathrm{d}x=0.$$

利用上述结论，常可简化计算奇、偶函数在对称于原点区间上的定积分.

4.7.2 定积分的分部积分法

定理 2 设函数 $u(x)$ 与 $v(x)$ 均在区间 $[a,b]$ 上有连续的导数，则有

$$\int_{a}^{b} u\,\mathrm{d}v=(uv)\Big|_{a}^{b}-\int_{a}^{b} v\,\mathrm{d}u\,.$$

上述公式称为定积分的**分部积分公式**，其中 a 与 b 是自变量 x 的下限与上限.

使用该公式时要注意，把先积出来的那一部分代上下限求值，余下的部分继续积分. 这样做比完全把原函数求出来再代上下限简便一些.

例 5 求 $\int_{1}^{2} x\ln x\,\mathrm{d}x$.

解
$$\int_{1}^{2} x\ln x\,\mathrm{d}x=\frac{1}{2}\int_{1}^{2}\ln x\,\mathrm{d}(x^2)=\frac{1}{2}x^2\ln x\Big|_{1}^{2}-\frac{1}{2}\int_{1}^{2} x^2\,\mathrm{d}(\ln x)$$
$$=2\ln 2-\frac{1}{2}\int_{1}^{2} x\,\mathrm{d}x=2\ln 2-\frac{1}{4}x^2\Big|_{1}^{2}=2\ln 2-\frac{3}{4}\,.$$

例 6 求 $\int_{0}^{1} x\mathrm{e}^x\,\mathrm{d}x$.

解 $\int_{0}^{1} x\mathrm{e}^x\,\mathrm{d}x=\int_{0}^{1} x\,\mathrm{d}\mathrm{e}^x=x\cdot\mathrm{e}^x\,\Big|_{0}^{1}-\int_{0}^{1}\mathrm{e}^x\,\mathrm{d}x=\mathrm{e}-\mathrm{e}^x\,\Big|_{0}^{1}=1.$

例 7 求 $\int_{0}^{1}\arctan x\,\mathrm{d}x$.

解
$$\int_{0}^{1}\arctan x\,\mathrm{d}x=[x\arctan x]_{0}^{1}-\int_{0}^{1} x\,\mathrm{d}(\arctan x)$$
$$=\frac{\pi}{4}-\int_{0}^{1}\frac{x}{1+x^2}\mathrm{d}x=\frac{\pi}{4}-\frac{1}{2}\int_{0}^{1}\frac{1}{1+x^2}\mathrm{d}(1+x^2)$$
$$=\frac{\pi}{4}-\frac{1}{2}[\ln(1+x^2)]_{0}^{1}=\frac{\pi}{4}-\frac{1}{2}\ln 2.$$

习 题 4.7

1. 填空题.

(1)在定积分 $\int_{\frac{\pi}{3}}^{\pi}\sin\left(x+\frac{\pi}{3}\right)dx$ 中，令 $x+\frac{\pi}{3}=u$，则 u 的积分上限是______；积分下限是______.

(2)在定积分 $\int_{0}^{\frac{\pi}{2}}\sin x\cdot\cos^3 x dx$ 中，令 $u=$______，则 u 的积分上限是______；积分下限是______.

(3)在定积分 $\int_{-2}^{1}\frac{1}{2+3x}dx$ 中，令 $u=$______，则 u 的积分上限是______；积分下限是______.

(4)在定积分 $\int_{4}^{9}\frac{\sqrt{x}}{\sqrt{x}-1}dx$ 中，令 $u=$______，则 u 的积分上限是______；积分下限是______.

(5)在定积分 $\int_{-\sqrt{3}}^{\sqrt{3}}x^3dx$ 中，因为 $f(x)=x^3$ 是___(奇或偶函数)，所以 $\int_{-\sqrt{3}}^{\sqrt{3}}x^3dx=$______.

(6)在定积分 $\int_{-1}^{1}x^4|x|dx$ 中，因为 $f(x)=x^4|x|$ 是______(奇函数或偶函数)，所以 $\int_{-1}^{1}x^4|x|dx=$______.

2. 用换元积分法计算下列定积分.

(1) $\int_{\frac{\pi}{3}}^{\pi}\sin\left(x+\frac{\pi}{3}\right)dx$；

(2) $\int_{0}^{1}\frac{dx}{(3+2x)^2}$；

(3) $\int_{0}^{\frac{\pi}{2}}\sin\theta\cdot\cos^3\theta d\theta$；

(4) $\int_{1}^{e}\frac{\ln x}{x}dx$；

(5) $\int_{1}^{4}\frac{\sin\sqrt{x}}{\sqrt{x}}dx$；

(6) $\int_{-1}^{1}2x\cdot e^{x^2}dx$.

3. 用分部积分法计算下列定积分.

(1) $\int_{0}^{1}x\cdot e^{-x}dx$；

(2) $\int_{0}^{\frac{\pi}{2}}x\cos x dx$.

4. 计算下列定积分.

(1) $\int_{1}^{4}\frac{1}{1+\sqrt{x}}dx$；

(2) $\int_{0}^{0}\frac{dx}{x^2+2x+2}$；

(3) $\int_{0}^{e-1}\ln(1+x)dx$；

(4) $\int_{0}^{1}x\arctan x dx$；

(5) $\int_{1}^{e^2}\frac{dx}{x\sqrt{1+\ln x}}$；

(6) $\int_{0}^{1}e^{\sqrt{x}}dx$.

5. 利用函数的奇偶性求下列定积分.

(1) $\int_{-1}^{1}\frac{x^2\sin^3 x}{(x^4+x^2-5)^2}\mathrm{d}x$；　　(2) $\int_{-2\pi}^{2\pi}x^4\sin x\,\mathrm{d}x$；

(3) $\int_{-\frac{1}{3}}^{\frac{1}{3}}\ln\frac{1+x}{1-x}\mathrm{d}x$；　　(4) $\int_{-1}^{1}\mathrm{e}^{|x|}\,\mathrm{d}x$.

4.8　定积分的应用

【课前导学】

1. 掌握求曲边梯形面积 A 的方法和步骤

(1)________；(2)________；(3)________；(4)________.

2. 理解定积分的微元法，了解用微元法解决实际问题时的步骤

(1)确定________，并求出相应的________；

(2)在区间$[a,b]$上任取一个小区间$[x,x+\mathrm{d}x]$，并在小区间上找出所求量 F 的________；

(3)写出所求量 F 的积分表达式________，然后计算它的值.

由于定积分的概念和理论是在解决实际问题的过程中产生和发展起来的，因而它的应用非常广泛. 下面先介绍运用定积分解决实际问题的常用方法——微元法，然后讨论定积分在几何和物理上的一些简单应用. 在学习过程中，不仅要掌握一些具体应用的计算公式，而且要学会用定积分解决实际问题的思想方法.

4.8.1　微元法

为了说明定积分的微元法，先回顾求曲边梯形面积 A 的方法和步骤.

(1)将区间$[a,b]$分成 n 个小区间，相应得到 n 个小曲边梯形，小曲边梯形的面积记为 ΔA_i $(i=1,2,\cdots,n)$；

(2)计算 ΔA_i 的近似值，即 $\Delta A_i\approx f(\xi_i)\Delta x_i$(其中 $\Delta x_i=x_i-x_{i-1}$，$\xi_i\in[x_{i-1},x_i]$)；

(3)求和得 A 的近似值，即 $A\approx\sum_{i=1}^{n}f(\xi_i)\Delta x_i$；

(4)对和取极限得 $A=\lim_{\lambda\to 0}\sum_{i=1}^{n}f(\xi_i)\Delta x_i=\int_a^b f(x)\mathrm{d}x$.

下面对上述四个步骤进行具体分析：

第(1)步指明了所求量(面积 A)具有的特性，即 A 在区间$[a,b]$上具有可分割性和可加性.

第(2)步是关键，这一步确定的 $\Delta A_i\approx f(\xi_i)\Delta x_i$ 是被积表达式 $f(x)\mathrm{d}x$ 的雏形. 这可以从以下过程来理解：由于分割的任意性，在实际应用中，为了简便起见，对 $\Delta A_i\approx f(\xi_i)\Delta x_i$ 省略下标，得 $\Delta A\approx f(\xi)\Delta x$，用$[x,x+dx]$表示$[a,b]$内的任一小区间，并取小区间的左端点 x 为 ξ，则 ΔA 的近似值就是以 $\mathrm{d}x$ 为底，$f(x)$为高的小矩形的面积(见图 4.8.1 阴影部分)，即

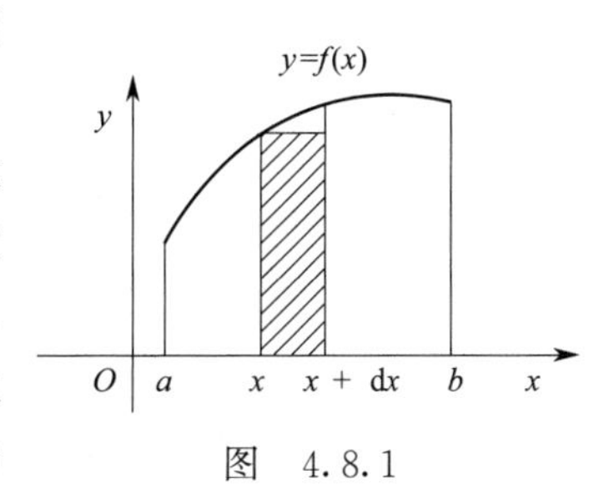

图　4.8.1

$$\Delta A\approx f(x)\mathrm{d}x.$$

通常称 $f(x)\mathrm{d}x$ 为**面积元素**,记为

$$\mathrm{d}A=f(x)\mathrm{d}x.$$

将(3)、(4)两步合并,即将这些面积元素在$[a,b]$上"无限累加",就得到面积 A,即 $A=\int_a^b f(x)\mathrm{d}x$.

一般说来,用定积分解决实际问题时,通常按以下步骤来进行:

(1)确定积分变量 x,并求出相应的积分区间$[a,b]$;

(2)在区间$[a,b]$上任取一个小区间$[x,x+dx]$,并在小区间上找出所求量 F 的微元$\mathrm{d}F=f(x)\mathrm{d}x$;

(3)写出所求量 F 的积分表达式 $F=\int_a^b f(x)\mathrm{d}x$,然后计算它的值.

利用定积分按上述步骤解决实际问题的方法称为**定积分的微元法**.

注:能够用微元法求出结果的量 F 一般应满足以下两个条件:

(1)F 是与变量 x 的变化范围$[a,b]$有关的量;

(2)F 对于$[a,b]$具有可加性,即如果把区间$[a,b]$分成若干小区间,则 F 相应地分成若干分量.

4.8.2 定积分在几何上的应用

1. 直角坐标系下平面图形的面积

如图 4.8.2 所示,把由直线 $x=a$,$x=b(a<b)$及两条连续曲线 $y=f_1(x)$,$y=f_2(x)$,$(f_1(x)\leqslant f_2(x))$所围成的平面图形称为 X-型图形;如图 4.8.3 所示,把由直线 $y=c$,$y=d(c<d)$及两条连续曲线 $x=g_1(y)$,$x=g_2(y)$ $(g_1(y)\leqslant g_2(y))$所围成的平面图形称为 Y-型图形.

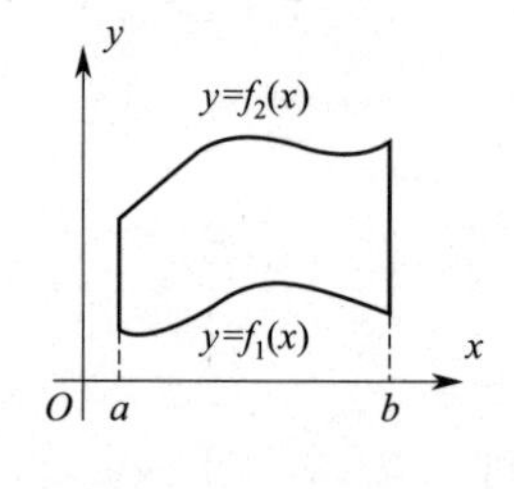

图 4.8.2

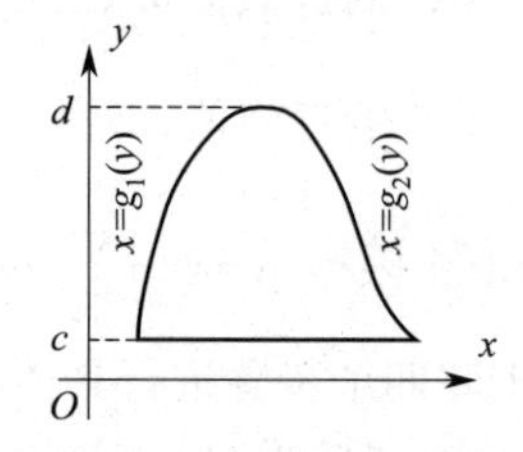

图 4.8.3

注 意

构成图形的两条直线,有时也可能退化为点.

(1)用微元法分析 X-型平面图形的面积 . 取横坐标 x 为积分变量,$x\in[a,b]$,在区间$[a,b]$上任取一微段$[x,x+\mathrm{d}x]$,该微段上的图形的面积 $\mathrm{d}A$ 可以用高为 $f_2(x)-f_1(x)$,底为 $\mathrm{d}x$ 的矩形的面积近似代替. 因此微元 $\mathrm{d}A=[f_2(x)-f_1(x)]\mathrm{d}x$,从而

$$A=\int_a^b[f_2(x)-f_1(x)]\mathrm{d}x. \tag{4.8.1}$$

(2) 同理，用微元法分析 Y-型平面图形的面积

$$A=\int_c^d[g_2(y)-g_1(y)]\mathrm{d}y. \tag{4.8.2}$$

对于非 X-型、非 Y-型平面图形，我们可以进行适当的分割，划分成若干个 X-型图形和 Y-型图形，然后利用前面介绍的方法去求面积.

例 1 求由直线 $y=0, x=\mathrm{e}, y=2x$ 及曲线 $y=\dfrac{2}{x}$ 所围成的封闭的图形的面积.

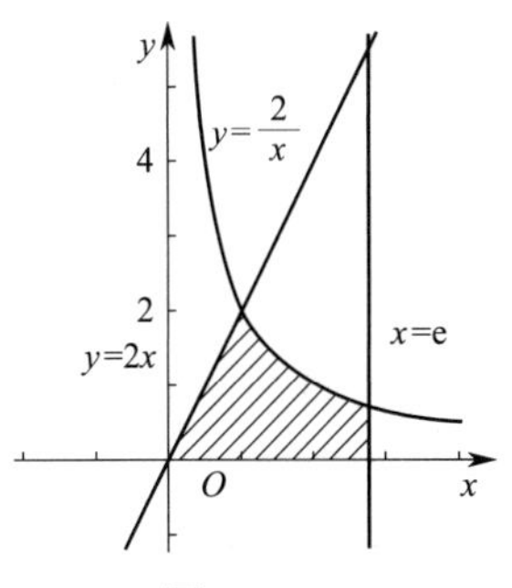

图 4.8.4

解 所求面积的图形如图 4.8.4 所示.

$y=2x$ 与曲线 $y=\dfrac{2}{x}$ 交点坐标为 $(1,2)$，变化区间为 $[0,\mathrm{e}]$.

所求面积为

$$\int_0^1 2x\mathrm{d}x+\int_1^{\mathrm{e}}\frac{2}{x}\mathrm{d}x=x^2\Big|_0^1+2\ln x\Big|_1^{\mathrm{e}}=1+2=3.$$

例 2 (窗户面积)某户人家的窗户顶部设计为弓形，上方曲线为一抛物线，下方为直线，如图 4.8.5 所示，求此弓形的面积.

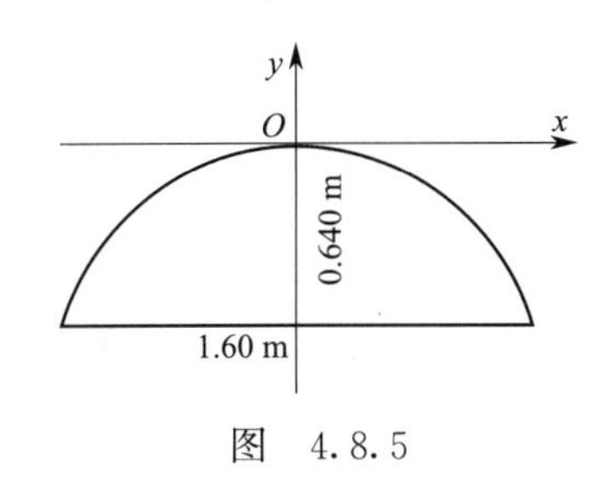

图 4.8.5

解 如图 4.8.5 建立直角坐标系. 设此抛物线方程为 $y=-2px^2$，因它过点 $(0.8,-0.64)$，所以 $p=\dfrac{1}{2}$，所以抛物线方程为 $y=-x^2$，此图形的面积为以 1.6 为长，0.64 为宽的矩形面积减去由抛物线 $y=-x^2$、x 轴以及 $x=-0.8$、$x=0.8$ 所围成的图形的面积.

$$S=1.6\times0.64-\int_{-0.8}^{0.8}x^2\mathrm{d}x=1.024-2\int_0^{0.8}x^2\mathrm{d}x$$
$$=1.02-\frac{2}{3}x^3\Big|_0^{0.8}\approx1.024-0.341\approx0.683(\mathrm{m}^2)$$

故窗户的面积为 $0.683\ \mathrm{m}^2$.

例 3 由曲线 $y=\sin x, y=\cos x$ 与直线 $x=0, x=\dfrac{\pi}{2}$ 所围成的平面图形(图 4.8.6 中的阴影部分)的面积.

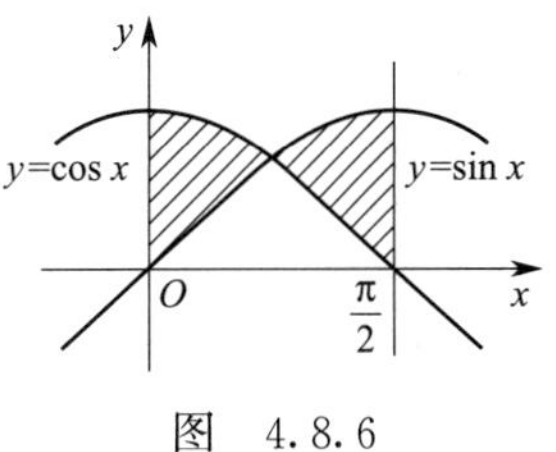

图 4.8.6

解 如图 4.8.6 所示，曲线 $y=\cos x$ 与 $y=\sin x$ 的交点坐标为 $\left(\dfrac{\pi}{4},\dfrac{\sqrt{2}}{2}\right)$，由于平面图形视为 X-型图形，现选取 x 作为积分变量，$x\in\left[0,\dfrac{\pi}{2}\right]$，于是，所求面积

$$A=\int_0^{\frac{\pi}{4}}(\cos x-\sin x)\mathrm{d}x+\int_{\frac{\pi}{4}}^{\frac{\pi}{2}}(\sin x-\cos x)\mathrm{d}x=2(\sin x+\cos x)\Big|_0^{\frac{\pi}{4}}=2\sqrt{2}-2.$$

例 4 求抛物线 $y^2=4x$，直线 $y=\dfrac{1}{2}x+2$ 与 x 轴所围成的图形的面积.

解 所求面积的图形如图 4.8.7 所示. 要确定图形的所在范围,需求出直线和抛物线的交点,解方程组 $\begin{cases} y^2=4x \\ y=\dfrac{1}{2}x+2 \end{cases}$,得交点为(4,4),故图形在 $y=0$ 和 $y=4$ 之间.

再解方程组 $\begin{cases} y=0 \\ y=\dfrac{1}{2}x+2 \end{cases}$,得交点为(−4,0). 由此知图形在 $x=-4$ 和 $x=4$ 之间.

方法 1:取横坐标 x 为积分变量,x 的变化区间为[−4,4]. 由图 4.8.7 可以看出,在区间[−4,0]、[0,−4]上的曲线的表达式不同,因此面积有两个表达式:

在区间 [−4,0] 上,$S_1=\int_{-4}^{0}\left(\frac{1}{2}x+2\right)\mathrm{d}x$;

在区间 [0,4] 上,$S_2=\int_{0}^{4}\left(\frac{1}{2}x+2-\sqrt{4x}\right)\mathrm{d}x$.

于是,所求面积为

$$S=\int_{-4}^{0}\left(\frac{1}{2}x+2\right)\mathrm{d}x+\int_{0}^{4}\left(\frac{1}{2}x+2-\sqrt{4x}\right)\mathrm{d}x=\frac{16}{3}$$

方法 2:取纵坐标 y 为积分变量,y 的变化区间为[0,4],如图 4.8.8 所示. 面积为

$$S=\int_{0}^{4}\left[\frac{y^2}{4}-(2y-4)\right]\mathrm{d}y=\left[\frac{y^3}{12}-y^2+4y\right]_{0}^{4}=\frac{16}{3}.$$

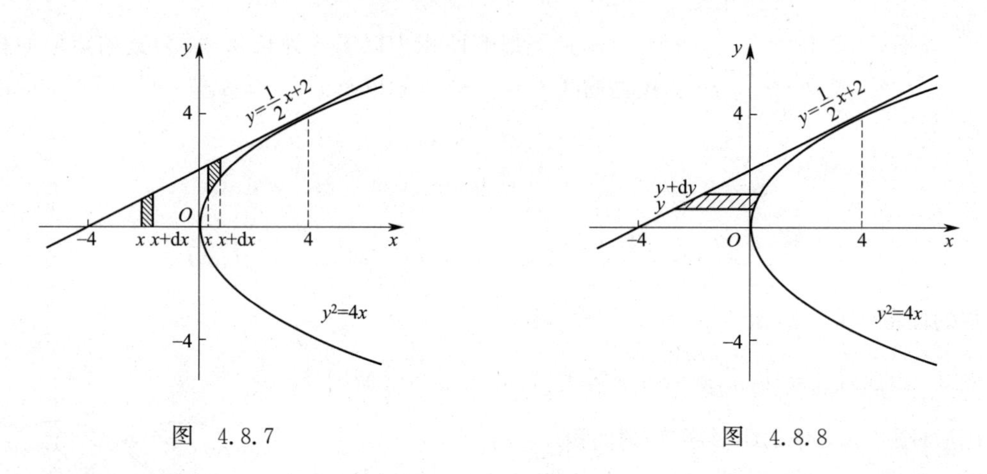

图 4.8.7　　　　图 4.8.8

2. 旋转体的体积

旋转体就是由一个平面图形绕这平面内的一条直线 l 旋转一周而成的空间立体,其中直线 l 称为该旋转体的旋转轴.

以下主要考虑以 x 轴和 y 轴为旋转轴的旋转体.

由连续曲线 $y=f(x)$,直线 $x=a$,$x=b(a<b)$及 x 轴围成的曲边梯形绕 x 轴旋转一周得到旋转体的体积. 如图 4.8.9 所示,旋转体体积记作 V_x.

(1)选取 x 为积分变量,积分区间为$[a,b]$;

(2)在$[a,b]$内任取一个小区间$[x,x+\mathrm{d}x]$,与之对应的部分立体的体积近似等于底面半径

为$|f(x)|$、高为 $\mathrm{d}x$ 的圆柱的体积. 于是微元为 $\mathrm{d}V=\pi[f(x)]^2\mathrm{d}x$;

(3)旋转体体积为 $V_x=\pi\int_a^b[f(x)]^2\mathrm{d}x$.

类似地,由连续曲线 $x=g(y)$,直线 $y=c$,$y=d(c<d)$ 及 y 轴围成的曲边梯形绕 y 轴旋转一周得到旋转体的体积(见图 4.8.10)为

$$V_y=\pi\int_c^d[g(y)]^2\mathrm{d}y .$$

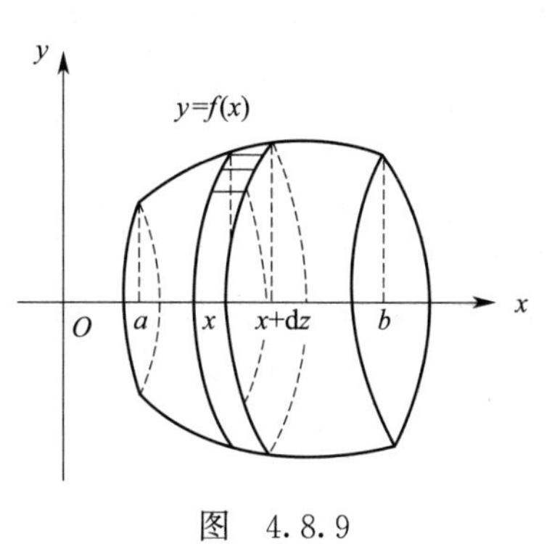

图 4.8.9

例 5 求底面半径为 r,高为 h 的圆锥体积.

解 如图 4.8.11 所示,以圆锥的旋转轴为 x 轴,顶点为原点,建立直角坐标系,则圆锥就是由直角三角形 OBA 绕 x 轴旋转一周所得的旋转体.

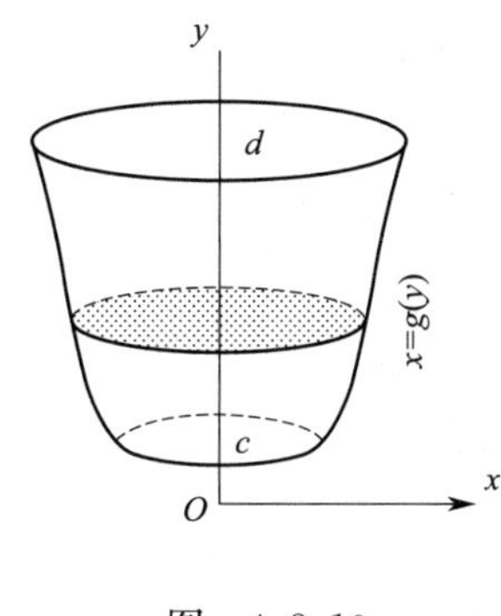

图 4.8.10

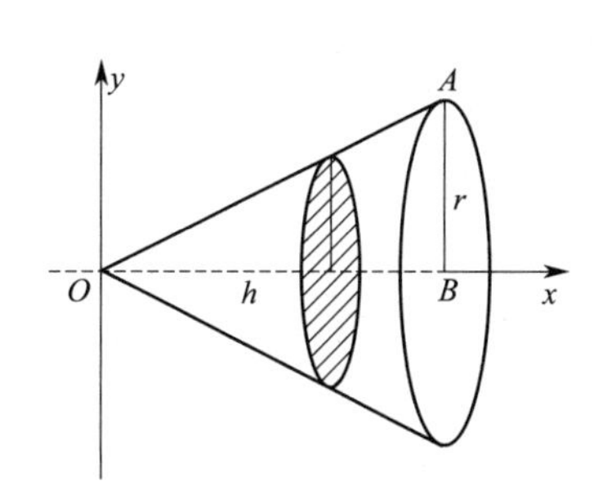

图 4.8.11

直线 OA 的方程为 $y=\frac{r}{h}x$;

圆锥的体积 $V=\pi\int_0^h\left(\frac{r}{h}x\right)^2\mathrm{d}x=\pi\left(\frac{r^2}{3h^2}x^3\right)\Big|_0^h=\frac{1}{3}\pi r^2h$.

例 6 (机器底座的体积)某人正在用计算机设计一台机器的底座,它在第一象限的图形由 $y=8-x^3$,$y=2$ 以及 x 轴,y 轴围成,底座为以此图形绕 y 轴旋转一周所构成,试求此底座的体积(见图 4.8.12).

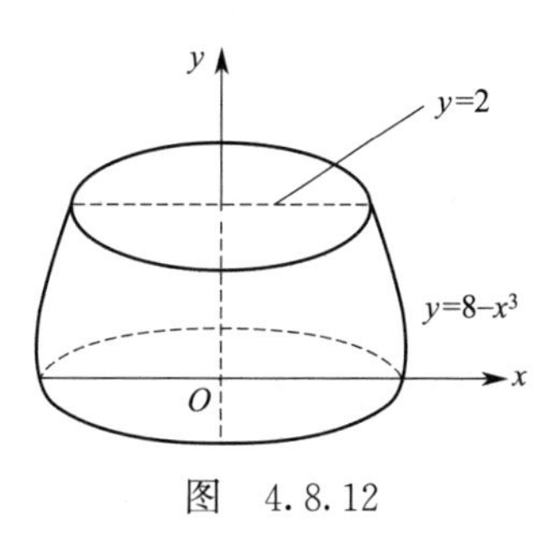

图 4.8.12

解 此体积实际为由曲线 $x=\sqrt[3]{8-y}$ 与直线 $y=2$、$y=0$ 以及 y 轴围成的曲边梯形绕 y 轴旋转一周所成的立体体积.

$$V=\pi\int_0^2(8-y)^{\frac{2}{3}}\mathrm{d}y=-\frac{3}{5}\pi(8-y)^{\frac{5}{3}}\Big|_0^2=\frac{3}{5}\pi(8^{\frac{5}{3}}-6^{\frac{5}{3}})\approx7.313\pi\approx22.975 .$$

4.8.3 定积分在物理中的应用

1. 流量问题

若流体通过管道某截面处的流速为 $v=v(t)$,求在时间段$[t_0,t_1](t_0<t_1)$内,通过该截面的

流量 Q. 这是一个典型的用微元法解决的问题. 在$[t_0,t_1]$内任取时间微段$[t,t+\mathrm{d}t]$,则对应的流量微元 $\mathrm{d}Q=v(t)\mathrm{d}t$,所以 $Q=\int_{t_0}^{t_1}v(t)\mathrm{d}t$.

例 7 已知通过导线某截面的交流电为 $I(t)=20\sin 50t$,求在一个周期内通过截面的电量 Q.

解 通过截面的电流,是通过截面的电量关于时间的变化率,即电量的"流速". 据题设交流电周期 $T=\frac{2\pi}{50}$,在一个周期内通过截面的电量 Q 为

$$Q=\int_0^{\frac{2\pi}{50}}20\sin 50t\,\mathrm{d}t=\frac{2}{5}(-\cos 50t)\Big|_0^{\frac{2\pi}{50}}=0.$$

读者可能会对最后的结果感到怀疑,其实这是因为流速实际上还有一个方向问题,交流电的电流方向是改变的,因此总流量确实是 0.

2. 由变化率求总改变量

我们已经看到:速度函数的定积分为走过的总路程,即若速度为 $v(t)$,位移为 $s(t)$,则 $v(t)=s'(t)$,并且有

$$s(b)-s(a)=\int_a^b s'(t)\mathrm{d}t=\int_a^b v(t)\mathrm{d}t .$$

将这一结果一般化,可得出:任一量的变化率的定积分为这一量的总变化量.

假设 $F'(x)$是某一量 $F(x)$相对于自变量 x 的变化率,则在$[x,x+\mathrm{d}x]$上,用微分与导数的关系有

$$\mathrm{d}F(x)=F'(x)\mathrm{d}x,$$

由微元法可以得到从 $x=a$ 到 $x=b$ 之间 $F(x)$的总变化为

$$F(b)-F(a)=\int_a^b F'(x)\mathrm{d}x .$$

例 8 (石油消耗)近年来,世界范围内每年的石油消耗率呈指数增长,增长指数大约为 0.07. 1970 年初,消耗率大约为 161 亿桶. 设 $R(t)$表示从 1970 年起第 t 年的石油消耗率,则 $R(t)=161\mathrm{e}^{0.07t}$(亿桶). 试用此式建立从 1970 年到 1990 年间石油消耗的总量表达式.

解 设 $T(t)$表示从 1970 年起($t=0$)到第 t 年的石油消耗总量. 从 1970 年到 1990 年间石油消耗的总量为 $T(20)$.

由于 $T(t)$是石油消耗的总量,所以 $T'(t)$就是石油消耗率 $R(t)$,即 $T'(t)=R(t)$,于是

$$T(20)-T(0)=\int_0^{20}T'(t)\mathrm{d}t=\int_0^{20}R(t)\mathrm{d}t=\int_0^{20}161\mathrm{e}^{0.07t}\mathrm{d}t$$

$$=\frac{161}{0.07}\mathrm{e}^{0.07t}\Big|_0^{20}=2\,300(\mathrm{e}^{0.07\times 20}-1)\approx 7\,027.$$

于是,从 1970 年到 1990 年间石油消耗的总量约为 7027(亿桶).

3. 平均值

设函数 $f(x)$ 在闭区间 $[a,b]$ 上连续，将 $[a,b]$ 分成 n 等份，设等分点依次为 $a=x_0,x_1,x_2,\cdots,x_n=b$，当 n 足够大，每个小区间的长 $\Delta x=\dfrac{b-a}{n}$ 就足够小，于是可用 $f(x_i)$ 近似代替小区间 $[x_{i-1},x_{i-1}+\Delta x]$ 上各点的函数值，$i=1,2,\cdots,n$. 于是，$f(x)$ 在区间 $[a,b]$ 的近似平均值为

$$\tilde{y}=\frac{f(x_1)+f(x_2)+\cdots+f(x_n)}{n}=\frac{1}{n}\sum_{i=1}^{n}f(x_i).$$

当 $\Delta x\to 0$ 时，$\tilde{y}$ 的极限就是 $f(x)$ 在 $[a,b]$ 上的平均值. 据此，以及定积分的定义，得

$$\bar{y}=\lim_{\Delta x\to 0}\frac{1}{n}\sum_{i=1}^{n}f(x_i)=\lim_{\Delta x\to 0}\frac{1}{b-a}\sum_{i=1}^{n}f(x_i)\Delta x=\frac{1}{b-a}\int_a^b f(x)\mathrm{d}x,$$

于是 $f(x)$ 在闭区间 $[a,b]$ 上的平均值

$$\bar{y}=\frac{1}{b-a}\int_a^b f(x)\mathrm{d}x.$$

例 9 设 (1) 交流电 $i=I_0\sin\omega t$；(2) 两个交流半周的整流电流 $i=I_0|\sin\omega t|$，求其在一个周期上的平均值 $\bar{I}$.

解 由(1)，i 的周期为 $T=\dfrac{2\pi}{\omega}$，于是

$$\bar{I}_0=\frac{1}{T}\int_0^T I_0\sin\omega t\,\mathrm{d}t=\frac{\omega I_0}{2\pi}\int_0^{\frac{2\pi}{\omega}}\sin\omega t\,\mathrm{d}t=\frac{I_0}{2\pi}\int_0^{2\pi}\sin u\,\mathrm{d}u=0;$$

由(2)，i 的周期为 $T=\dfrac{\pi}{\omega}$，于是 $\bar{I}=\dfrac{\omega}{\pi}\displaystyle\int_0^{\frac{\pi}{\omega}}I_0\sin\omega t\,\mathrm{d}t=\dfrac{2I_0}{\pi}$.

平均值 $\bar{I}$ 是直流电的强度，它等于一个周期内流过的交流电量.

习 题 4.8

1. 求下列平面图形的面积.

(1) 曲线 $y=\sin x$，$x\in[0,\pi]$ 与 x 轴所围图形；

(2) 曲线 $y=\sqrt{x}$，$y=x$ 围成的图形；

(3) 曲线 $y=\mathrm{e}^x$，$y=\mathrm{e}^{-x}$，$x=2$ 围成的图形；

(4) 曲线 $y=\ln x$，x 轴及二直线 $x=\dfrac{1}{2}$ 与 $x=2$ 围成的图形.

2. 求下列曲线所围成的图形绕指定轴旋转所得的旋转体的体积.

(1) $y=\sqrt{x}$，$x=1$，$x=4$，$y=0$，绕 x 轴；

(2) $y=1-x^2$，$y=0$，绕 x 轴.

3. 计算曲线 $x=2y^2$ 与直线 $2y=x-4$ 围成的平面图形的面积.

4. 一零售商收到一船共 10 000 kg 大米，这批大米以常每月 2 000 kg 运走，要用 5 个月时间. 如果存储费用是每月每公斤 0.01 元，5 个月之后这位零售商需支付存储费多少元？

5. 已知弹簧每拉长 0.01 m 要用 6 N 的力，求把弹簧拉长 0.1 m 所做的功.（见图 4.8.13）

6. 修建一座大桥的桥墩时先要下围囹，并抽尽其中的水以便施工，已知半径是 10 m 的圆柱形的上沿高出水面 2 m，河水深 18 m，（见图 4.8.14）求抽尽围囹的水所做的功.

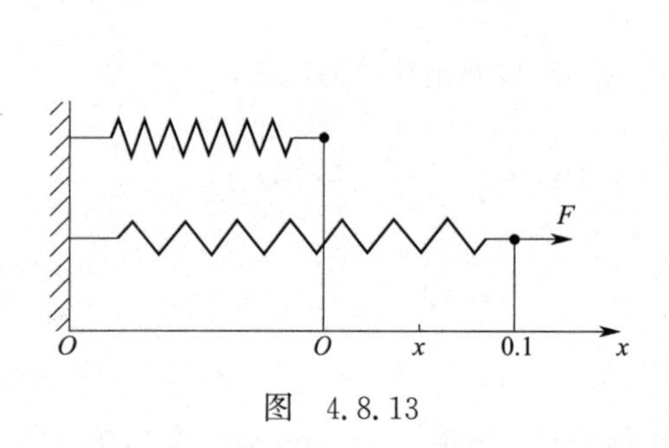

图 4.8.13

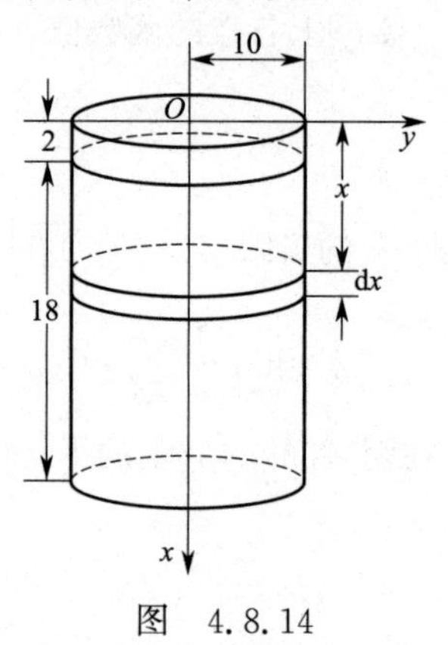

图 4.8.14

4.9 用 MATLAB 求积分

初等函数一定存在原函数，但通过前面的学习可以看出求函数的原函数，即求积分的运算却不容易. 随着计算机辅助分析在高等数学中的应用，可以直接利用 MATLAB 软件来求解不定积分、定积分、广义积分.

4.9.1 命令

MATLAB 中求解积分的命令如表 4.9.1 所示 .

表 4.9.1

命令	说 明
int(f)	求函数表达式 f 的不定积分
int(f,a,b)	求函数表达式 f 在区间[a,b]上的积分数值

注：在 int 命令中，a，b 分别表示积分的下限与上限，a，b 不仅可以是常数变量，也可以是其他数值表达式，题目下结论的时候记得加上常数 C.

4.9.2 实例

例 1 用 MATLAB 求不定积分.

(1) $\int \frac{1}{\sqrt{x^2+a^2}}\mathrm{d}x$； (2) $\int \frac{\sin x+\cos x}{\sqrt[3]{\sin x-\cos x}}\mathrm{d}x$.

解 (1)≫syms x a

≫f=int(1/sqrt(x^2+a^2))

f =

log(x+(x^2+a^2)^(1/2))

所以 $\int \frac{1}{\sqrt{x^2+a^2}}dx = \ln(x+\sqrt{x^2+a^2})+C$.

(2)≫syms x

≫f1=sin(x)+cos(x);f2=(sin(x)-cos(x))∧(1/3);

%　定义被积函数的分子 f_1、分母 f_2

≫f=f1/f2;　　　　　　　　% 定义被积函数 $f=f_1/f_2$

≫F=int(f)　　　　　　　　% 求 $f=\int \frac{\sin x+\cos x}{\sqrt[3]{\sin x-\cos x}}dx$ 的不定积分

F=3/2 * (sin(x)-cos(x))∧(2/3)

所以　$\int \frac{\sin x+\cos x}{\sqrt[3]{\sin x-\cos x}}d\,x = \frac{3}{2}\sqrt[3]{(\sin x-\cos x)^2}+C$.

例 2　用 MATLAB 求定积分 $\int_1^{e^2} \frac{1}{x\sqrt{1+\ln x}}dx$.

解　≫syms x

≫f=x * sqrt(1+log(x));　　　% 定义被积函数的分母 f=$x\sqrt{1+\ln x}$

≫f1=1/f;　　　　　　　　　% 定义被积函数 $f_1=\frac{1}{x\sqrt{1+\ln x}}$

≫F=int(f1,1,'exp(2)')　　　% 求定积分 $\int_1^{e^2} \frac{1}{x\sqrt{1+\ln x}}d\,x$

按 Enter 键

F =2 * 3∧(1/2)-2

所以 $\int_1^{e^2} \frac{1}{x\sqrt{1+\ln x}}dx = 2\sqrt{3}-2$.

注 意

'exp(2)'是定义一个符号常数.

例 2　在 MATLAB 中求定积分 $\int_{-\frac{\pi}{2}}^{\frac{\pi}{2}} \sqrt{\cos x-\cos^3 x}\,dx$.

解　≫syms x

≫f=sqrt(cos(x)-(cos(x))^(3));

≫F=int(f,-pi/2,pi/2)

按 Enter 键

F =2/3

所以 $\int_{-\frac{\pi}{2}}^{\frac{\pi}{2}} \sqrt{\cos x-\cos^3 x}\,dx = \frac{2}{3}$.

例 3　在 MATLAB 中求广义积分 $\int_{-\infty}^{+\infty} \frac{dx}{x^2+2x+2}$.

解

```
≫syms x;
≫f=1/(x^2+2*x+2);
≫F=int(f,x,-inf,inf)
```

按 Enter 键

```
F=pi
```

所以 $\int_{-\infty}^{+\infty}\frac{\mathrm{d}x}{x^2+2x+2}=\pi$.

思考:MATLAB 求不定积分、定积分、无穷积分的方法有何异同?

习　题　4.9

用 MATLAB 命令求下列积分.

(1) $\int\sqrt{x^2+x^3}\,\mathrm{d}x$;　　(2) $\int \mathrm{e}^{2x}\sin x\,\mathrm{d}x$;　　(3) $\int\frac{1}{x\sqrt{x-2}}\mathrm{d}x$;

(4) $\int_1^2|2-x|\,\mathrm{d}x$;　　(5) $\int_{-\infty}^{+\infty}\frac{2}{1+x^2}\mathrm{d}x$;　　(6) $\int_{-\frac{\pi}{2}}^{\frac{\pi}{2}}\sqrt{1-\cos^2 x}\,\mathrm{d}x$.

本章重点知识与方法归纳

名称		主要内容
不定积分	定义	原函数 设 $f(x)$,$x\in I$,若存在函数 $F(x)$,使得对任意 $x\in I$ 均有 $F'(x)=f(x)$ 或 $\mathrm{d}F(x)=f(x)\mathrm{d}x$,则称 $F(x)$为 $f(x)$的一个原函数
		不定积分 $f(x)$的全部原函数称为 $f(x)$在区间 I 上的不定积分,记为 $\int f(x)\mathrm{d}x=F(x)+C.$ 注 1:(1)若 $f(x)$连续,则必可积;(2)若 $F(x)$,$G(x)$均为 $f(x)$的原函数,则 $F(x)=G(x)+C$. 故不定积分的表达式不唯一. 注 2:不定积分是微分的逆运算,计算结果是一族函数.
	性质	性质 1:$\frac{\mathrm{d}}{\mathrm{d}x}[\int f(x)\mathrm{d}x]=f(x)$或 $\mathrm{d}[\int f(x)\mathrm{d}x]=f(x)\mathrm{d}x$; 性质 2:$\int F'(x)\mathrm{d}x=F(x)+C$ 或 $\int\mathrm{d}F(x)=F(x)+C$; 性质 3:$\int[\alpha f(x)\pm\beta g(x)\mathrm{d}x=\alpha\int f(x)\mathrm{d}x\pm\beta\int g(x)\mathrm{d}x$,α,β 为非零常数
	计算方法	直接积分法:直接利用基本积分公式和性质求积分
		第一换元积分法(凑微分法): 设 $f(u)$的 原函数为 $F(u)$,$u=\varphi(x)$可导,则有换元公式: $\int f(\varphi(x))\varphi'(x)\mathrm{d}x=\int f(\varphi(x))\mathrm{d}\varphi(x)=F(\varphi(x))+C$
		分部积分法: $\int u(x)v'(x)\mathrm{d}x=\int u(x)\mathrm{d}v(x)=u(x)v(x)-\int v(x)\mathrm{d}u(x)$

续表

名称	主要内容	
定积分	定义	$\int_a^b f(x)\mathrm{d}x=\lim\limits_{\lambda\to 0}\sum\limits_{i=1}^{n}f(\xi_i)\Delta x_i$ 特定和式的极限，其计算结果是一个确定的常数
	几何意义	1. 当$[a,b]$上的函数 $f(x)\geqslant 0$ 时，定积分 $\int_a^b f(x)\mathrm{d}x$ 表示：由 $y=f(x),x=a,x=b$ 和 x 轴所围成的曲边梯形的面积． 2. 当$[a,b]$上的函数 $f(x)\leqslant 0$ 时，定积分 $\int_a^b f(x)\mathrm{d}x$ 表示由 $y=f(x),x=a,x=b$ 和 x 轴所围成的曲边梯形面积的相反数． 3. 当$[a,b]$上的函数 $f(x)$有正有负时，定积分 $\int_a^b f(x)\mathrm{d}x$ 的几何意义表示由 $y=f(x),x=a,x=b$ 和 x 轴所围成的 x 轴上方图形的面积减去 x 轴下方图形的面积
	性质	1. $\int_a^b[f(x)\pm g(x)]\mathrm{d}x=\int_a^b f(x)\mathrm{d}x\pm\int_a^b g(x)\mathrm{d}x$． 2. $\int_a^b kf(x)\mathrm{d}x=k\int_a^b f(x)\mathrm{d}x$ (k 为常数)． 3. $\int_a^b f(x)\mathrm{d}x=\int_a^c f(x)\mathrm{d}x+\int_c^b f(x)\mathrm{d}x$． 4. $\int_a^b f(x)\mathrm{d}x=-\int_b^a f(x)\mathrm{d}x$． 5. $\int_a^a f(x)\mathrm{d}x=0$． 6. 如果在区间$[a,b]$上，$f(x)\geqslant g(x)$，那么 $\int_a^b f(x)\mathrm{d}x\geqslant\int_a^b g(x)\mathrm{d}x$；$a<b$． 7. 若 $f(x)$ 在 $[-a,a]$ 上连续且为偶函数时，则有 $\int_{-a}^a f(x)\mathrm{d}x=2\int_0^a f(x)\mathrm{d}x$； 若 $f(x)$ 在 $[-a,a]$ 上连续且为奇函数时，则有 $\int_{-a}^a f(x)\mathrm{d}x=0$
	计算	牛顿-莱布尼茨公式：$\int_a^b f(x)\mathrm{d}x=F(b)-F(a)$
		换元积分法：$\int_a^b f(x)\mathrm{d}x=\int_\alpha^\beta f[\varphi(t)]\varphi'(t)\mathrm{d}t$ 注 1：换元必换限；不换元就不换限． 注 2：与不定积分换元积分法的区别是无须还原回原来的变量，只需代值
		分部积分法：$\int_a^b u\mathrm{d}v=(uv)\Big\vert_a^b-\int_a^b v\mathrm{d}u$

续表

<table>
<tr><th>名称</th><th colspan="2">主要内容</th></tr>
<tr><td rowspan="3">不定积分与定积分的异同，联系</td><td>不同</td><td>1. 表达式不同.
2. 定义不同.
3. 结果不同.
不定积分 $\int f(x)dx$ 表示 $F(x)$ 的一族函数；
定积分 $\int_a^b f(x)\mathrm{d}x$ 表示 $F(x)$ 在 a,b 两点上的函数值之差.
4. 利用换元法解不定积分时，最后一定要还原变量；利用换元法解定积分时，最后不用还原变量. 但做题过程中上、下限一定要作相应的改变</td></tr>
<tr><td>相同</td><td>1. 运算法则相同.
2. 积分公式相同(除是否有上、下限外).
3. 计算方法相同</td></tr>
<tr><td>联系</td><td>牛顿-莱布尼茨公式将两者紧密联系在一起</td></tr>
<tr><td>定积分的应用</td><td>微元法</td><td>微元法解题步骤：
(1)确定积分变量，并求出相应的积分区间 $[a,b]$；
(2)以直代曲、以匀代变，以不变代变并在小区间上找出所求量 F 的微元 $\mathrm{d}F$；
(3)写出所求量 F 的积分表达式 $F=\int_a^b \mathrm{d}F$，然后计算它的值</td></tr>
<tr><td>用MATLAB求积分</td><td>软件命令</td><td>1. int(f)：求函数表达式 f 的不定积分
2. int(f,a,b)：求函数表达式 f 在区间[a,b]上的积分数值</td></tr>
</table>

第5章 线性代数初步

在生产实践和科学研究中有许多问题的数学模型可归结为线性方程组.而行列式和矩阵正是在对线性方程组的研究中建立起来的,并成为研究线性方程组的重要工具.当然,行列式、矩阵除用于解线性方程组外,还有广泛的应用.本章主要介绍行列式、矩阵的概念及运算,利用行列式和矩阵求解线性方程组.

5.1 行　列　式

【课前导学】

1. 掌握行列式的对角线法则

二阶行列式:$\begin{vmatrix} a_{11} & a_{12} \\ a_{21} & a_{22} \end{vmatrix}=$________.

三阶行列式:$\begin{vmatrix} a_{11} & a_{12} & a_{13} \\ a_{21} & a_{22} & a_{23} \\ a_{31} & a_{32} & a_{33} \end{vmatrix}=$________$+a_{12}a_{23}a_{31}+a_{13}a_{21}a_{32}$

________$-a_{12}a_{21}a_{33}-a_{11}a_{23}a_{32}$

2. 掌握余子式和代数余子式定义并会求元素 a_{ij} 的余子式和代数余子式

(1)在 n 阶行列式中,把元素 a_{ij} 所在的第 i 行和第 j 列划去后,留下来的 $n-1$ 阶行列式称为元素 a_{ij} 的________,记作________.

(2)$A_{ij}=(-1)^{i+j}M_{ij}$ 称为 a_{ij} 的________.

3. 了解行列式展开定理

n 阶行列式 D 等于它的任意一行(列)的每个元素与其对应的代数余子式的乘积之和.

4. 了解三角行列式

上(下)三角形行列式的值等于________.

5.1.1 二阶行列式

定义1 把算式 $a_{11}a_{22}-a_{12}a_{21}$ 记为 $\begin{vmatrix} a_{11} & a_{12} \\ a_{21} & a_{22} \end{vmatrix}$,称为**二阶行列式**(横为行,纵为列),一般可

用字母 D 表示,即 $D=\begin{vmatrix} a_{11} & a_{12} \\ a_{21} & a_{22} \end{vmatrix}=a_{11}a_{22}-a_{12}a_{21}$.

其中,$a_{11},a_{22},a_{12},a_{21}$ 称为这个行列式的**元素**.显然,二阶行列式有 2 行 2 列共 2×2 个元素.元素 a_{ij} 的下标 i 表示元素所在位置为第 i 行,j 表示第 j 列.

其中,左上角至右下角的对角线称为**主对角线**,右上角至左下角的对角线称为**副对角线**.因此,二阶行列式的计算为主对角线上两个数的乘积与副对角线上两个数的乘积之差.例如,$D=\begin{vmatrix} 5 & -1 \\ 3 & 2 \end{vmatrix}=5\times2-(-1)\times3=13$.

含有两个未知数 x_1,x_2 的二元线性方程组 $\begin{cases} a_{11}x_1+a_{12}x_2=b_1 \\ a_{21}x_1+a_{22}x_2=b_2 \end{cases}$,其中 $a_{ij}(i=1,2;j=1,2)$ 是未知数 x_1,x_2 的**系数**,$b_i(i=1,2)$ 是**常数项**.

用初等数学中的加减消元法,当 $a_{11}a_{22}-a_{12}a_{21}\neq0$ 时解得

$$x_1=\frac{b_1a_{22}-b_2a_{12}}{a_{11}a_{22}-a_{12}a_{21}},\quad x_2=\frac{a_{11}b_2-a_{21}b_1}{a_{11}a_{22}-a_{12}a_{21}}.$$

分析以上两个式子的结构,发现规律:x_1,x_2 的分子、分母都是两对数的乘积之差,分母都是 $a_{11}a_{22}-a_{12}a_{21}$,由方程的系数确定.假如将方程的系数提出,且保持原有相对位置不变,排成二行二列 $\begin{matrix} a_{11} & a_{12} \\ a_{21} & a_{22} \end{matrix}$,那么 $a_{11}a_{22}-a_{12}a_{21}$ 可用行列式 $\begin{vmatrix} a_{11} & a_{12} \\ a_{21} & a_{22} \end{vmatrix}$ 表示.

所以,利用二阶行列式的概念,二元线性方程组的解可表示为

$$x_1=\frac{\begin{vmatrix} b_1 & a_{12} \\ b_2 & a_{22} \end{vmatrix}}{\begin{vmatrix} a_{11} & a_{12} \\ a_{21} & a_{22} \end{vmatrix}},\quad x_2=\frac{\begin{vmatrix} a_{11} & b_1 \\ a_{21} & b_2 \end{vmatrix}}{\begin{vmatrix} a_{11} & a_{12} \\ a_{21} & a_{22} \end{vmatrix}}.$$

如果设 $D=\begin{vmatrix} a_{11} & a_{12} \\ a_{21} & a_{22} \end{vmatrix}$(称为系数行列式),$D_1=\begin{vmatrix} b_1 & a_{12} \\ b_2 & a_{22} \end{vmatrix}$(系数行列式的第一列换成方程组等号右侧常数 b_1,b_2),$D_2=\begin{vmatrix} a_{11} & b_1 \\ a_{21} & b_2 \end{vmatrix}$(系数行列式的第二列换成方程组等号右侧常数 b_1,b_2),则求解公式变为:$x_1=\dfrac{D_1}{D}$,$x_2=\dfrac{D_2}{D}$,更为简单易记.

例 1 用行列式求解二元线性方程组 $\begin{cases} 3x_1+2x_2=3 \\ x_1+3x_2=4 \end{cases}$.

解 $D=\begin{vmatrix} 3 & 2 \\ 1 & 3 \end{vmatrix}=9-2=7\neq0$;

$D_1=\begin{vmatrix} 3 & 2 \\ 4 & 3 \end{vmatrix}=9-8=1$;

$D_2=\begin{vmatrix} 3 & 3 \\ 1 & 4 \end{vmatrix}=12-3=9$,

从而 $x_1=\frac{D_1}{D}=\frac{1}{7}$，$x_2=\frac{D_2}{D}=\frac{9}{7}$.

5.1.2　三阶行列式

类似地，为方便表示三元一次方程组

$$\begin{cases}a_{11}x_1+a_{12}x_2+a_{13}x_3=b_1\\a_{21}x_1+a_{22}x_2+a_{23}x_3=b_2\\a_{31}x_1+a_{32}x_2+a_{33}x_3=b_3\end{cases}$$

的解，可引入三阶行列式.

定义 2　把算式 $a_{11}a_{22}a_{33}+a_{12}a_{23}a_{31}+a_{13}a_{21}a_{32}-a_{13}a_{22}a_{31}-a_{12}a_{21}a_{33}-a_{11}a_{23}a_{32}$ 记为 $\begin{vmatrix}a_{11}&a_{12}&a_{13}\\a_{21}&a_{22}&a_{23}\\a_{31}&a_{32}&a_{33}\end{vmatrix}$，称为**三阶行列式**，即

$$\begin{vmatrix}a_{11}&a_{12}&a_{13}\\a_{21}&a_{22}&a_{23}\\a_{31}&a_{32}&a_{33}\end{vmatrix}=a_{11}a_{22}a_{33}+a_{12}a_{23}a_{31}+a_{13}a_{21}a_{32}-a_{13}a_{22}a_{31}-a_{12}a_{21}a_{33}-a_{11}a_{23}a_{32}.$$

该等式右侧称为行列式的展开式，三阶行列式中有 3 行 3 列共 3×3 个元素，它的展开式为 6（=3!）项的代数和，其中正、负项各半，每一项都是取不同行不同列的三个元素的乘积. 可以利用图 5.1.1 记忆，称为**三阶行列式的对角线法则**.

实线串连的三个元素相乘取正号，共 3 项，虚线串连的三个元素相乘取负号，也有 3 项.

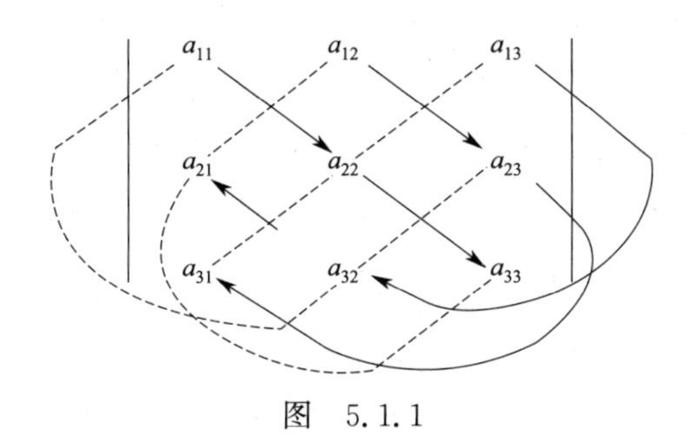

图　5.1.1

例 2　求行列式 $D=\begin{vmatrix}1&2&0\\-2&2&1\\3&4&-2\end{vmatrix}$ 的值.

解　原式 $=-4+6+0-0-4-8=-10$.

5.1.3　*n* 阶行列式

将二阶、三阶行列式定义的思想推广到 n 阶行列式，给出 n 阶行列式的定义.

定义 3　将 $n\times n$ 个数 $a_{ij}(i,j=1,2,\cdots,n)$ 排成 n 行 n 列，并在左、右各加一条竖线的算式

$$\begin{vmatrix} a_{11} & a_{12} & \cdots & a_{1n} \\ a_{21} & a_{22} & \cdots & a_{2n} \\ \vdots & \vdots & & \vdots \\ a_{n1} & a_{n2} & \cdots & a_{nn} \end{vmatrix}$$

称为 n **阶行列式**,记作 D_n.

当 $n=1$ 时,称为一阶行列式,规定 $|a_{11}|=a_{11}$.

为给出 n 阶行列式的展开式,先分析二阶与三阶行列式的关系．将三阶行列式的展开式作如下变形:

$$\begin{vmatrix} a_{11} & a_{12} & a_{13} \\ a_{21} & a_{22} & a_{23} \\ a_{31} & a_{32} & a_{33} \end{vmatrix}=a_{11}a_{22}a_{33}+a_{12}a_{23}a_{31}+a_{13}a_{21}a_{32}-a_{13}a_{22}a_{31}-a_{12}a_{21}a_{33}-a_{11}a_{23}a_{32}$$

$$=a_{11}(a_{22}a_{33}-a_{23}a_{32})-a_{12}(a_{21}a_{33}-a_{23}a_{31})+a_{13}(a_{21}a_{32}-a_{22}a_{31})$$

$$=a_{11}\begin{vmatrix} a_{22} & a_{23} \\ a_{32} & a_{33} \end{vmatrix}-a_{12}\begin{vmatrix} a_{21} & a_{23} \\ a_{31} & a_{33} \end{vmatrix}+a_{13}\begin{vmatrix} a_{21} & a_{22} \\ a_{31} & a_{32} \end{vmatrix}$$

$$=(-1)^{1+1}a_{11}\begin{vmatrix} a_{22} & a_{23} \\ a_{32} & a_{33} \end{vmatrix}+(-1)^{1+2}a_{12}\begin{vmatrix} a_{21} & a_{23} \\ a_{31} & a_{33} \end{vmatrix}+(-1)^{1+3}a_{13}\begin{vmatrix} a_{21} & a_{22} \\ a_{31} & a_{32} \end{vmatrix},$$

其中 $\begin{vmatrix} a_{22} & a_{23} \\ a_{32} & a_{33} \end{vmatrix}$ 是在 $\begin{vmatrix} a_{11} & a_{12} & a_{13} \\ a_{21} & a_{22} & a_{23} \\ a_{31} & a_{32} & a_{33} \end{vmatrix}$ 中划去 a_{11} 所在的第一行与第一列后剩下的元素按原来的次序组成的二阶行列式,称为 a_{11} 的**余子式**,记作:M_{11}

类似地,$\begin{vmatrix} a_{21} & a_{23} \\ a_{31} & a_{33} \end{vmatrix}$ 是 a_{12} 的余子式,记作 M_{12};$\begin{vmatrix} a_{21} & a_{22} \\ a_{31} & a_{32} \end{vmatrix}$ 是 a_{13} 的余子式,记作 M_{13}.

定义 4 在 n 阶行列式中,划去元素 a_{ij} 所在的第 i 行和第 j 列后,余下的元素按原来的位置构成一个 n-1 阶行列式,称为元素 a_{ij} 的**余子式**,记作 M_{ij},而 M_{ij} 前面添上符号 $(-1)^{i+j}$ 称为元素 a_{ij} 的**代数余子式**,记作 A_{ij},即 $A_{ij}=(-1)^{i+j}M_{ij}$.

例如,行列式 $D=\begin{vmatrix} 0 & 1 & 2 & -1 \\ 5 & 1 & 4 & 3 \\ 1 & -1 & 0 & 1 \\ 1 & 0 & 0 & 0 \end{vmatrix}$ 中 a_{23} 的余子式是 $M_{23}=\begin{vmatrix} 0 & 1 & -1 \\ 1 & -1 & 1 \\ 1 & 0 & 0 \end{vmatrix}$,而 a_{23} 的代数余子式是 $A_{23}=(-1)^{2+3}M_{23}=-\begin{vmatrix} 0 & 1 & -1 \\ 1 & -1 & 1 \\ 1 & 0 & 0 \end{vmatrix}$.

定理 1 n 阶行列式 D 等于它的任意一行(列)的各个元素与其对应的代数余子式的乘积之和,即

$$D=a_{i1}A_{i1}+a_{i2}A_{i2}+\cdots+a_{in}A_{in}\quad (i=1,2,\cdots,n)(\text{按第 } i \text{ 行展开});$$

或 $$D=a_{1j}A_{1j}+a_{2j}A_{2j}+\cdots+a_{nj}A_{nj}\quad (j=1,2,\cdots,n)(\text{按第 } j \text{ 列展开}).$$

推论 1 n 阶行列式 D 中某一行(列)的各元素与另一行(列)对应元素的代数余子式的乘积

之和等于零,即$a_{i1}A_{s1}+a_{i2}A_{s2}+\cdots+a_{in}A_{sn}=0 \quad (i\neq s)$;

或 $a_{1j}A_{1t}+a_{2j}A_{2t}+\cdots+a_{nj}A_{nt}=0 \quad (j\neq t)$.

例 3 设$D=\begin{vmatrix} 1 & 2 & 3 \\ 4 & 0 & 5 \\ -1 & 0 & 6 \end{vmatrix}$.

(1)按第一行展开 D;

(2)按第二列展开 D.

解 (1)$D=1\begin{vmatrix} 0 & 5 \\ 0 & 6 \end{vmatrix}-2\begin{vmatrix} 4 & 5 \\ -1 & 6 \end{vmatrix}+3\begin{vmatrix} 4 & 0 \\ -1 & 0 \end{vmatrix}=-2\times 29=-58$;

(2)$D=-2\begin{vmatrix} 4 & 5 \\ -1 & 6 \end{vmatrix}+0\begin{vmatrix} 1 & 3 \\ -1 & 6 \end{vmatrix}-0\begin{vmatrix} 1 & 3 \\ 4 & 5 \end{vmatrix}=-2\times 29=-58$.

思考:使用降阶法计算行列式的值时,行列的选择要注意什么?

例 4 计算 $D=\begin{vmatrix} 2 & 0 & 0 & 0 \\ 3 & 5 & 0 & 0 \\ 0 & -1 & 6 & 0 \\ 2 & 0 & 5 & 1 \end{vmatrix}$.

解 $D=2(-1)^{1+1}\begin{vmatrix} 5 & 0 & 0 \\ -1 & 6 & 0 \\ 0 & 5 & 1 \end{vmatrix}=2\times 5(-1)^{1+1}\begin{vmatrix} 6 & 0 \\ 5 & 1 \end{vmatrix}=2\times 5\times 6\times 1=60$.

对角线两侧有一边的元素全为0,该行列式称为三角形式.主对角线右上角元素全为零的行列式称为**下三角行列式**(如例4),主对角线左下角全为零的行列式称为**上三角行列式**.

推论 2 三角行列式的值等于主对角线上的元素的乘积,即

$$\begin{vmatrix} a_{11} & 0 & \cdots & 0 \\ a_{21} & a_{22} & \cdots & 0 \\ \vdots & \vdots & & \vdots \\ a_{n1} & a_{n2} & \cdots & a_{nn} \end{vmatrix}=a_{11}a_{22}\cdots a_{nn},\quad \begin{vmatrix} a_{11} & a_{12} & \cdots & a_{1n} \\ 0 & a_{22} & \cdots & a_{2n} \\ \vdots & \vdots & & \cdots \\ 0 & 0 & \cdots & a_{nn} \end{vmatrix}=a_{11}a_{22}\cdots a_{nn}.$$

习 题 5.1

1. 计算下列行列式.

(1) $\begin{vmatrix} \sqrt{x} & 1 \\ 1 & \sqrt{x} \end{vmatrix}$; (2) $\begin{vmatrix} \sin x & -\cos x \\ \cos x & \sin x \end{vmatrix}$;

(3) $\begin{vmatrix} 1 & 2 & 3 \\ 3 & 1 & 1 \\ 2 & 1 & 1 \end{vmatrix}$; (4) $\begin{vmatrix} 1 & 2 & -4 \\ -2 & 2 & 1 \\ -3 & 4 & -2 \end{vmatrix}$;

(5) $\begin{vmatrix} 1 & 0 & 0 \\ 1 & 2 & 0 \\ 1 & 2 & 3 \end{vmatrix}$；　　(6) $\begin{vmatrix} 2 & 1 & 3 & 2 \\ 0 & 6 & 7 & 1 \\ 0 & 0 & -3 & 5 \\ 0 & 0 & 0 & 1 \end{vmatrix}$.

2. 选择题.

(1) $\begin{vmatrix} 0 & 1 & 0 \\ 1 & 1+a & 1 \\ 1 & 1 & 1-a \end{vmatrix}=(\quad)$.

A. $1+a$　　B. a　　C. $a+1$　　D. $(1+a)(1-a)$

(2)已知四阶行列式 D 中第一列元素依次为-1,2,0,1,它们的余子式依次分别为 5,3,-7,4,则 $D=(\quad)$.

A. -5　　B. 5　　C. 0　　D. -15

3. 设 $D=\begin{vmatrix} 1 & 2 & 3 \\ a & 0 & -4 \\ 5 & a & 0 \end{vmatrix}$,求元素-4 的余子式 M_{23},元素 2 的代数余子式 A_{12}.

4. 设 $D=\begin{vmatrix} 1 & 0 & 2 & 1 \\ 2 & 0 & 1 & 0 \\ 3 & 1 & 4 & 5 \\ 1 & 0 & 0 & 0 \end{vmatrix}$.

(1)按第二行展开,即 $a_{21}A_{21}+a_{22}A_{22}+a_{23}A_{23}+a_{24}A_{24}$；

(2)按第三行展开,即 $a_{31}A_{31}+a_{32}A_{32}+a_{33}A_{33}+a_{34}A_{34}$；

(3)按第四行展开,并求出行列式的值.

5. 设 $\begin{vmatrix} 1 & a & -2 \\ 8 & 3 & 5 \\ -1 & 4 & 6 \end{vmatrix}$ 的代数余子式 $A_{21}=4$,求 a.

【知识拓展】 中国现代数学之父华罗庚

华罗庚(1910—1985),国际数学大师,中国科学院院士,是中国解析数论、矩阵几何学、典型群、自守函数论等多方面研究的创始人和开拓者,“中国解析数论学派”创始人. 他为中国数学的发展做出了无与伦比的贡献. 被誉为“中国现代数学之父”,被列为芝加哥科学技术博物馆中当今世界 88 位数学伟人之一. 美国著名数学家贝特曼著文称:“华罗庚是中国的爱因斯坦,足够成为全世界所有著名科学院的院士.”

华罗庚于 1910 年生于江苏省金坛县. 1925 年,初中毕业后就因家境贫困无法继续升学. 1928 年,18 岁的华罗庚在他的数学老师王维克的推荐下,到金坛中学担任庶务员. 然而不幸的是,他在这年患了伤寒症,卧床达五个月之久,从此左腿瘫痪,但他并不悲观、气馁,而是顽强地发奋自学．1930 年，当时担任清华大学数学系主任的熊庆来看到了华罗庚在《科学》杂志上发表的论文，惊奇不已：一个初中毕业的人，能写出这样高深的数学论文，必是奇才．他当即做出决定，将华罗庚请到清华大学来．当时华罗庚年仅 20 岁，就是这篇论文，完全改变了华罗庚以后的生活道路．起初，他在数学系当助理员，经管收发信函兼打字，并保管图书资料．他一边工作，一边自学．熊庆来还让他经常跟学生一道去教室听课．勤奋好学的华罗庚只用了一年时间，就把大学数学系的全部课程学完了，学问大有长进．第二年，他的论文开始在国外著名的数学杂志陆续发表．清华大学破了先例，决定把只有初中学历的华罗庚提升为助教，继而升为讲师．

后来，熊庆来又选送他去英国剑桥大学深造．1938 年，华罗庚回国，任西南联大教授，年仅 28 岁．华罗庚后来成为世界著名的数学家，在数论、矩阵几何学、典型群、自守函数论、多个复变数函数论、偏微分方程等很多领域都做出了卓越的贡献．他著有论文二百余篇、专著十本，成为美国科学院国外院士，法国南锡大学与中国香港中文大学荣誉博士．

华罗庚先生作为当代自学成长的科学巨匠和誉满中外的著名数学家，一生致力于数学研究和发展，并以科学家的博大胸怀提携后进和培养人才，以高度的历史责任感投身科普和应用数学推广，为数学科学事业的发展做出了卓越贡献，为祖国现代化建设付出了毕生精力．

他曾说："学习和研究好比爬梯子，要一步一步地往上爬，企图一脚跨上四五步，平地登天，那就必须会摔跤了．"其实什么事情都是这样的，没有事情是可以一步登天．我们需要脚踏实地、一步一个脚印地走，只有这样才能够越来越好．

5.2　行列式的转置和性质

【课前导学】

1. 掌握行列式的性质及推论

(1)行列式 D 与它的转置行列式 D^{T} 的值________.

(2)交换行列式的两行(列)，行列式________.

(3)用数 k 乘行列式的________，等于用数 k 乘此行列式.

(4)把行列式的某一行 (列)的所有元素乘以数 k 加到另一行(列)的相应元素上，行列式的值________.

2. 掌握行列式值为 0 的情况

(1)行列式有两行(列)的对应元素________；

(2)行列式某一行(列)所有元素为________；

(3)行列式中有两行(列)的对应元素________.

5.2.1　行列式的转置

将行列式 D 的行、列互换后得到的行列式称为 D 的**转置行列式**，记作 D^{T}，即若

$$D=\begin{vmatrix} a_{11} & a_{12} & \cdots & a_{1n} \\ a_{21} & a_{22} & \cdots & a_{2n} \\ \vdots & \vdots & & \vdots \\ a_{n1} & a_{n2} & \cdots & a_{nn} \end{vmatrix},\quad 则\ D^{\mathrm{T}}=\begin{vmatrix} a_{11} & a_{21} & \cdots & a_{n1} \\ a_{12} & a_{22} & \cdots & a_{n2} \\ \vdots & \vdots & & \vdots \\ a_{1n} & a_{2n} & \cdots & a_{nn} \end{vmatrix}.$$

反之,行列式 D 也是行列式 D^{T} 的转置行列式,即行列式 D 与行列式 D^{T} 互为转置行列式. 如:

$$D=\begin{vmatrix} 1 & 2 & 3 \\ 4 & 5 & 6 \\ 7 & 8 & 9 \end{vmatrix},\quad D^{\mathrm{T}}=\begin{vmatrix} 1 & 4 & 7 \\ 2 & 5 & 8 \\ 3 & 6 & 9 \end{vmatrix}.$$

5.2.2 行列式的性质

性质 1 行列式 D 与它的转置行列式 D^{T} 的值相等.

例如,$\begin{vmatrix} 4 & -1 \\ 5 & 2 \end{vmatrix}=\begin{vmatrix} 4 & 5 \\ -1 & 2 \end{vmatrix}=13$.

这一性质表明,行列式中的行、列的地位是对称的,即对于“行”成立的性质,对“列”也同样成立,反之亦然.

性质 2 交换行列式的两行(列),行列式变号.

例如,$\begin{vmatrix} 4 & 1 \\ 3 & 6 \end{vmatrix}=21$,$\begin{vmatrix} 3 & 6 \\ 4 & 1 \end{vmatrix}=-21$.

推论 1 若行列式有两行(列)的对应元素相同,则此行列式的值等于零.

性质 3 行列式某一行(列)所有元素的公因子可以提到行列式符号的外面. 即

$$\begin{vmatrix} a_{11} & a_{12} & \cdots & a_{1n} \\ \vdots & \vdots & & \vdots \\ ka_{i1} & ka_{i2} & \cdots & ka_{in} \\ \vdots & \vdots & & \vdots \\ a_{n1} & a_{n2} & \cdots & a_{nn} \end{vmatrix}=k\begin{vmatrix} a_{11} & a_{12} & \cdots & a_{1n} \\ \vdots & \vdots & & \vdots \\ a_{i1} & a_{i2} & \cdots & a_{in} \\ \vdots & \vdots & & \vdots \\ a_{n1} & a_{n2} & \cdots & a_{nn} \end{vmatrix}$$

例如,$\begin{vmatrix} 2 & 4 \\ 3 & -3 \end{vmatrix}=2\begin{vmatrix} 1 & 2 \\ 3 & -3 \end{vmatrix}=2\times(-3-6)=-18$.

例 1 设 $\begin{vmatrix} a_{11} & a_{12} & a_{13} \\ a_{21} & a_{22} & a_{23} \\ a_{31} & a_{32} & a_{33} \end{vmatrix}=6$,求 $\begin{vmatrix} -2a_{11} & -2a_{12} & -2a_{13} \\ -2a_{31} & -2a_{32} & -2a_{33} \\ -2a_{21} & -2a_{22} & -2a_{23} \end{vmatrix}$.

解 由性质 3 得

$$\begin{vmatrix} -2a_{11} & -2a_{12} & -2a_{13} \\ -2a_{31} & -2a_{32} & -2a_{33} \\ -2a_{21} & -2a_{22} & -2a_{23} \end{vmatrix}=(-2)\times(-2)\times(-2)\begin{vmatrix} a_{11} & a_{12} & a_{13} \\ a_{21} & a_{22} & a_{23} \\ a_{31} & a_{32} & a_{33} \end{vmatrix}=-8\times(-6)=48.$$

推论 2 用数 k 乘行列式的某一行(列)的所有元素,等于用数 k 乘此行列式.

推论 3 若行列式某一行(列)所有元素为零,则此行列式的值等于零.

性质 4 若行列式中有两行(列)的对应元素成比例,则此行列式的值等于零.

性质 5　若行列式的某一行（列）的各元素都是两个数的和，则此行列式等于两个相应的行列式的和，即

$$\begin{vmatrix} a_{11} & a_{12} & \cdots & a_{1n} \\ \vdots & \vdots & & \vdots \\ a_{i1}+b_{i1} & a_{i2}+b_{i2} & \cdots & a_{in}+b_{in} \\ \vdots & \vdots & & \vdots \\ a_{n1} & a_{n2} & \cdots & a_{nn} \end{vmatrix} = \begin{vmatrix} a_{11} & a_{12} & \cdots & a_{1n} \\ \vdots & \vdots & & \vdots \\ a_{i1} & a_{i2} & \cdots & a_{in} \\ \vdots & \vdots & & \vdots \\ a_{n1} & a_{n2} & \cdots & a_{nn} \end{vmatrix} + \begin{vmatrix} a_{11} & a_{12} & \cdots & a_{1n} \\ \vdots & \vdots & & \vdots \\ b_{i1} & b_{i2} & \cdots & b_{in} \\ \vdots & \vdots & & \vdots \\ a_{n1} & a_{n2} & \cdots & a_{nn} \end{vmatrix}$$

例 2　计算 $\begin{vmatrix} 2 & 1 & 21 \\ 5 & 1 & 52 \\ 3 & 1 & 33 \end{vmatrix}$.

解　由性质 5 得

$$\begin{vmatrix} 2 & 1 & 21 \\ 5 & 1 & 52 \\ 3 & 1 & 33 \end{vmatrix} = \begin{vmatrix} 2 & 1 & 20+1 \\ 5 & 1 & 50+2 \\ 3 & 1 & 30+3 \end{vmatrix} = \begin{vmatrix} 2 & 1 & 20 \\ 5 & 1 & 50 \\ 3 & 1 & 30 \end{vmatrix} + \begin{vmatrix} 2 & 1 & 1 \\ 5 & 1 & 2 \\ 3 & 1 & 3 \end{vmatrix} = 0 + \begin{vmatrix} 2 & 1 & 1 \\ 5 & 1 & 2 \\ 3 & 1 & 3 \end{vmatrix} = -5.$$

思考：行列式的值为零的情况有哪些？

性质 6　把行列式的某一行（列）的所有元素乘以常数 k 加到另一行（列）的相应元素上，行列式的值不变.

仔细观察各性质及推论的特点，学会熟练应用. 在计算行列式时，常利用行列式的性质，先把它变换成三角行列式，进而求值.

注 意

行列式的运算过程，常用以下符号表示：

(1) $r_i \leftrightarrow r_j$（第 i 行与第 j 行互换），$c_i \leftrightarrow c_j$（第 i 列与第 j 列互换）；

(2) $r_i + kr_j$（第 j 行的 k 倍加到第 i 行上），$c_i + kc_j$（第 j 列的 k 倍加到第 i 列上）.

例 3　计算行列式 $D = \begin{vmatrix} 3 & 1 & -1 & 2 \\ -5 & 1 & 3 & -4 \\ 2 & 0 & 1 & -1 \\ 1 & -5 & 3 & -3 \end{vmatrix}$.

解　解法 1：先将 D 化为三角行列式，然后按定理 1 的推论 2 计算.

$$D \xlongequal{c_1 \leftrightarrow c_2} -\begin{vmatrix} 1 & 3 & -1 & 2 \\ 1 & -5 & 3 & -4 \\ 0 & 2 & 1 & -1 \\ -5 & 1 & 3 & -3 \end{vmatrix} \xlongequal[r_4+5r_1]{r_2-r_1} -\begin{vmatrix} 1 & 3 & -1 & 2 \\ 0 & -8 & 4 & -6 \\ 0 & 2 & 1 & -1 \\ 0 & 16 & -2 & 7 \end{vmatrix}$$

$$\xlongequal{r_2 \leftrightarrow r_3} \begin{vmatrix} 1 & 3 & -1 & 2 \\ 0 & 2 & 1 & -1 \\ 0 & -8 & 4 & 6 \\ 0 & 16 & -2 & 7 \end{vmatrix} \xlongequal[r_4-8r_2]{r_3+4r_2} \begin{vmatrix} 1 & 3 & -1 & 2 \\ 0 & 2 & 1 & -1 \\ 0 & 0 & 8 & -10 \\ 0 & 0 & -10 & 15 \end{vmatrix}$$

$$\xlongequal{r_4+\frac{5}{4}r_3}\begin{vmatrix}1&3&-1&2\\0&2&1&-1\\0&0&8&-10\\0&0&0&\frac{5}{2}\end{vmatrix}=40.$$

解法 2:先利用行列式的性质将某行(或列)的元素变出尽可能多的零来,然后根据定理 1,按这行(或列)展开.

$$D=\begin{vmatrix}3&1&-1&2\\-8&0&4&-6\\2&0&1&-1\\16&0&-2&7\end{vmatrix}=1\times(-1)^{1+2}\begin{vmatrix}-8&4&-6\\2&1&-1\\16&-2&7\end{vmatrix}=-\begin{vmatrix}-16&4&-2\\0&1&0\\20&-2&5\end{vmatrix}$$

$$=-\begin{vmatrix}-16&-2\\20&5\end{vmatrix}=40.$$

习 题 5.2

1. 求行列式的值.

(1) $\begin{vmatrix}a^2&ab\\ab&b^2\end{vmatrix}$; (2) $\begin{vmatrix}1&2&1\\2&4&2\\10&14&13\end{vmatrix}$; (3) $\begin{vmatrix}0&1&1\\1&0&1\\1&1&0\end{vmatrix}$;

(4) $\begin{vmatrix}a+b&c&1\\b+c&a&0\\c+a&0&0\end{vmatrix}$; (5) $\begin{vmatrix}3&-1&-5\\43&19&65\\4&2&7\end{vmatrix}$; (6) $\begin{vmatrix}1&5&25\\1&7&49\\1&8&64\end{vmatrix}$.

2. 填空题.

(1)若 $\begin{vmatrix}1&1&7\\0&1&5\\4&3&2\end{vmatrix}=m$,则 $D=\begin{vmatrix}7&1&1\\5&0&1\\2&4&3\end{vmatrix}=$________.

(2)若 $\begin{vmatrix}1&2&-1\\4&a&0\\3&6&9\end{vmatrix}=0$,则 $a=$________.

(3)已知四阶行列式 A 的值为 2,将 A 的第三行元素乘以-1加到第四行的对应元素上去,则现行列式的值是________.

3. 若 $\begin{vmatrix}a_{11}&a_{12}&a_{13}\\a_{21}&a_{22}&a_{23}\\a_{31}&a_{32}&a_{33}\end{vmatrix}=m\neq0$,而 $A=\begin{vmatrix}2a_{11}&2a_{12}&2a_{13}\\a_{31}&a_{32}&a_{33}\\2a_{21}&2a_{22}&2a_{23}\end{vmatrix}$,求 A.

4.设$\begin{vmatrix} x & 3 & 1 \\ y & 0 & 1 \\ z & 2 & 1 \end{vmatrix}=1$,求$\begin{vmatrix} x-3 & y-3 & z-3 \\ 5 & 2 & 4 \\ 1 & 1 & 1 \end{vmatrix}$.

5.若$D=\begin{vmatrix} a_{11} & a_{12} & a_{13} \\ a_{21} & a_{22} & a_{23} \\ a_{31} & a_{32} & a_{33} \end{vmatrix}=m\neq 0$,求$D_1=\begin{vmatrix} 4a_{11} & 5a_{11}-2a_{12} & a_{13} \\ 4a_{21} & 5a_{21}-2a_{22} & a_{23} \\ 4a_{31} & 5a_{31}-2a_{32} & a_{33} \end{vmatrix}$.

5.3　*n* 元线性方程组和克莱姆法则

【课前导学】

(1)了解非齐次线性方程组和齐次线性方程组的定义及一般表达式.

(2)了解克莱姆法则的使用条件.

①线性方程组未知数的个数与方程个数__________;

②线性方程组的系数行列式 D __________.

(3)掌握克莱姆法则.

①线性方程组系数 a_{ij} 构成的行列式称为方程组的__________.

②如果线性方程组的系数行列式 $D\neq 0$,则方程组有唯一解:$x_1=$__________,$x_2=$__________,…,$x_n=$__________.

③如果齐次线性方程组有无穷多个解时,则它的系数行列式__________.

5.3.1　*n* 元线性方程组的概念

设含有 n 个未知量 n 个方程的线性方程组

$$\begin{cases} a_{11}x_1+a_{12}x_2+\cdots+a_{1n}x_n=b_1 \\ a_{21}x_1+a_{22}x_2+\cdots+a_{2n}x_n=b_2 \\ \cdots\cdots \\ a_{n1}x_1+a_{n2}x_2+\cdots+a_{nn}x_n=b_n \end{cases} \tag{5.3.1}$$

称为 n **元线性方程组.**

当常数项 $b_1,b_2,\cdots,b_n$ 不全为零时,方程组(5.3.1)称为**非齐次线性方程组**.

当常数项 $b_1,b_2,\cdots,b_n$ 全为零时,方程组(5.3.1)称为**齐次线性方程组**,即

$$\begin{cases} a_{11}x_1+a_{12}x_2+\cdots+a_{1n}x_n=0 \\ a_{21}x_1+a_{22}x_2+\cdots+a_{2n}x_n=0 \\ \cdots\cdots \\ a_{n1}x_1+a_{n2}x_2+\cdots+a_{nn}x_n=0 \end{cases}. \tag{5.3.2}$$

线性方程组(5.3.1)系数 a_{ij} 构成的行列式

$$D=\begin{vmatrix} a_{11} & a_{12} & \cdots & a_{1n} \\ a_{21} & a_{22} & \cdots & a_{2n} \\ \vdots & \vdots & & \vdots \\ a_{n1} & a_{n2} & \cdots & a_{nn} \end{vmatrix}$$

称为方程组(5.3.1)的**系数行列式**.

5.3.2 克莱姆法则

定理 如果线性方程组(5.3.1)的系数行列式 $D\neq0$,则方程组(5.3.1)有唯一解:

$$x_1=\frac{D_1}{D},\quad x_2=\frac{D_2}{D},\quad \cdots,\quad x_n=\frac{D_n}{D},$$

其中,$D_j(j=1,2,\cdots,n)$是 D 中第 j 列换成方程组(5.3.1)右侧常数项 $b_1,b_2,\cdots,b_n$,其余各列不变而得到的行列式.

注意

(1)用克莱姆法则解线性方程组时,必须满足两个条件:一是方程的个数与未知量的个数相等;二是系数行列式 $D\neq0$.

(2)如果线性方程组 $\begin{cases}a_{11}x_1+a_{12}x_2+\cdots+a_{1n}x_n=b_1\\a_{21}x_1+a_{22}x_2+\cdots+a_{2n}x_n=b_2\\\cdots\cdots\\a_{n1}x_1+a_{n2}x_2+\cdots+a_{nn}x_n=b_n\end{cases}$ 无解或有无穷多个解时,则它的系数行列式必为零.

推论 1 如果齐次线性方程组的系数行列式 $D\neq0$,那么它只有零解.

推论 2 齐次线性方程组有非零解的必要条件是系数行列式 $D=0$.

例 1 解线性方程组 $\begin{cases}2x_1+3x_2+5x_3=2\\x_1+2x_2=5\\3x_2+5x_3=4\end{cases}$.

解 因为

$$D=\begin{vmatrix}2&3&5\\1&2&0\\0&3&5\end{vmatrix}=20+15-15=20\neq0,$$

$$D_1=\begin{vmatrix}2&3&5\\5&2&0\\4&3&5\end{vmatrix}=20+75-40-75=-20,$$

$$D_2=\begin{vmatrix}2&2&5\\1&5&0\\0&4&5\end{vmatrix}=50+20-10=60,$$

$$D_3=\begin{vmatrix}2&3&2\\1&2&5\\0&3&4\end{vmatrix}=16+6-12-30=-20,$$

所以

$$x_1=\frac{D_1}{D}=-1,\quad x_2=\frac{D_2}{D}=3,\quad x_3=\frac{D_3}{D}=-1.$$

例 2 设曲线 $y=a_0+a_1x+a_2x^2+a_3x^3$ 通过四点(1,3),(2,4),(3,3),(4,−3),求系数 a_0,a_1,a_2,a_3.

解　将四点的坐标代入曲线方程，得线性方程组

$$\begin{cases} a_0+a_1+1a_2+a_3=3 \\ a_0+2a_1+4a_2+8a_3=4 \\ a_0+3a_1+9a_2+27a_3=3 \\ a_0+4a_1+16a_2+64a_3=-3 \end{cases},$$

其系数行列式$D=\begin{vmatrix} 1 & 1 & 1 & 1 \\ 1 & 2 & 4 & 8 \\ 1 & 3 & 9 & 27 \\ 1 & 4 & 16 & 64 \end{vmatrix}=12\neq 0.$

又　$$D_1=\begin{vmatrix} 3 & 1 & 1 & 1 \\ 4 & 2 & 4 & 8 \\ 3 & 3 & 9 & 27 \\ -3 & 4 & 16 & 64 \end{vmatrix}=36,\quad D_2=\begin{vmatrix} 1 & 3 & 1 & 1 \\ 1 & 4 & 4 & 8 \\ 1 & 3 & 9 & 27 \\ 1 & -3 & 16 & 64 \end{vmatrix}=-18,$$

$$D_3=\begin{vmatrix} 1 & 1 & 3 & 1 \\ 1 & 2 & 4 & 8 \\ 1 & 3 & 3 & 27 \\ 1 & 4 & -3 & 64 \end{vmatrix}=24,\quad D_4=\begin{vmatrix} 1 & 1 & 1 & 3 \\ 1 & 2 & 4 & 4 \\ 1 & 3 & 9 & 3 \\ 1 & 4 & 16 & -3 \end{vmatrix}=-6.$$

由克莱姆法则得方程组有唯一解 $a_0=3, a_1=-\dfrac{3}{2}, a_2=2, a_3=-\dfrac{1}{2}$.

习　题　5.3

1. 选择题.

(1)若 $a_{11}, a_{22}, a_{33}, a_{44}$ 都不等于零，则方程组$\begin{cases} a_{11}x_1+a_{12}x_2+a_{13}x_3+a_{14}x_4=b_1 \\ a_{22}x_2+a_{23}x_3+a_{24}x_4=b_2 \\ a_{33}x_3+a_{34}x_4=b_3 \\ a_{44}x_4=b_4 \end{cases}$(　　).

A. 无解　　B. 有无穷多解　　C. 有唯一解　　D. 不一定

(2)若$\begin{vmatrix} a_{11} & a_{12} \\ a_{21} & a_{22} \end{vmatrix}=0$，则方程组$\begin{cases} a_{11}x_1+a_{12}x_2=0 \\ a_{21}x_1+a_{22}x_2=0 \end{cases}$(　　).

A. 无解　　B. 有无穷多解　　C. 有唯一解　　D. 不一定

2. 求解下列线性方程组.

(1)$\begin{cases} -3x_1+4x_2=6 \\ 2x_1-5x_2=-7 \end{cases}$;

(2)$\begin{cases} 2x_1+3x_2+5x_3=2 \\ x_1+2x_2=5 \\ 3x_2+5x_3=4 \end{cases}$;

(3)$\begin{cases} x_1+x_2+x_3=-2 \\ 4x_1-6x_2-2x_3=2 \\ 2x_1-x_2+x_3=-1 \end{cases}$;

(4)$\begin{cases} x_1-2x_2+x_3=1 \\ 4x_1-3x_2+x_3=3 \\ 2x_1-5x_2-3x_3=-9 \end{cases}$.

3. 设曲线 $y=a_0+a_1x+a_2x^2+a_3x^3$ 通过四点(1,3),(2,4),(3,3),(4,−3),求系数 a_0,a_1,a_2,a_3.

4. 当 k 取什么值时,方程组 $\begin{cases}x_1+x_2+kx_3=1\\-x_1+kx_2+x_3=-1\\x_1-x_2+3x_3=0\end{cases}$ 有唯一解?

5. 当 k 取什么值时,方程组 $\begin{cases}kx+z=0\\2x+ky+z=0\\kx-2y+z=0\end{cases}$ 只有零解?

5.4 矩阵的概念

【课前导学】

1. 掌握矩阵的定义,了解矩阵与行列式的区别

由 $m\times n$ 个数 $a_{ij}(i=1,2,\cdots,m;j=1,2,\cdots,n)$ 排成的 m 行 n 列的矩形数表,称为 m 行 n 列__________;其中横排称为矩阵的__________,纵排称为矩阵的__________. a_{ij} 称为矩阵的第 i 行第 j 列__________.

2. 理解矩阵相等的定义

(1)行数相等、列数也相等的矩阵称为__________矩阵,又称为__________矩阵.

(2)设 $\boldsymbol{A}$ 与 $\boldsymbol{B}$ 是同阶(型)矩阵,若 $a_{ij}=b_{ij}(i=1,2,\cdots,m;j=1,2,\cdots,n)$,则称矩阵 $\boldsymbol{A}$ 与矩阵 $\boldsymbol{B}$ __________,记为__________.

3. 认识特殊矩阵

(1)行数与列数相等的矩阵,即 $m=n$,称为__________.

(2)只有一行的矩阵称为__________;只有一列的矩阵称为__________.

(3)所有元素都为 0 的矩阵称为__________,记作 $\boldsymbol{O}$.

(4)一个方阵主对角线上的元素都是 1,其余元素均为 0,称为__________,记作 $\boldsymbol{E}$.

5.4.1 引例

在生产、生活和科学技术中有大量的问题与矩形数表有关.

引例 1 某班级甲、乙、丙三名同学的各科期末成绩如表 5.4.1 所示.

表 5.4.1

同 学	语 文	数 学	英 语
甲	96	92	85
乙	88	100	91
丙	89	80	98

如果我们关心的对象——表中的数据,按原有次序排列,并加上括号,那么这张表格可简化为矩

形数表

$$\begin{pmatrix} 96 & 92 & 85 \\ 88 & 100 & 91 \\ 89 & 80 & 98 \end{pmatrix}$$

引例 2　线性方程组

$$\begin{cases} a_{11}x_1+a_{12}x_2+\cdots+a_{1n}x_n=b_1 \\ a_{21}x_1+a_{22}x_2+\cdots+a_{2n}x_n=b_2 \\ \cdots\cdots \\ a_{n1}x_1+a_{n2}x_2+\cdots+a_{nn}x_n=b_n \end{cases}$$

的系数和常数项 $a_{ij}(i,j=1,2,\cdots,n)$，$b_j(j=1,2,\cdots,n)$按原来的位置构成一数表

$$\begin{pmatrix} a_{11} & a_{12} & \cdots & a_{1n} & b_1 \\ a_{21} & a_{22} & \cdots & a_{2n} & b_2 \\ \vdots & \vdots & \vdots & \vdots & \vdots \\ a_{n1} & a_{n2} & \cdots & a_{nn} & b_n \end{pmatrix}$$

显然线性方程组与矩形数表是一一对应的.

除此之外，银行的存款利率、行政隶属关系等都涉及矩形数表，下面给出定义.

5.4.2　矩阵的定义

定义 1　由 $m\times n$ 个数 $a_{ij}(i=1,2,\cdots,m;j=1,2,\cdots,n)$排成的 m 行 n 列的矩形数表，称为 m 行 n 列**矩阵**，简称 $m\times n$ **矩阵**. 记作

$$\begin{pmatrix} a_{11} & a_{12} & \cdots & a_{1n} \\ a_{21} & a_{22} & \cdots & a_{2n} \\ \vdots & \vdots & & \vdots \\ a_{m1} & a_{m2} & \cdots & a_{mn} \end{pmatrix},$$

其中，横排称为矩阵的**行**；纵排称为矩阵的**列**；a_{ij} 称为矩阵的第 i 行第 j 列**元素**. 矩阵通常用大写字母 $\boldsymbol{A}$，$\boldsymbol{B}$，…表示，有时为了说明矩阵的行数 m 和列数 n，可用 $\boldsymbol{A}_{m\times n}$ 表示，或记为$(a_{ij})_{m\times n}$.

思考：矩阵与行列式有什么区别？

5.4.3　矩阵的相等

行数相等、列数也相等的矩阵，称为**同型矩阵**，又称**同阶矩阵**.

定义 2　设 $\boldsymbol{A}$ 与 $\boldsymbol{B}$ 是同阶矩阵，且 $\boldsymbol{A}=(a_{ij})_{m\times n}$，$\boldsymbol{B}=(b_{ij})_{m\times n}$，若 $a_{ij}=b_{ij}(i=1,2,\cdots,m;j=1,2,\cdots,n)$，则称矩阵 $\boldsymbol{A}$ 与矩阵 $\boldsymbol{B}$ **相等**，记为 $\boldsymbol{A}=\boldsymbol{B}$.

注意

矩阵$\begin{pmatrix}0&0\\0&0\end{pmatrix}$与$\begin{pmatrix}0&0&0\\0&0&0\end{pmatrix}$都是零矩阵，都可用$\boldsymbol{O}$表示，但它们不是同型矩阵，所以是不相等的；二阶单位阵$\boldsymbol{I}=\begin{pmatrix}1&0\\0&1\end{pmatrix}$与三阶单位阵$\boldsymbol{I}=\begin{pmatrix}1&0&0\\0&1&0\\0&0&1\end{pmatrix}$也是不相等的矩阵.

例 设矩阵$\boldsymbol{A}=\begin{pmatrix}1&2&0\\a-b&b&5\\4&1&0\end{pmatrix}$，$\boldsymbol{B}=\begin{pmatrix}a+b&2&0\\5&b&5\\4&1&0\end{pmatrix}$，且$\boldsymbol{A}=\boldsymbol{B}$，求$a$，$b$.

解 由$\boldsymbol{A}=\boldsymbol{B}$，即有

$$\begin{pmatrix}1&2&0\\a-b&b&5\\4&1&0\end{pmatrix}=\begin{pmatrix}a+b&2&0\\5&b&5\\4&1&0\end{pmatrix},$$

根据定义2可知$a+b=1$，$a-b=5$，得$a=3$，$b=-2$.

5.4.4 几种特殊矩阵

已知矩阵$\boldsymbol{A}=(a_{ij})_{m\times n}$.

(1)方阵：当$m=n$时，称$\boldsymbol{A}$为**方阵**. n称为矩阵的**阶数**.

(2)行矩阵：当$m=1$时，矩阵只有一行，即$\boldsymbol{A}=(a_{11}\quad a_{12}\quad\cdots\quad a_{1n})$，称其为**行矩阵**(或**行向量**).

(3)列矩阵：当$n=1$时，矩阵只有一列，即$\boldsymbol{A}=\begin{pmatrix}a_{11}\\a_{21}\\\vdots\\a_{m1}\end{pmatrix}$，称其为**列矩阵**(或**列向量**).

(4)零矩阵：所有元素都为0的矩阵称为**零矩阵**，记作$\boldsymbol{O}$. 例如，二阶零矩阵为$\boldsymbol{O}=\begin{pmatrix}0&0\\0&0\end{pmatrix}$.

(5)对角矩阵：如果一个方阵除了主对角线以外其他元素全等于零，则称为n**阶对角矩阵**，记作

$$\boldsymbol{\Lambda}=\begin{pmatrix}\lambda_1&0&\cdots&0\\0&\lambda_2&\ddots&\vdots\\\vdots&\ddots&\ddots&0\\0&\cdots&0&\lambda_n\end{pmatrix}.$$

(6)单位矩阵：如果一个方阵主对角线上的元素都是1，其余元素均为0，则称为**单位矩阵**，记作$\boldsymbol{E}$或$\boldsymbol{E}_n$，即$\boldsymbol{E}_n=\begin{pmatrix}1&0&\cdots&0\\0&1&\cdots&0\\\vdots&\vdots&&\vdots\\0&0&\cdots&1\end{pmatrix}$，或简记为$\boldsymbol{E}=\begin{pmatrix}1&&\\&1&\\&&\ddots&\\&&&1\end{pmatrix}$.

(7)主对角线下方的各元素均为零的方阵,称为**上三角矩阵**. 例如,

$$A=\begin{pmatrix} a_{11} & a_{12} & \cdots & a_{1n} \\ 0 & a_{22} & \cdots & a_{2n} \\ \vdots & \vdots & \ddots & \vdots \\ 0 & 0 & \cdots & a_{nn} \end{pmatrix},$$

或简记为

$$A=\begin{pmatrix} a_{11} & a_{12} & \cdots & a_{1n} \\ & a_{22} & \cdots & a_{2n} \\ & & \ddots & \vdots \\ & & & a_{nn} \end{pmatrix}.$$

(8)主对角线上方的各元素均为零的方阵,称为**下三角矩阵**. 例如

$$A=\begin{pmatrix} a_{11} & 0 & \cdots & 0 \\ a_{21} & a_{22} & \cdots & 0 \\ \vdots & \vdots & \ddots & \vdots \\ a_{n1} & a_{n2} & & a_{nn} \end{pmatrix},$$

或简记为

$$A=\begin{pmatrix} a_{11} & & & \\ a_{21} & a_{22} & & \\ \vdots & \vdots & \ddots & \\ a_{n1} & a_{n2} & \cdots & a_{nn} \end{pmatrix}$$

上三角矩阵和下三角矩阵统称为**三角矩阵**.

习　题　5.4

1. 判断题.

(1)矩阵就是行列式.　(　　)

(2)矩阵可以比较大小.　(　　)

(3)两个矩阵是零矩阵,则两个矩阵相等.　(　　)

(4)两个矩阵相等,则其对应元素也相等.　(　　)

2. 指出下列矩阵的类型及特点.

(1) $(3\quad 1\quad 2\quad 0)$;　　(2) $\begin{pmatrix} 0 & 0 & 0 \\ 0 & 0 & 0 \end{pmatrix}$;

(3) $\begin{pmatrix} 1 & 0 & 0 \\ 0 & 1 & 0 \\ 0 & 0 & 1 \end{pmatrix}$;　　(4) $\begin{pmatrix} 2 & 0 & 0 \\ 8 & 1 & 0 \\ -5 & 1 & 13 \end{pmatrix}$.

3. $A=\begin{pmatrix} 5 & 2x-4 \\ 2x+y & 1 \end{pmatrix}$, $B=\begin{pmatrix} 5 & 6 \\ 11 & 1 \end{pmatrix}$,若 $A=B$,求 x、y 的值.

4. 某工厂生产三种产品 A、B、C. 每种产品的原料费、支付员工工资、管理费和其他费用等如表 5.4.2 所示. 请用矩阵表示该表.

表 5.4.2

成本	产品		
	A	B	C
原料费用	10	20	15
支付工资	30	40	20
管理及其他费用	10	15	10

5. 某航空公司在 A,B,C,D 四城市之间开辟了若干航线,图 5.4.1 表述了四城市间的航班图,若从 A 到 B 有航班,则用带箭头的线连接 A 和 B. 用矩阵表示该航班图.

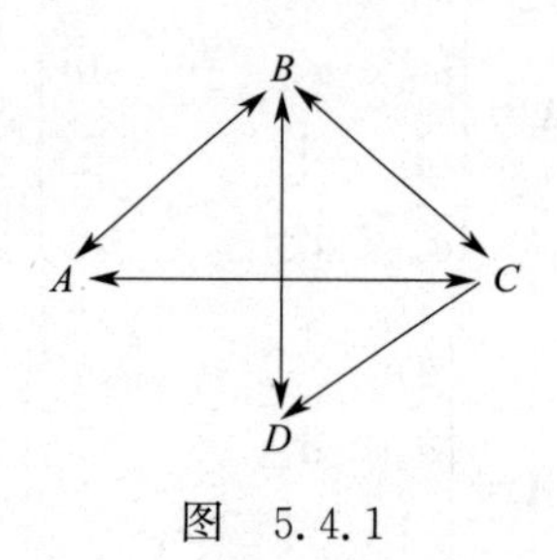

图 5.4.1

5.5 矩阵的运算

【课前导学】

1. 掌握矩阵的加法运算

(1)运算条件:只有两个矩阵是__________时,才能进行矩阵的加法运算.

(2)运算方法:两个同型矩阵的和,即为两个矩阵__________相加得到的矩阵.

2. 掌握矩阵的数乘运算

运算方法:用数 k 乘矩阵,等于用数 k 乘矩阵中的__________.

3. 掌握矩阵的乘法运算

(1)运算条件:只有当左边矩阵的__________等于右边矩阵的__________时,两个矩阵才能相乘.

(2)运算方法:拿左边矩阵的__________与右边矩阵的__________.

4. 了解矩阵的乘法运算的特殊性

(1)矩阵的乘法一般不满足__________,即 $\boldsymbol{AB} \neq \boldsymbol{BA}$.

(2)矩阵的乘法一般不满足__________,即 $\boldsymbol{AC} = \boldsymbol{BC}$,但 $\boldsymbol{A} \neq \boldsymbol{B}$.

(3)两个非零矩阵的乘积可以等于__________.

5.5.1　矩阵的线性运算

1. 矩阵的加法运算

定义 1　设有两个 $m\times n$ 矩阵 $\boldsymbol{A}=(a_{ij})$ 和 $\boldsymbol{B}=(b_{ij})$，矩阵 $\boldsymbol{A}$ 与 $\boldsymbol{B}$ 的和记作 $\boldsymbol{A}+\boldsymbol{B}$，规定为

$$\boldsymbol{A}+\boldsymbol{B}=(a_{ij}+b_{ij})_{n\times m}=\begin{pmatrix} a_{11}+b_{11} & a_{12}+b_{12} & \cdots & a_{1n}+b_{1n} \\ a_{21}+b_{21} & a_{22}+b_{22} & \cdots & a_{2n}+b_{2n} \\ \vdots & \vdots & & \vdots \\ a_{m1}+b_{m1} & a_{m2}+b_{m2} & \cdots & a_{mn}+b_{mn} \end{pmatrix}.$$

注 意

只有当两个矩阵是同型矩阵时，才能进行矩阵的加法运算．两个同型矩阵的和，即为两个矩阵对应位置元素相加得到的矩阵．

设矩阵 $\boldsymbol{A}=(a_{ij})$，记 $-\boldsymbol{A}=(-a_{ij})$，称 $-\boldsymbol{A}$ 为矩阵 $\boldsymbol{A}$ 的负矩阵，显然有 $\boldsymbol{A}+(-\boldsymbol{A})=\boldsymbol{O}$.

由此规定矩阵的**减法**为 $\boldsymbol{A}-\boldsymbol{B}=\boldsymbol{A}+(-\boldsymbol{B})$.

矩阵的加法运算满足下列运算规律：

设 $\boldsymbol{A},\boldsymbol{B},\boldsymbol{C},\boldsymbol{O}$ 都是同型矩阵，则：

(1) $\boldsymbol{A}+\boldsymbol{B}=\boldsymbol{B}+\boldsymbol{A}$；

(2) $(\boldsymbol{A}+\boldsymbol{B})+\boldsymbol{C}=\boldsymbol{A}+(\boldsymbol{B}+\boldsymbol{C})$；

(3) $\boldsymbol{A}+\boldsymbol{O}=\boldsymbol{A}$；

(4) $\boldsymbol{A}+(-\boldsymbol{A})=\boldsymbol{O}$.

2. 矩阵的数乘运算

定义 2　数 k 与矩阵 $\boldsymbol{A}$ 的乘积记作 $k\boldsymbol{A}$ 或 $\boldsymbol{A}k$，规定为

$$k\boldsymbol{A}=\boldsymbol{A}k=(ka_{ij})=\begin{pmatrix} ka_{11} & ka_{12} & \cdots & ka_{1n} \\ ka_{21} & ka_{22} & \cdots & ka_{2n} \\ \vdots & \vdots & & \vdots \\ ka_{m1} & ka_{m2} & \cdots & ka_{mn} \end{pmatrix}.$$

数与矩阵的乘积运算称为**数乘运算**．它满足下列运算规律：

设 $\boldsymbol{A},\boldsymbol{B}$ 是矩阵，k,l 是常数，则：

(1) $1\boldsymbol{A}=\boldsymbol{A}$；

(2) $k\cdot(l\boldsymbol{A})=(k\cdot l)\boldsymbol{A}$；

(3) $(k+l)\boldsymbol{A}=k\boldsymbol{A}+l\boldsymbol{A}$；

(4) $k(\boldsymbol{A}+\boldsymbol{B})=k\boldsymbol{A}+k\boldsymbol{B}$.

矩阵的加法与矩阵的数乘两种运算统称**矩阵的线性运算**.

例 1　设 $\boldsymbol{A}=\begin{pmatrix} 3 & 0 \\ 1 & -3 \end{pmatrix}$，$\boldsymbol{B}=\begin{pmatrix} 5 & 1 \\ -2 & 7 \end{pmatrix}$，求 $\boldsymbol{A}+\boldsymbol{B}$，$\boldsymbol{B}-2\boldsymbol{A}$.

解　$\boldsymbol{A}+\boldsymbol{B}=\begin{pmatrix} 8 & 1 \\ -1 & 4 \end{pmatrix}$，

$$B-2A=\begin{pmatrix}5&1\\-2&7\end{pmatrix}-\begin{pmatrix}6&0\\2&-6\end{pmatrix}=\begin{pmatrix}-1&1\\-4&13\end{pmatrix}.$$

5.5.2 矩阵的乘法运算

定义 3 设

$$A=(a_{ij})_{m\times s}=\begin{pmatrix}a_{11}&a_{12}&\cdots&a_{1s}\\a_{2s}&a_{2s}&\cdots&a_{2s}\\\vdots&\vdots&&\vdots\\a_{m1}&a_{m2}&\cdots&a_{ms}\end{pmatrix},B=(b_{ij})_{s\times n}=\begin{pmatrix}b_{11}&b_{12}&\cdots&b_{1n}\\b_{21}&b_{22}&\cdots&b_{2n}\\\vdots&\vdots&&\vdots\\b_{s1}&b_{s2}&\cdots&b_{sn}\end{pmatrix}.$$

矩阵 A 与矩阵 B 的乘积记作 AB，规定为

$$AB=(c_{ij})_{m\times n}=\begin{pmatrix}c_{11}&c_{12}&\cdots&c_{1n}\\c_{21}&c_{22}&\cdots&c_{2n}\\\vdots&\vdots&&\vdots\\c_{m1}&c_{m2}&\cdots&c_{mn}\end{pmatrix},$$

其中，$c_{ij}=a_{i1}b_{1j}+a_{i2}b_{2j}+\cdots+a_{is}b_{sj}=\sum_{k=1}^{s}a_{ik}b_{kj}(i=1,2,\cdots,m;j=1,2,\cdots,n)$.

记号 AB 常读作 A 左乘 B 或 B 右乘 A.

注意

只有当左边矩阵的列数等于右边矩阵的行数时，两个矩阵才能进行乘法运算.

若 $C=AB$，则矩阵 C 的元素 c_{ij} 即为矩阵 A 的第 i 行元素与矩阵 B 的第 j 列对应元素乘积的和，即

$$C_{ij}=(a_{i1},a_{i2},\cdots,a_{is})\begin{pmatrix}b_{1j}\\b_{2j}\\\vdots\\b_{sj}\end{pmatrix}=a_{i1}b_{1j}+a_{i2}b_{2j}+\cdots+a_{is}b_{sj}.$$

矩阵的乘法满足下列运算规律(假定运算都是可行的)：

(1) $(AB)C=A(BC)$；

(2) $(A+B)C=AC+BC$；

(3) $C(A+B)=CA+CB$；

(4) $k(AB)=(kA)B=A(kB)$.

例 2 设 $A=\begin{pmatrix}-2&4\\1&-2\end{pmatrix}$，$B=\begin{pmatrix}2&4\\-3&-6\end{pmatrix}$，求 AB 和 BA；

解 $$AB=\begin{pmatrix}-2&4\\1&-2\end{pmatrix}\begin{pmatrix}2&4\\-3&-6\end{pmatrix}=\begin{pmatrix}-16&-32\\8&16\end{pmatrix},$$

$$\boldsymbol{BA}=\begin{pmatrix}2 & 4\\ -3 & -6\end{pmatrix}\begin{pmatrix}-2 & 4\\ 1 & -2\end{pmatrix}=\begin{pmatrix}0 & 0\\ 0 & 0\end{pmatrix},$$

于是 $\boldsymbol{AB}\neq\boldsymbol{BA}$；且 $\boldsymbol{BA}=\boldsymbol{O}$.

从上例可看出：

(1)两个非零矩阵相乘，可能是零矩阵，故不能从 $\boldsymbol{AB}=\boldsymbol{O}$ 必然推出 $\boldsymbol{A}=\boldsymbol{O}$ 或 $\boldsymbol{B}=\boldsymbol{O}$.

(2)矩阵的乘法一般不满足交换律，即 $\boldsymbol{AB}\neq\boldsymbol{BA}$.

例 3　设 $\boldsymbol{A}=\begin{pmatrix}1 & 2\\ 0 & 3\end{pmatrix}$，$\boldsymbol{B}=\begin{pmatrix}1 & 0\\ 0 & 4\end{pmatrix}$，$\boldsymbol{C}=\begin{pmatrix}1 & 1\\ 0 & 0\end{pmatrix}$，求 $\boldsymbol{AC}$，$\boldsymbol{BC}$.

解

$$\boldsymbol{AC}=\begin{pmatrix}1 & 2\\ 0 & 3\end{pmatrix}\begin{pmatrix}1 & 1\\ 0 & 0\end{pmatrix}=\begin{pmatrix}1 & 1\\ 0 & 0\end{pmatrix},$$

$$\boldsymbol{BC}=\begin{pmatrix}1 & 0\\ 0 & 4\end{pmatrix}\begin{pmatrix}1 & 1\\ 0 & 0\end{pmatrix}=\begin{pmatrix}1 & 1\\ 0 & 0\end{pmatrix}.$$

从上例可看出：虽然 $\boldsymbol{AC}\neq\boldsymbol{BC}$，但是 $\boldsymbol{A}\neq\boldsymbol{B}$.

矩阵乘法一般也不满足消去律，即不能从 $\boldsymbol{AC}=\boldsymbol{BC}$ 必然推出 $\boldsymbol{A}=\boldsymbol{B}$.

例 4　设 $\boldsymbol{A}=\begin{pmatrix}1 & 2 & 0\\ 2 & 1 & 3\end{pmatrix}$，$\boldsymbol{B}=\begin{pmatrix}1 & 0 & 0\\ 0 & 1 & 0\\ 0 & 0 & 1\end{pmatrix}$，求 $\boldsymbol{AB}$.

解　$\boldsymbol{B}$ 为单位矩阵，

$$\begin{aligned}\boldsymbol{AB}&=\begin{pmatrix}1 & 2 & 0\\ 2 & 1 & 3\end{pmatrix}\begin{pmatrix}1 & 0 & 0\\ 0 & 1 & 0\\ 0 & 0 & 1\end{pmatrix}\\ &=\begin{pmatrix}1\times1+2\times0+0\times0 & 1\times0+2\times1+0\times0 & 1\times0+2\times0+0\times1\\ 2\times1+1\times0+3\times0 & 2\times0+1\times1+3\times0 & 2\times0+1\times0+3\times1\end{pmatrix}\\ &=\begin{pmatrix}1 & 2 & 0\\ 2 & 1 & 3\end{pmatrix}.\end{aligned}$$

从上例可看出：对于单位矩阵 $\boldsymbol{E}$，

$$\boldsymbol{E}_m\boldsymbol{A}_{m\times n}=\boldsymbol{A}_{m\times n},\boldsymbol{A}_{m\times n}\boldsymbol{E}_n=\boldsymbol{A}_{m\times n}.$$

或简写成

$$\boldsymbol{EA}=\boldsymbol{AE}=\boldsymbol{A}.$$

可见单位矩阵 $\boldsymbol{E}$ 在矩阵的乘法中的作用类似于数 1.

5.5.3　矩阵的转置

设 $\boldsymbol{A}=\begin{pmatrix}a_{11} & a_{12} & \cdots & a_{1n}\\ a_{21} & a_{22} & \cdots & a_{2n}\\ \vdots & \vdots & & \vdots\\ a_{m1} & a_{m2} & \cdots & a_{mn}\end{pmatrix}$，则 $\boldsymbol{A}^{\mathrm{T}}=\begin{pmatrix}a_{11} & a_{21} & \cdots & a_{m1}\\ a_{12} & a_{22} & \cdots & a_{m2}\\ \vdots & \vdots & & \vdots\\ a_{1n} & a_{2n} & \cdots & a_{mn}\end{pmatrix}$ 称为矩阵 $\boldsymbol{A}$ 的**转置**.

运算律：

(1) $(\boldsymbol{A}^{\mathrm{T}})^{\mathrm{T}}=\boldsymbol{A}$；

(2) $(\boldsymbol{A}_{m\times n}+\boldsymbol{B}_{m\times n})^{\mathrm{T}}=\boldsymbol{A}_{m\times n}^{\mathrm{T}}+\boldsymbol{B}_{m\times n}^{\mathrm{T}}$；

(3) $(k\boldsymbol{A})^{\mathrm{T}}=k\boldsymbol{A}^{\mathrm{T}}$.

5.5.4 方阵的行列式

定义 4 由 n 阶方阵 $\boldsymbol{A}$ 的元素所构成的行列式(各元素的位置不变)，称为方阵 $\boldsymbol{A}$ 的行列式，记作 $|\boldsymbol{A}|$ 或 $\det\boldsymbol{A}$.

注意

方阵与行列式是两个不同的概念，n 阶方阵是 n^2 个数按一定方式排成的数表，而 n 阶行列式则是这些数按一定的运算法则所确定的一个数值(实数或复数).

方阵 $\boldsymbol{A}$ 的行列式 $|\boldsymbol{A}|$ 满足以下运算规律(设 $\boldsymbol{A},\boldsymbol{B}$ 为 n 阶方阵，k 为常数)：

(1) $|\boldsymbol{A}^{\mathrm{T}}|=|\boldsymbol{A}|$(行列式性质 1)；

(2) $|k\boldsymbol{A}|=k^n|\boldsymbol{A}|$；

(3) $|\boldsymbol{AB}|=|\boldsymbol{A}||\boldsymbol{B}|$. 进一步 $|\boldsymbol{A}||\boldsymbol{B}|=|\boldsymbol{AB}|=|\boldsymbol{B}||\boldsymbol{A}|$.

习 题 5.5

1. 已知 $\boldsymbol{A}=\begin{pmatrix}1&-2&2\\1&3&5\end{pmatrix}$，$\boldsymbol{B}=\begin{pmatrix}3&-1&1\\2&0&1\end{pmatrix}$，求 $3\boldsymbol{A},2\boldsymbol{B},\boldsymbol{A}+2\boldsymbol{B},\boldsymbol{A}-\boldsymbol{B}$.

2. 设 $\boldsymbol{A}=\begin{pmatrix}1&2\\1&3\end{pmatrix}$，$\boldsymbol{B}=\begin{pmatrix}1&0\\1&2\end{pmatrix}$，问：

(1) $\boldsymbol{AB}=\boldsymbol{BA}$ 吗？

(2) $(\boldsymbol{A}+\boldsymbol{B})^2=\boldsymbol{A}^2+2\boldsymbol{AB}+\boldsymbol{B}^2$ 吗？

(3) $(\boldsymbol{A}+\boldsymbol{B})(\boldsymbol{A}-\boldsymbol{B})=\boldsymbol{A}^2-\boldsymbol{B}^2$ 吗？

3. 计算 $3\begin{pmatrix}2&1\\1&3\end{pmatrix}+\begin{pmatrix}1&0\\0&1\end{pmatrix}^4$.

4. 设 $\boldsymbol{A}=(a_{ij})$ 为三阶矩阵，若已知 $|\boldsymbol{A}|=-2$，求 $|3\boldsymbol{A}|$.

5. 设 $\boldsymbol{A}$ 是方阵，若 $\boldsymbol{AB}=\boldsymbol{AC}$，则必有(　　).

A. $\boldsymbol{A}\neq 0$ 时 $\boldsymbol{B}=\boldsymbol{C}$　　B. $\boldsymbol{B}\neq\boldsymbol{C}$ 时 $\boldsymbol{A}=0$

C. $\boldsymbol{B}=\boldsymbol{C}$ 时 $|\boldsymbol{A}|\neq 0$　　D. $|\boldsymbol{A}|\neq 0$ 时 $\boldsymbol{B}=\boldsymbol{C}$

6. 计算下列矩阵乘积.

(1) $\begin{pmatrix}1&3&1\\1&-2&3\\5&0&0\end{pmatrix}\begin{pmatrix}7\\2\\1\end{pmatrix}$；　　(2) $(1,0,4)\begin{pmatrix}1\\1\\0\end{pmatrix}$；

(3) $\begin{pmatrix}2\\1\\3\end{pmatrix}(-1\quad 2)$；　　(4) $\begin{pmatrix}2&3\\1&-2\\3&1\end{pmatrix}\begin{pmatrix}1&-2&-3\\2&-1&0\end{pmatrix}$；

(5) $\begin{pmatrix} 1 & 0 & -1 \\ 2 & 1 & 0 \\ 3 & 2 & -1 \end{pmatrix}\begin{pmatrix} 0 & 0 \\ 0 & 0 \\ 0 & 0 \end{pmatrix}$；　(6) $\begin{pmatrix} 1 & 2 \\ 1 & 3 \end{pmatrix}\begin{pmatrix} 1 & 0 \\ 0 & 1 \end{pmatrix}$；

(7) $\begin{pmatrix} 1 & 2 \\ 0 & 3 \end{pmatrix}\begin{pmatrix} 1 & 0 \\ 0 & 4 \end{pmatrix}$；　(8) $\begin{pmatrix} 1 & 0 \\ 0 & 4 \end{pmatrix}\begin{pmatrix} 1 & 1 \\ 0 & 0 \end{pmatrix}$.

7. 设 $\boldsymbol{A}=\begin{pmatrix} 1 & 0 & -1 \\ 2 & 1 & 0 \\ 3 & 2 & -1 \end{pmatrix}$，$\boldsymbol{B}=\begin{pmatrix} -2 & 1 & 0 \\ 0 & 3 & 1 \\ 0 & 0 & 2 \end{pmatrix}$，求 $|\boldsymbol{AB}|$.

5.6 用 MATLAB 求行列式、矩阵及线性方程组

行列式和矩阵在实际应用中，一般都涉及大量的数据，手算费时费力，效率低下，如能借助于数学软件，将使计算效率大大提高.

5.6.1 命令

MATLAB 中求行列式、矩阵及线性方程组的命令如表 5.6.1 所示.

表 5.6.1

命　令	说　明
A′	矩阵 **A** 的转置
det(A)	求矩阵 **A** 的行列式
inv(A)	求矩阵 **A** 的逆矩阵
rank(A)	求矩阵 **A** 的秩
rref(A)	化矩阵 **A** 为最简阶梯形矩阵
solve('方程1','方程2')	解方程或解方程组

5.6.2 实例

例 1 已知矩阵 $\boldsymbol{A}=\begin{pmatrix} 1 & 3 & 0 \\ -2 & 4 & 2 \end{pmatrix}$，$\boldsymbol{B}=\begin{pmatrix} 1 & 2 \\ 3 & -2 \\ -1 & 5 \end{pmatrix}$，计算 $2\boldsymbol{A}-\boldsymbol{B}^{\mathrm{T}}$，$\boldsymbol{AB}$，$\boldsymbol{BA}$ 及 $|\boldsymbol{BA}|$.

解

```
>>A=[1 3 0;-2 4 2];B=[1 2;3 -2; -1 5];          % 定义矩阵A,B
>>C=2*A-B',D=A*B,E=B*A,E1=det(E)                % 计算C=2A-B^T,
                                                   D=AB,E=BA,
                                                   E1=|BA|
```

按 Enter 键

```
C=1      3     1
  -6    10    -1
D=      10    -4
```

```
        8   -2
E=-3   11    4
   7    1   -4
 -11   17   10
E1=     0
```

所以 $2\boldsymbol{A}-\boldsymbol{B}^{\mathrm{T}}=\begin{pmatrix}1 & 3 & 1\\-6 & 10 & -1\end{pmatrix}$，$\boldsymbol{AB}=\begin{pmatrix}10 & -4\\8 & -2\end{pmatrix}$，$\boldsymbol{BA}=\begin{pmatrix}-1 & 11 & 4\\7 & 1 & -4\\-11 & 17 & 10\end{pmatrix}$，$|\boldsymbol{BA}|=0$.

例 2 解矩阵方程 $\boldsymbol{XA}=\boldsymbol{B}$，其中 $\boldsymbol{A}=\begin{pmatrix}3 & 4\\5 & 6\end{pmatrix}$，$\boldsymbol{B}=\begin{pmatrix}1 & 0\\0 & 2\\-1 & 0\end{pmatrix}$.

解 ≫ A=[3 4;5 6]; B=[1 0;0 2;-1,0]; % 定义 $\boldsymbol{A}$，$\boldsymbol{B}$

≫X=B * inv(A)(或 X=B/A) % 计算 $\boldsymbol{X}=\boldsymbol{BA}^{-1}$

按 Enter 键

```
X=
    -3.0000    2.0000
     5.0000   -3.0000
     3.0000   -2.0000
```

所以 $\boldsymbol{X}=\begin{pmatrix}-3 & 2\\5 & -3\\3 & -2\end{pmatrix}$.

例 3 讨论线性方程组 $\begin{cases}x_1+2x_2-x_3=3\\x_1+2x_2+x_3=2\\x_1+3x_2-3x_3=4\end{cases}$ 的解是否存在，如果存在，求线性方程组的解.

解 方法 1：

≫ syms x1 x2 x3 % 定义变量

≫ [x1,x2,x3]=solve('x1+2 * x2-x3=3','x1+2 * x2+x3=2',
'x1+3 * x2-3 * x3=4','x1','x2','x3') % 求线性方程组的通解

按 Enter 键

x1= 5/2

x2=0

x3=-1/2

方法 2：

≫ A=[1 2 -1;1 2 1;1 3 -3];B=[3;2;4]; % 定义 $\boldsymbol{A}$，$\boldsymbol{B}$

≫ X=inv(A) * B % 计算 $\boldsymbol{X}=\boldsymbol{A}^{-1}\boldsymbol{B}$

按 Enter 键

X=

```
    2.5000
         0
   -0.5000
```

所以，方程组的解为 $x_1=\frac{5}{2},x_2=0,x_3=-\frac{1}{2}$.

习　题　5.6

1. 已知矩阵 $\boldsymbol{A}=\begin{pmatrix}1&3&0\\-2&4&2\\1&0&3\end{pmatrix}$，$\boldsymbol{B}=\begin{pmatrix}1&2\\3&-2\\-1&5\end{pmatrix}$，用 MATLAB 计算 $|\boldsymbol{A}|$，$\boldsymbol{AB}$，$\boldsymbol{B}'$ 及 $\boldsymbol{A}^{-1}$.

2. 用 MATLAB 求解下列线性方程组.

(1) $\begin{cases}4x_1+2x_2-x_3=2\\3x_1-x_2+2x_3=10\\11x_1+4x_2=15\end{cases}$；　(2) $\begin{cases}x_1-x_2+x_3=0\\x_1-x_2+2x_3=1\\x_1-2x_2+3x_3=2\end{cases}$.

3. 将下列线性方程组表达为矩阵方程，并用 MATLAB 求解.

$$\begin{cases}x_1-2x_2+3x_3-4x_4=4\\x_1+3x_2-3x_3-3x_4=1\\x_2-x_3+x_4=-3\\2x_2-3x_3-x_4=3\end{cases}.$$

4. 用 MATLAB 解下列矩阵方程.

$$\begin{pmatrix}0&1&0\\1&0&0\\0&0&1\end{pmatrix}\boldsymbol{X}\begin{pmatrix}1&0&0\\0&0&1\\0&1&0\end{pmatrix}=\begin{pmatrix}1&-4&3\\2&0&-1\\1&-2&0\end{pmatrix}.$$

本章重点知识与方法归纳

名称		主 要 内 容
行列式	定义	将 $n\times n$ 个数 $a_{ij}(i,j=1,2,\cdots,n)$ 排成 n 行 n 列，并在左、右各加一条竖线的算式 $\begin{vmatrix}a_{11}&a_{12}&\cdots&a_{1n}\\a_{21}&a_{22}&\cdots&a_{2n}\\\vdots&\vdots&&\vdots\\a_{n1}&a_{n2}&\cdots&a_{nn}\end{vmatrix}$ 称为 n 阶行列式，记作 D_n
	性质	1. 行列式 D 与它的转置行列式 D^{T} 的值相等. 2. 交换行列式的两行(列)，行列式变号. 3. 行列式某一行(列)所有元素的公因子可以提到行列式符号的外面. 4. 若行列式中有两行(列)的对应元素成比例，则此行列式的值等于零. 5. 若行列式的某一行（列）的各元素都是两个数的和，则此行列式等于两个相应的行列式的和. 6. 把行列式的某一行（列）的所有元素乘以常数 k 加到另一行(列)的相应元素上，行列式的值不变

续表

名称	主要内容	
行列式	计算	1. 二阶\三阶行列式可用对角线法则计算. 2. 高阶行列式可用行列式的展开定理展开降阶后再用对角性法则计算. 3. 利用行列式的性质将高阶行列式转化为上(下)三角形行列式,后利用上(下)三角形行列式的值等于主对角线上 n 个元素连乘积求出
	克莱姆法则	如果线性方程组的系数行列式 $D\neq0$,则方程组有唯一解: $x_1=\frac{D_1}{D},x_2=\frac{D_2}{D},\cdots,x_n=\frac{D_n}{D}$. 注意:用克莱姆法则解线性方程组时,必须满足两个条件:一是方程的个数与未知量的个数相等;二是系数行列式 $D\neq0$
矩阵	定义	由 $m\times n$ 个数 $a_{ij}(i=1,2,\cdots,m;j=1,2,\cdots,n)$ 排成的 m 行 n 列的矩形数表,称为 m 行 n 列矩阵,简称 $m\times n$ 矩阵
	运算	1. 矩阵的加法运算. 运算条件:只有当两个矩阵是同型矩阵时,才能进行矩阵的加法运算. 运算方法:两个矩阵对应位置元素相加. 2. 矩阵的数乘运算. 运算方法:用数 k 乘矩阵,等于用数 k 乘矩阵中的每个元素相乘. 3. 矩阵的乘法运算. 运算条件:只有当左边矩阵的列数等于右边矩阵的行数时,两个矩阵才能相乘. 运算方法:拿左边矩阵的每一行与右边矩阵的每一列对应元素乘积之和为乘积矩阵中的元素
行列式与矩阵的联系与区别	区别	1. 概念的区别 (1)记号不同:矩阵 $\boldsymbol{A}=(\quad)$,行列式 $D=\vert\quad\vert$; (2)形状不同:矩阵的行数与列数可以不相等,但行列式的行数与列数必须相等; (3)意义不同:矩阵是数的表格(数表),而行列式是一个数(算式). 2. 运算的区别 (1)矩阵中的每一个元素都是两数之和时,此矩阵才等于两个矩阵的和,而行列式的某一列(行)的元素是两数之和时,此行列式就等于两个行列式的和. (2)矩阵中所有元素的公因子才可以提到矩阵符号的外面,而行列式的某一列(行)的所有元素的公因子就可以提到行列式符号的外面
	联系	行数和列数相等的矩阵即方阵有对应的行列式
用MATLAB求行列式的值,逆矩阵,解方程组	软件命令	1. A′:矩阵 $\boldsymbol{A}$ 的转置 2. det(A):求矩阵 $\boldsymbol{A}$ 的行列式 3. inv(A):求矩阵 $\boldsymbol{A}$ 的逆矩阵 4. rank(A):求矩阵 $\boldsymbol{A}$ 的秩 5. rref(A):化矩阵 $\boldsymbol{A}$ 为最简阶梯形矩阵 6. solve('1','2'):解方程或解方程组

附录 A MATLAB 基础知识

A.1 MATLAB 环境

A.1.1 MATLAB 概述

随着计算机技术的飞速发展,利用计算机的强大计算功能来处理数学和工程领域的各种计算问题显得越来越普遍和便利,并由此产生了许多功能强大的、成熟的应用软件.总的来说,处理数学问题的应用软件大概可分为两类:一类是符号计算软件,即利用计算机作符号演算来完成数学推导,用数学表达式形式给出问题的精确解,如 Mathematica 、Maple 等;另一类是数值软件,它是针对各种各样复杂的数学问题,用离散的或其他近似的形式给出解,而 MATLAB 无疑是其中最杰出的代表.

MATLAB 是 Matrix Laboratory 的缩写,由美国的 MathWorks 公司自 20 世纪 80 年代开发推出.经过三十多年的不断发展和扩充,MATLAB 已经成为适合多学科的功能强大的大型软件.在国内外许多高校,MATLAB 是微积分、线性代数、数理统计、数值分析、优化技术、自动控制、数字信号处理、图像处理、时间序列分析、动态系统仿真等高级课程的必备教学工具,是大学生、研究生、博士生必须掌握的基本技能.同时,MATLAB 也被研究单位和工程企业各领域广泛应用,使科学研究和解决各种具体问题的效率大大提高.

顾名思义,MATLAB 的基本数据单元是矩阵,它的指令表达式与数学、工程中常用的形式十分相似,故用 MATLAB 来解算问题要比用其他计算机语言完成相同的事情简捷得多,并且 MATLAB 也吸收了 Maple 等软件的优点,故它不仅具有强大的数值计算能力,同时也具备了符号计算功能.概括来说,MATLAB 主要有以下特点:

(1)高效的数值计算及符号计算功能,能使用户从繁杂的数学运算中解脱出来;

(2)具有完备的图形处理功能,实现计算结果和编程的可视化;

(3)友好的用户界面及接近数学表达式的自然化语言,使学者易于学习和掌握;

(4)功能丰富的应用工具箱(如信号处理工具箱、通信工具箱等),为用户提供了大量方便实用的处理工具;

(5)易于扩充性,除内部函数外,所有 MATLAB 的核心文件和工具箱文件都是可读可改写的源文件,用户可以修改源文件和加入自己的文件,它们可以与库函数一样被调用.

A.1.2 MATLAB 安装和启动

1. 安装

MATLAB 软件需要安装在计算机中才能使用，安装方法与 Windows 系统中安装常用软件类似，运行 MATLAB 系统中的安装程序 setup.exe，根据提示输入安装序列号，选择安装目录，相关组件等，安装成功后会在电脑桌面自动生成 MATLAB 快捷图标.

2. 启动

启动 MATLAB 系统有三种常见方法：

(1)使用 Windows 中的“开始”菜单.

(2)运行 MATLAB 系统启动程序 MATLAB.exe.

(3)利用快捷方式.

A.1.3 MATLAB 操作界面

打开 MATLAB，其操作界面如图 A.1.1 和图 A.1.2 所示，其中图 A.1.1 为 2016a 版本的界面，图 A.1.2 为 7.1 版本的界面(由于柳州铁道职业技术学院机房安装的 MATLAB 软件为 7.1 版本，故本书有关 MATLAB 的内容均以 7.1 版本为例).

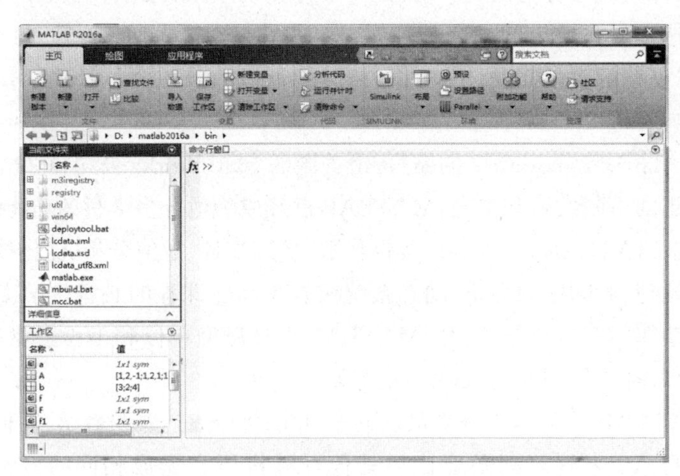

图 A.1.1

1. 主窗口

MATLAB 主窗口是 MATLAB 的主要工作界面，主窗口除了嵌入一些子窗口外，还主要包括菜单栏和工具栏.

MATLAB 的菜单栏包括 6 个菜单项，其中 File 菜单实现有关文件的操作，Edit 菜单用于命令窗口的编辑操作，Debug 菜单用于程序调试，Desktop 菜单用于设置 MATLAB 集成环境的显示方式，Window 菜单用于关闭所有打开的编辑器窗口或选择活动窗口，Help 菜单用于提供帮助信息.

MATLAB 的工具栏提供了一些命令按钮和一个当前路径列表框，这些命令按钮有对应的菜单命令，但比菜单命令使用起来更快捷、方便.

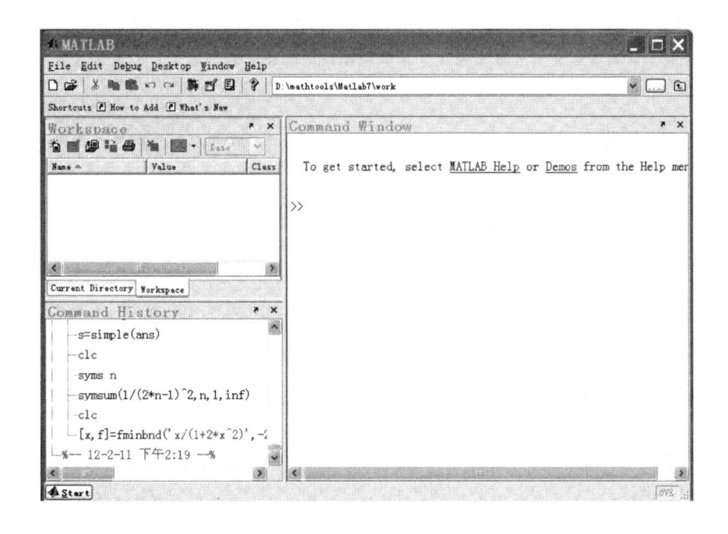

图 A.1.2

2. 命令窗口

命令窗口(Command Window)是 MATLAB 的主要交互窗口,用于输入命令并显示除图形以外的所有执行结果. MATLAB 命令窗口中的“＞＞”为命令提示符,表示 MATLAB 正在处于准备状态. 在命令提示符后键入命令并按 Enter 键后,MATLAB 就会解释执行所输入的命令,并在命令后面给出计算结果.

一般来说,一个命令行输入一条命令,命令行以 Enter 键结束,但一个命令行也可以输入若干条命令,各命令之间以逗号或分号分隔,以分号结束的指令将不显示计算结果.

如果一个命令行很长,一个物理行之内写不下,可以在第一个物理行之后加上 3 个小黑点(...)并按 Enter 键,然后接着下一个物理行继续写命令的其他部分. 3 个小黑点称为续行符,即把下面的物理行看作该行的逻辑继续.

3. 工作空间窗口

工作空间(Workspace)是 MATLAB 用于存储各种变量和结果的内存空间,在该窗口中显示工作空间中所有的变量,可对变量进行观察、编辑、保存和删除.

4. 当前目录窗口

当前目录(Current Directory)是指 MATLAB 运行文件时的工作目录,只有在当前目录或搜索路径下的文件、函数可以被运行或调用.

在当前目录窗口中可以显示或改变当前目录,还可以显示当前目录下的文件并提供搜索功能.

将用户目录设置成当前目录也可使用 cd 命令,例如,将用户目录 e:\MATLAB7\work 设置为当前目录,可在命令窗口输入命令:cd e:\MATLAB7\work .

5. 命令历史窗口

命令历史(Command History)窗口可以内嵌在 MATLAB 主窗口的右下部,也可以浮动在主窗口上,在默认设置下,历史记录窗口中会自动保留自安装起所有用过的命令的历史记录,并且标明了使用时间,从而方便用户查询,而且,通过双击命令可以再次运行历史命令. 如果要清除这些历史记录,可以选择 Edit 菜单中的 Clear Command History 命令.

6. Start 按钮

在 MATLAB 主窗口左下角有一个 Start 按钮,单击该按钮会弹出一个菜单,选择其中的命令可以快速访问 MATLAB 的各种工具和查阅 MATLAB 包含的各种资源.

A.1.4 MATLAB 帮助系统

MATLAB 提供了丰富的帮助功能,通过这些功能可以很方便地获得有关函数和命令的使用方法. MATLAB 中通过帮助命令或帮助界面来获取帮助.

如果要查询某一函数的详细功能和用法,最简便有效的方式是在命令窗口输入 help 加该函数名,例如

≫ help linprog

在命令窗口将会显示函数 linprog 的详细功能和使用语法、参数说明以及举例.

有时可能对执行某一功能的函数的确切拼写格式不是很清楚,而 help 命令只对关键字完全匹配的结果进行搜索,例如,我们想知道代数中的求逆运算(inverse),如果输入

≫ help inverse

由于不存在 inverse 函数,因此搜索结果为 inverse not found. 这时可以使用 lookfor 函数对搜索范围内的所有函数进行关键字搜索,例如:

≫ lookfor inverse

将显示与关键字 inverse 有关的所有函数.

如果想比较系统地了解 MATLAB,可以使用 MATLAB 的帮助(Help)窗口,它相当于一个帮助信息浏览器,可以搜索和查看所有 MATLAB 的帮助文档,还能运行有关演示程序. 要打开 MATLAB 帮助窗口,可以采用以下三种方式:单击 MATLAB 主窗口工具栏中的 Help 按钮;在命令窗口中运行 helpwin、helpdesk 或 doc 命令;选择 Help 菜单中的 MATLAB Help 命令.

参考网络资源

(1)比较好 MATLAB 论坛:

百思论坛 mat lab 专区 http://www. baisi. net/;

瀚海星云 mathtool 版 http://fbbs. ustc. edu. cn/;

水木清华 mathtool 版 http://www. smth. edu. cn/ver2. html;

饮水思源 matlabhttp 版 http://bbs. sjtu. edu. cn/

紫丁香 matlab 版 http://bbs. hit. edu. cn/.

(2)MATLAB 官方网站:

MathWorks 的官方网站 http://www. mathwork. com;

MATLAB 大观园 http://matlab. myrice. com;

文宇工作室 http://passmatlab. myetang. com/MATLAB/INDEX. HTM;

MATLAB 语言与应用 http://sh. netsh. com/bbs/5186/;

中国学术交流园地 http://www. matwav. com/resource/newlk. asp.

A.2　MATLAB 数据结构及其运算

A.2.1　MATLAB 数据的特点

正如 MATLAB 的名字——"矩阵实验室"一样，MATLAB 最基本、最重要的数据对象是矩阵，其大部分运算或命令都是在矩阵运算的意义下执行的. 数据类型包括数值型、字符串型、逻辑型、结构性、矩阵型等. 不管什么类型，MATLAB 都是以数组或矩阵的形式保存的且矩阵要求其元素具有相同的数据类型.

A.2.2　变量及其操作

变量代表一个或若干内存单元，为了对变量所对应的存储单元进行访问，需要给变量命名. 在 MATLAB 中，变量名必须以字母开头，后接字母、数字或下画线，变量名最多不超过 63 个字符. 需要特别注意：MATLAB 严格区分字母的大小写，即大写字母和小写字母是不同的字符. 例如，my fun、Cost1、cost1、my_name 等都是合法的变量名，而 3cost、_myname 则是错误的.

MATLAB 中有一些关键字具有特别的含义，这些关键字不能作为变量名，如 for、if、while 等；还有一些 MATLAB 约定的保留字，一般也不用来作为自定义的变量名，这些保留字有：

ans：计算结果的默认赋值变量；

pi：圆周率；

eps：计算机能够识别的最小正数；

inf：正无穷大；

nan(或 NaN)：不定量(如 0/0)；

i(或 j)：虚数单位.

在 MATLAB 的数值计算中，任何变量在参与运算之前都需要先赋值，给变量赋值的形式为：变量名=表达式. 例如：

```
≫ x=3;y=7-4*i;
≫ z=x+y
```

说明：(1)MATLAB 采用的是编译和执行同时进行的模式，即在命令窗口中输入一条语句，按 Enter 键后立即在语句下面显示执行结果. 这种模式一方面具有非常好的直观性，就像在一张白纸上书写公式，同时进行演算一样；但另一方面当一个问题的计算步骤较多，有些中间结果并不需要看到，这种方式就会显得烦琐，为此可以在不需要显示计算结果的语句的末尾加上分号，语句后分号的另一个作用是可以将两条以上的语句写在同一行内，语句之间用分号隔开(逗号也有此功能，区别在于是否显示运行结果).

(2)赋值表达式中若省略变量名，即只有表达式，则将表达式的结果赋给缺省变量 ans.

(3)要清除命令窗口中的显示内容，可输入命令 clc；注意该命令不会清除工作空间中已有变量的值，若要清除工作空间中的变量，可使用命令 clear.

A.2.3　建立矩阵

在 MATLAB 中建立矩阵有多种方法，主要有以下几种：

1. 直接输入

MATLAB 中不用事先描述矩阵的类型和维数,它们由矩阵的格式和内容决定. MATLAB 用方括号“[ ]”来表示矩阵或数组,矩阵的同一行元素之间用逗号或空格分开,行与行之间的分隔符为分号或回车键,如:

```
≫ A=[1,2,3;4 5 6;7 8 9]
```

则会显示结果:

```
A=
    1    2    3
    4    5    6
    7    8    9
```

要定位矩阵中某一元素的值,用矩阵名和该元素所在的行数和列数表示,如要表示矩阵 A 的第二行第一列位置的元素,指令为 A(2,1). 该表达式既可以出现在赋值语句中等号的右端,也可以出现在等号的左端,如 a=A(2,1),表示将 A(2,1)的值赋给变量 a,而 A(2,1)=7,表示将元素 A(2,1)的值修改为 7.

2. 交互式输入

可以使用工作空间窗口中的快捷按钮进行新建、打开、输入数据等操作. 对已经输入的矩阵,在工作空间(Workspace)中双击矩阵名,则会打开变量编辑器,这类似于 Office 电子表格的工作表,可以在其中输入和修改数据.

3. 导入外部数据

对于存储在外部文件中的数据,如电子表格、文本文件或数据库文件,可以直接将其导入到 MATLAB 中. 选择 File 菜单中的 Import Data 选项,打开数据导入窗口,按提示操作即可.

4. 特殊矩阵

MATLAB 提供了一些函数来构造特殊矩阵,如

zeros(m,n):生成 m 行 n 列的全零矩阵;

ones(m,n):生成 m 行 n 列的全 1 矩阵;

eye(m,n):生成 m 行 n 列的单位矩阵.

当矩阵的行数和列数相等时,只需在括号中标明阶数,如 eye(3),即可生成 3 阶单位矩阵.

A. 2. 4 数据运算

在 MATLAB 中,主要定义了两种运算方式,分别称为矩阵运算和数组运算.

1. 矩阵运算

矩阵运算包括:+(加)、-(减)、*(乘)、/(右除)、\(左除)、^(乘方)、'(转置). 它们都是在线性代数中矩阵运算法则的意义下进行的,即运算对象是矩阵,要满足相应运算对运算对象的要求,单个数据的算术运算只是矩阵运算的一种特例.

例如,A+B,A-B,要求矩阵 A 和 B 的维数相同;A×B,要求矩阵 A 的列数等于矩阵 B 的行数;B/A,相当于矩阵方程 XA=B 中,X=B * inv(A)(在 A 可逆的前提下),而 A\B,则相当于矩阵方程 AX=B 中,X=inv(A) * B.

2. 数组运算

在 MATLAB 中,有一种特殊的运算:数组运算,因为其运算符是在有关算术运算符前面加点,所以也称点运算.点运算符有. *、./、.\和.^,两矩阵进行点运算是指它们的对应元素进行相关运算,要求两矩阵的维数相同.

例 1

```
>> A=[1 2 3;4 5 6];B=[2 0 1;-1 2 3];
>> A.*B,A./B,A.\B,A.^B,B.^A
ans =
      2       0       3
     -4      10      18
ans =
     0.5000       Inf     3.0000
    -4.0000    2.5000     2.0000
ans=
     2.0000         0     0.3333
    -0.2500    0.4000     0.5000
ans=
    1.0000    1.0000     3.0000
    0.2500   25.0000   216.0000
ans=
    2     0     1
    1    32   729
```

点运算中,其中一个运算对象可以是标量,规则是先将该标量扩充为与另一运算对象维数相同的数量矩阵,然后再作相应的点运算.

例 2

```
>> x=1:5;
>> y=2.^x
y=
    2     4     8    16    32
>> z=x.^2
z=
    1     4     9    16    25
```

数组运算和矩阵运算是两种运算法则完全不同的运算,初学者特别容易混淆,是 MATLAB 程序设计中常犯的错误,在使用时要特别注意.

A.2.5 关系运算

MATLAB 提供了六种关系运算符:<(小于)、<=(小于或等于)、>(大于)、>=(大于或等于)、==(等于)、~=(不等于).它们的含义不难理解,但要注意其书写方法与数学中的不等式符号不尽相同.

关系运算符的运算法则为：

(1) 当两个比较量是标量时，直接比较两数的大小. 若关系成立，关系表达式结果为1，否则为0.

(2) 当参与比较的量是两个维数相同的矩阵时，比较是对两矩阵相同位置的元素按标量关系运算规则逐个进行，并给出元素比较结果. 最终的关系运算的结果是一个维数与原矩阵相同的矩阵，它的元素由0或1组成.

(3)当参与比较的对象是标量和矩阵时，则先将标量扩充为矩阵，再按法则(2)进行比较.

例3

```
>> A=[3 2 5 -1;4 8 0 2];B=[1 2 3 4;3 0 -2 4];
>> A>B
ans=
    1    0    1    0
    1    1    1    0
```

A. 2. 6 逻辑运算

MATLAB提供了三种逻辑运算符：&(与)、|(或)和~(非).

逻辑运算的运算法则为：

(1)在逻辑运算中，确认非零元素为真，用1表示，零元素为假，用0表示；

(2)设参与逻辑运算的是两个标量a和b，则遵循一般的逻辑运算法则；

(3) 若参与逻辑运算的是两个同维矩阵，则对矩阵对应位置上的元素逐个进行，结果是同维数的0-1矩阵；

(4) 若参与逻辑运算的一个是标量，一个是矩阵，则先将标量扩充为与矩阵同维数的数量矩阵，再按法则(3)进行.

(5)在算术、关系、逻辑运算中，算术运算优先级最高，逻辑运算优先级最低.

A. 2. 7 MATLAB中的函数

MATLAB提供了大量的函数. 本质上讲，MATLAB指令就是由这些函数组成的，通过对函数提供不同的参数输入，来完成各种特定的任务. 下面列出一些完成MATLAB基本操作的常用函数.

1. 数学函数

MATLAB数学函数的自变量规定为数组，运算法则是将函数逐项作用于数组的各元素，因而运算的结果是一个与自变量同维数的数组. 常用的数学函数如表A. 2. 1所示.

表 A. 2. 1

函数名	含 义	函数名	含 义
sin	正弦函数	atan	反正切函数
cos	余弦函数	sinh	双曲正弦函数
tan	正切函数	cosh	双曲余弦函数
asin	反正弦函数	tanh	双曲正切函数
acos	反余弦函数	asinh	反双曲正弦函数

续表

函数名	含　义	函数名	含　义
acosh	反双曲余弦函数	pow2	2 的幂
atanh	反双曲正切函数	abs	绝对值函数
mod	模运算	angle	复数的复角
fix	向零方向取整	real	复数的实部
floor	不大于自变量的最大整数	imag	复数的虚部
ceil	不小于自变量的最小整数	conj	复数的共轭复数
sqrt	算术平方根函数	rem	求余数或模运算
log	自然对数函数	round	四舍五入到最邻近的整数
log10	常用对数函数	sign	符号函数
log2	以 2 为底的对数函数	gcd	最大公因子
exp	自然指数函数	lcm	最小公倍数

每个函数的具体用法可查阅相关帮助.

例 4

```
>> x=[1 2 3;4 5 6];
>> sin(x)
ans =
     0.8415    0.9093    0.1411
    -0.7568   -0.9589   -0.2794
```

2. 数组特征及矩阵操作函数

表 A.2.2 中的函数，只有当它们作用于数组时才有意义，当数组是矩阵形式时，此时产生一个行向量，其每个元素是函数作用于矩阵相应列向量的结果.

表 A.2.2

函数名	含　义	函数名	含　义
max	求数组的最大值	length	求数组的元素个数
min	求数组的最小值	mean	求数组的平均值
sum	求数组的和	sort	将数组元素排序
prod	求数组的乘积		

例 5

```
>> x=[3 -1 2 4];
>> xmax=max(x),xsum=sum(x),xprod=prod(x)
xmax =
     4
xsum=
     8
xprod=
   -24
```

例 6 ≫ A=[3 1 5;-2 4 8;9 0 7];

≫ Asum=sum(A),Amin=min(A)

```
Asum=
   10     5    20
Amin =
   -2     0     5
```

3. 矩阵函数

常用的矩阵函数如表 A.2.3 所示.

表 A.2.3

函数名	含 义	函数名	含 义
size	返回矩阵的维数	eig	矩阵的特征值及特征向量
det	矩阵的行列式	poly	矩阵的特征多项式
rank	矩阵的秩	trace	矩阵的迹(对角元素之和)
inv	矩阵的逆		

例 7 对于上例中的矩阵 **A**.

≫ A=[3 1 5;-2 4 8;9 0 7];

≫ Asize=size(A),Adet=det(A),Ainv=inv(A)

```
Asize=
      3     3
Adet=
    -10.0000
Ainv=
    -2.8000    0.7000    1.2000
    -8.6000    2.4000    3.4000
     3.6000   -0.9000   -1.4000
```

≫ [Aeigv Aeig]=eig(A)　　　　　　　　　% 求矩阵 **A** 的特征向量及特征值

```
Aeigv=
     0.4307   -0.3244    0.1243
     0.5629   -0.8601    0.9675
     0.7054    0.3937   -0.2203
Aeig=
    12.4954         0         0
          0   -0.4166         0
          0         0    1.9211
```

附录 B 习题参考答案

习　题　1.1

1. (1)$3°45'36''$,$30'$；（2）$191°$；（3）$-252°$,$\frac{\pi}{9}$；（4）三；（5）$330°$,$-\frac{2\pi}{5}$.

2. (1)C；（2）A；（3）C；（4）A；（5）B.

3. (1)$30°18'$；（2）$100°13'12''$；（3）$66°39'$；（4）$35°7'12''$；（5）$57°36'$.

4. $\frac{50\pi}{3}\approx 56.3(\text{cm})$；$\frac{500\pi}{3}\approx 523(\text{cm}^2)$.

习　题　1.2

1. (1)$\frac{\sqrt{3}}{2}$；（2）$\frac{1}{2}$；（3）$-\frac{\sqrt{3}}{2}$；（4）$-\frac{1}{2}$；（5）$\frac{1}{2}$；（6）$\frac{1}{2}$；（7）$-\sqrt{3}$；（8）$-\frac{\sqrt{3}}{3}$；（9）1.

2. (1)B；（2）C；（3）C.

3. $\sin\alpha=\frac{3}{5}$；$\cos\alpha=-\frac{4}{5}$；$\tan\alpha=-\frac{3}{4}$；$\cot\alpha=-\frac{4}{3}$；$\sec\alpha=-\frac{5}{4}$；$\csc\alpha=\frac{5}{3}$.

4. $\cos\alpha=-\frac{3}{5}$，$\tan\alpha=-\frac{4}{3}$；$\cot\alpha=-\frac{3}{4}$；　$\csc\alpha=\frac{5}{4}$　，$\sec\alpha=-\frac{5}{3}$.

5. 若 α 属于第二象限，则 $\sin\alpha=\frac{15}{17}$，$\tan\alpha=-\frac{15}{8}$；

   若 α 属于第三象限，则 $\sin\alpha=-\frac{15}{17}$，$\tan\alpha=\frac{15}{8}$.

6. $\cos\alpha=\pm\frac{\sqrt{10}}{10}$；$\sin\alpha=\pm\frac{3\sqrt{10}}{10}$.

7. (1)$\frac{\sqrt{2}}{4}$；（2）$\frac{\sqrt{2}}{2}$；（3）$-\frac{\sqrt{2}}{2}$.

习　题　1.3

1. (1)3，π，$\frac{\pi}{6}$；（2）2；　6π；　$-\frac{\pi}{4}$；（3）2，6，$\frac{\pi}{6}$；（4）$y=\sin x$.

2. (1)D； (2)B.

3.

x	$\frac{\pi}{6}$	$\frac{2\pi}{3}$	$\frac{7\pi}{6}$	$\frac{5\pi}{3}$	$\frac{13\pi}{6}$
$x-\frac{\pi}{6}$	0	$\frac{\pi}{2}$	π	$\frac{3\pi}{2}$	2π
$y=5\sin\left(x-\frac{\pi}{6}\right)$	0	5	0	-5	0

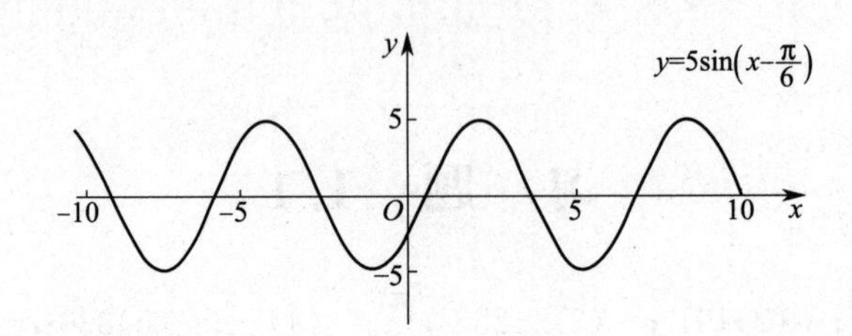

4. ①$y=\sin x$ 图像上所有点向左平移$\frac{\pi}{2}$个单位，得到 $y=\sin\left(x+\frac{\pi}{2}\right)$的图像；②把图像上所有点的横坐标缩短到原来的$\frac{1}{2}$，得到 $y=\sin\left(2x+\frac{\pi}{2}\right)$的图像.

5. $y=\frac{1}{3}\sin\left(3x+\frac{\pi}{3}\right)$.

6. $y=2\sin\left(\frac{1}{3}x+\frac{\pi}{6}\right)$.

7. $y=2\sin\left(\frac{\pi}{4}x+\frac{\pi}{4}\right)$.

习 题 1.4

1. (1)×； (2)×； (3)√ (4)√.

2. $\arccos\left(-\frac{4}{5}\right)$，$\arcsin\left(-\frac{1}{4}\right)$，$\arctan\left(-\frac{1}{3}\right)$.

3. (1)$\frac{\pi}{3}$； (2)$-\frac{\pi}{4}$； (3)$\frac{\pi}{4}$； (4)$\frac{2\pi}{3}$； (5)$-\frac{\pi}{4}$； (6)$\frac{5\pi}{6}$； (7)$-\sqrt{3}$； (8)$\frac{1}{2}$； (9)$-2-\sqrt{3}$； (10)$\frac{4}{5}$.

习 题 1.5

1. $B=105°$，$C=30°$，$b=\sqrt{3}+3$.

2. $B=75°$，$C=60°$，$b=\sqrt{3}+1$；或 $B=15°$，$C=120°$，$b=\sqrt{3}-1$.

3. $C=60°$或 $120°$.

4. 65.7 m.

习　题　1.6

1.(1)$1.5\times10^{-0.8}$；　(2)-0.0214659；　(3)$\frac{13}{15}$；　(4)$4\frac{11}{12}$；　(5)2.1.

2.$2\frac{3}{4}, 4\frac{4}{25}, \frac{9}{20}$.

3.23+9 SHIFT STO A 6×RCL A=.

4.15+9 SHIFT STO A 4×RCL A=.

5.56−9 SHIFT STO X 6×RCL X=.

6.(1)0.897 590 12；　(2)0.5；　(3)$\frac{\pi}{4}$；　(4)$\frac{\pi}{3}$.

7.$\left(2,\frac{\pi}{6}\right)$.

8.4.

9.此船应向北偏东56°,航行约113.15海里可到达C点.

习　题　1.7

1.$\sin x=-\frac{\sqrt{21}}{5}$,$\tan x=\frac{\sqrt{21}}{2}$,$\cot x=\frac{2\sqrt{21}}{21}$,$\sec x=-\frac{5}{2}$,$\csc x=-\frac{5\sqrt{21}}{21}$.

2.$\sin(\alpha-\beta)=\frac{20+\sqrt{11}\sqrt{65}}{54}$,$\cos(\alpha+\beta)=\frac{-4\sqrt{11}-5\sqrt{65}}{54}$,$\sin(2\alpha)=-\frac{5\sqrt{11}}{18}$,$\cos\frac{\beta}{2}=-\frac{380}{721}$.

3.图像如下：

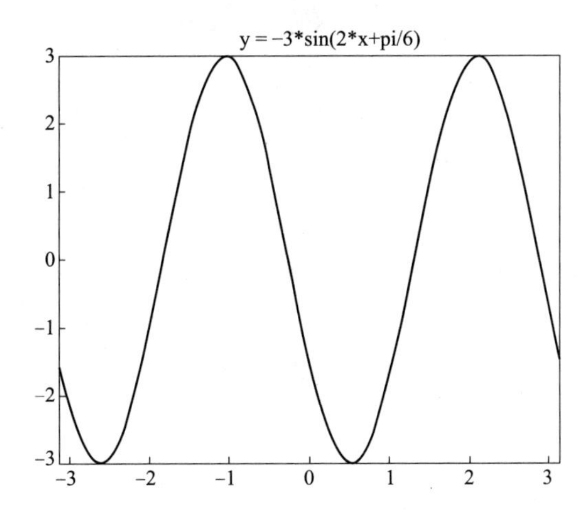

当$x=kT-\frac{\pi}{3}=k\pi-\frac{\pi}{3}$时,$y=-3\sin\left(2x+\frac{\pi}{6}\right)$取得最大值3;当$x=kT+\frac{\pi}{6}=k\pi+\frac{\pi}{6}$时,$y=-3\sin\left(2x+\frac{\pi}{6}\right)$取得最小值−3.

习 题 2.1

1. (1)×； (2)√； (3)×； (4)√； (5)√.

2. (1)$y=\tan u,u=2x$； (2)$y=\cot u,u=x^3$； (3)$y=u^2,u=\sec x$； (4)$y=e^u,u=-x$；(5)$y=\arcsin u,u=\ln x$； (6)$y=\sqrt{u},u=\cos v,v=3x$.

3. (1)B； (2)A.

4. $y=e^u,u=\arcsin v,v=3x+2$.

5. $\left(0,\frac{\pi}{2}\right)\cup\left(\pi,\frac{3\pi}{2}\right)$.

6. (1)$(-\infty,+\infty)$； (2)图略； (3)$f(-1)=0,f(0)=1,f(1)=2$.

习 题 2.2

1. (1)√； (2)√； (3)×； (4)√； (5)√； (6)×.

2. (1)1,1,1； (2)1； (3)相等； (4)A.

3. D.

4. 不存在.

5. 图略； 6.

习 题 2.3

1. (1)×； (2)×； (3)×.

2. (1)1； (2)2； (3)$\frac{1}{2}$； (4)0； (5)$\frac{3}{7}$.

3. B.

4. (1)6； (2)2； (3)$\frac{1}{4}$； (4)$\frac{1}{3}$.

5. (1)$\frac{1}{4}$； (2)12 .

习 题 2.4

1. (1)×； (2)×； (3)√.

2. (1)4； (2)1； (3)$e^{\frac{1}{3}}$； (4)$e^{-\frac{3}{2}}$； (5)e.

3. (1)C； (2)B.

4. (1)e^{-5}； (2)e^{-3}； (3)$\frac{1}{2}$； (4)-1； (5)e； (6)e^6.

习 题 2.5

1. (1)×； (2)√； (3)×； (4)×； (5)√.

2. (1)0； (2)0； (3)0； (4)1,大； (5)0.

3. A.

4. ∞.

5. 0.

习　题　2.6

1.(1)√；(2)√；(3)√；(4)×；(5)√.

2.(1)$(-\infty,-3)\cup(-3,3)\cup(3,+\infty)$；(2)2,2,2,2,连续；(3)4；(4)2；(5)A.

3.C.

4.0,−2,$(-\infty,-2)\cup(-2,0)\cup(0,+\infty)$.

5.间断.

6.连续.

7.e.

习　题　2.7

1.≫ plot[x+1/x,{x,−20,20}]

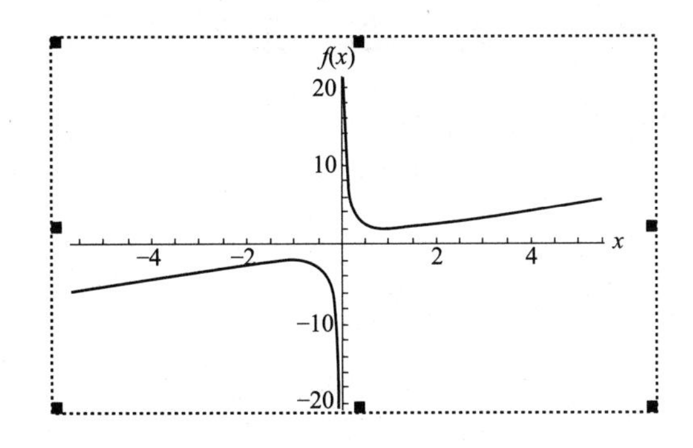

2.

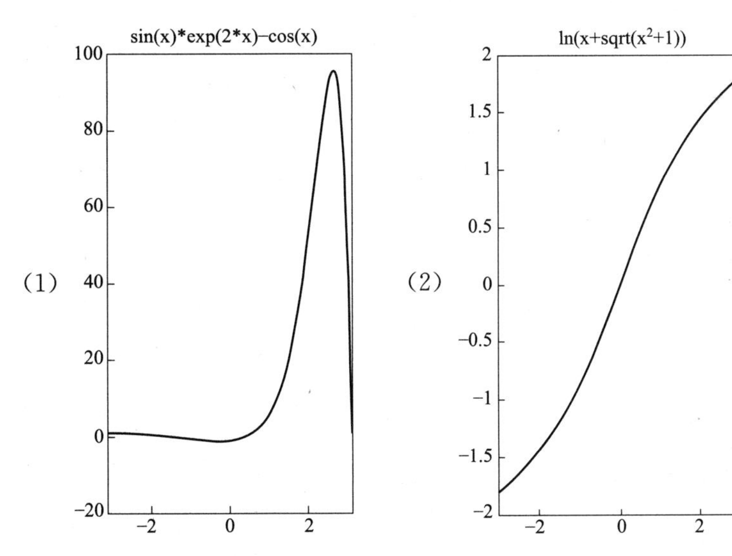

3.(1)$\frac{5}{2}$；(2)1；(3)2；(4)0；(5)0；(6)0.

习 题 3.1

1.(1)×； (2)×； (3)√； (4)×； (5)√.

2.(1) 0； (2) $v(t)=4t$； (3) $k=-\frac{\sqrt{3}}{2}$； (4) (0,0).

3. 2.

4.切线方程：$y=\frac{1}{e}x$；法线方程：$ex+y-e^2-1=0$.

5. $y'\Big|_{x=\frac{\pi}{6}}=-\frac{1}{2}$.

6.(1)$y'=-\frac{1}{6}x^{-\frac{7}{6}}$； (2)$y'=-\frac{4}{3}x^{-\frac{7}{3}}$.

习 题 3.2

1.(1)×； (2)√； (3)×； (4)×； (5)×.

2.(1)$k=3$； (2)$k=-2$； (3)$y'=2^x\ln2+2x$； (4)$k=-1$.

3.(1)A； (2)A.

4.(1)$y'=4x^3+2\cos x-\frac{1}{x}$； (2)$y'=\sec^2 x-\frac{2}{\sqrt{1-x^2}}-5^x\ln 5$； (3)$y'=e^x(\sin x+\cos x)$；

(4)$y'=\frac{\ln x+2}{2\sqrt{x}}$； (5)$y'=\frac{3\cos x(1+x)-3\sin x}{(1+x)^2}$； (6)$y'=\sin x$； (7)$y'=2x-\frac{1}{2\sqrt{x^3}}+\frac{3-\ln x}{x^2}$.

5. $y'\big|_{x=\frac{\pi}{6}}=\frac{\sqrt{3}}{2}-\frac{\pi}{12}$.

6.切线方程：$x+y+3=0$.

习 题 3.3

1.(1)×； (2)√； (3)√； (4)×； (5)×.

2.(1) −3； (2) x^2, $2xe^{x^2}$； (3) $-\frac{1}{(1+x^2)^2}$, $-\frac{2x}{(1+x^2)^2}$； (4) $2x$； (5) $\sin^3 2x$, $6\sin^2 2x\cos 2x$.

3.(1)B； (2)C.

4.(1)$y'=20(4x+1)^4$； (2)$y'=-\frac{2x}{3\sqrt[3]{(1-x^2)^2}}$； (3)$y'=\frac{2^x\ln2}{1+2^x}$；

(4)$y'=\frac{1}{2\sqrt{x(1-x)}}$；(5)$y'=-\sin 2x$； (6)$y'=e^{1-3x}(3\cos x+\sin x)$； (7)$y'=\frac{2(\ln x+1)}{x}$；

(8)$y'=-\frac{1}{x^2}\cos\frac{1}{x}e^{\sin\frac{1}{x}}$.

5. (1) $y'\big|_{x=1}=-6$； (2) $y'\Big|_{x=\frac{\pi}{6}}=\frac{3\sqrt{3}}{4}$.

习 题 3.4

1. (1)√； (2)√； (3)×； (4)×； (5)×.

2. (1) $-\cos x$； (2) e^x； (3) $-\frac{1}{x^2}$； (4) $60x^3-24x$； (5) 5,20.

3. B.

4. 622 080.

5. $-2\sin x-x\cos x$.

6. $\frac{1-2x-x^2}{(1+x^2)^2}$

习 题 3.5

1. (1)√； (2)×； (3)√； (4)×； (5)×.

2. (1) $2\,020x^{2\,019}\mathrm{d}x$； (2) $2^x\ln 2\mathrm{d}x$； (3) $\frac{1}{9}$； (4) $\frac{1}{\ln 19}$； (5) 6； (6) $2x+C$；
(7) $\cos x+C$； (8) $\ln x+C$.

3. C.

4. (1) $\left(16x^2+\frac{3}{x\ln 2}-4\sin x\right)\mathrm{d}x$； (2) $(2x\cos x-x^2\sin x)\mathrm{d}x$； (3) $5\cos(5x+8)\mathrm{d}x$；
(4) $(\cos x-\sin x)\mathrm{d}x$.

习 题 3.6

1. (1)√； (2)×； (3)×； (4)×； (5)√.

2. (1) $\lim\limits_{x\to+\infty}\frac{\frac{1}{x}}{1}$,0； (2) $\lim\limits_{x\to 0}\frac{(\sin x)'}{(x^3+3x)'}$, $\frac{1}{3}$； (3) $\frac{0}{0}$, $\lim\limits_{x\to 0}\frac{(\sin x)'}{(\tan x)'}$, $\lim\limits_{x\to 0}\frac{\cos x}{\sec^2 x}=1$.

3. D.

4. (1) -2； (2) $\frac{3}{7}$； (3) 1； (4) 0； (5) $\cos a$； (6) $\frac{1}{2}$.

习 题 3.7

1. (1)×； (2)×； (3)×； (4)×； (5)√.

2. (1) $x=1$； (2)递增； (3) $(-\infty,2)$； (4)递增； (5)递增.

3. (1)B； (2)C； (3)B； (4)C.

4. (1) $(-\infty,2)$, $(4,+\infty)$ 为函数 $f(x)$ 的单调递增区间，$(2,4)$ 为单调递减区间.
(2) $(-5,+\infty)$ 为函数 $f(x)$ 的单调递增区间，$(-\infty,-5)$ 为单调递减区间.

5. (1)极小值是 $f(-2)=f(2)=2\,016$，极大值是 $f(0)=2\,020$； (2)极小值是 $f(0)=0$.

习　题　3.8

1.(1)×；(2)√；(3)×；(4)×；(5)×.

2.(1)2e；(2)−16；(3)2；(4)$f(a)$.

3. D.

4.最大值 $f(0)=2$,最小值 $f(-2)=f(2)=-14$.

5.最小值是 $f(1)=2019$.

6.方木横截面的长、宽都为$\frac{\sqrt{2}d}{2}$时,所得方木面积最大.

习　题　3.9

1.(1)−4^(cos(x)+cot(x))*log(4)*(cot(x)^2+sin(x)+1)；

(2)cos(x)*(x^4+3*x^2+5)+sin(x)*(4*x^3+6*x)；

(3)−3/(x^(1/2)*(x+1))−(5*sin(log(x)))/x.

2.(1)−18*exp(3*x^3)−486*x^3*exp(3*x^3)−729*x^6*exp(3*x^3),−16929*exp(3)；

(2)5^x*log(5)^4 −96/(2*x+5)^4,5*log(5)^3+16/343.

3.(1)极小值 $y|_{x=2}=3.431\times10^{-9}$ 极大值 $y|_{x=1.1717\times10^{-5}}=108$；

(2)极小值 $y|_{x=1}=-2$,极大值 $y|_{x=-1}=2$.

习　题　4.1

1.(1)x^2+C,x^2+C；　(2)e^x+C, e^x+C；

(3)$3x+C,3x+C$；　(4)$\arcsin x+C,\arcsin x+C$；

(5)$\ln|x|+C,\ln|x|+C$；　(6)$\frac{1}{2}x^2+C$, $\frac{1}{2}x^2+C,\frac{1}{2}x^2+1$.

2.(1)D；(2)A；(3)C.

3.(1)$kx+C$；(2)$-x^{-1}+C$；(3)$\frac{3^x}{\ln 3}+C$；(4)$\arctan x+C$；(5)$\arccos x+C$；(6)$\frac{2}{5}x^{\frac{5}{2}}+C$.

4.$2\sin x\cos x$.　5. $y=2x+2$.

习　题　4.2

1.(1)$\frac{\sin x}{\sqrt{x+1}(1+x^4)}$；(2)$e^x(\sin x-\cos^2 x)+C$；(3)$\sqrt{1+x^2}+\ln\cos x+C$；

(4)$\frac{x}{2\sqrt{1+\ln x}}dx$；(5)$x^4e^{x+1}+C$.

2.(1)$\frac{1}{2}x^2-\ln|x|-\frac{3}{2}x^{-2}+C$；(2)$\frac{3^x}{\ln 3}+\frac{1}{3}x^3+x+C$；(3)$2e^x+x+C$；

(4)$3\arctan x+2\arccos x+C$； (5)$\dfrac{(2e)^x}{\ln 2+1}+C$； (6)$\dfrac{1}{3}x^3+2x-\dfrac{1}{x}+C$； (7)$\arctan x+\ln|x|+C$；

(8)$\dfrac{\left(\dfrac{3}{2}\right)^x}{\ln 3-\ln 2}-\dfrac{\left(\dfrac{e}{2}\right)^x}{1-\ln 2}+C$； (9)$-\dfrac{1}{x}-\arctan x+C$； (10)$\dfrac{1}{3}x^3-x+\arctan x+C$；

(11)$\dfrac{1}{2}\tan x+C$； (12)$\dfrac{x}{2}-\dfrac{\sin x}{2}+C$.

3. $f(x)=e^x+x+1$. 4. $y=x^3+x$.

习 题 4.3

1. (1)$\dfrac{1}{2}$； (2)$\dfrac{1}{5}$； (3)$\dfrac{1}{2}$； (4)$\dfrac{1}{3}$； (5)-2； (6)2.

2. (1)$\dfrac{(x-3)^{11}}{11}+C$； (2)$\dfrac{1}{3}\left(1+\dfrac{x}{2}\right)^6+C$； (3)$\dfrac{1}{4}e^{4x}+C$； (4)$-\dfrac{1}{4}\ln|1-4x|+C$；

(5)$\dfrac{1}{9}(1+x^3)^3+C$； (6)$\ln x+\dfrac{\ln^2 x}{2}+C$； (7)$-\cos(e^x)+C$； (8)$\ln|\sin x|+C$；

(9)$\ln(1+e^x)+C$； (10)$\dfrac{1}{2\cos^2 x}+C$； (11)$-\dfrac{\cos 3x}{3}+C$； (12)$\dfrac{1}{6}\arctan\left(\dfrac{3x}{2}\right)+C$.

习 题 4.4

1. (1)x，$d(-\cos x)$； (2)$\arcsin x$，dx； (3)$\ln x$，$d\dfrac{x^3}{3}$； (4)e^{-x}，$d\sin x$；

(5)$\arctan x$，$d\left(\dfrac{1}{3}x^3\right)$.

2. (1)B； (2)C.

3. (1)$-x\cos x+\sin x+C$； (2)$\dfrac{x^2}{2}\ln x-\dfrac{1}{4}x^2+C$； (3)$x^2e^x-2xe^x+2e^x+C$；

(4)$x\arcsin x+\sqrt{1-x^2}+C$； (5)$\dfrac{1}{2}e^x(\sin x+\cos x)+C$.

(6)$x\ln(1+x^2)-2x+2\arctan x+C$； (7)$x\arctan x-\dfrac{1}{2}\ln(1+x^2)+C$；

(8)$-xe^{-x}-e^{-x}+C$.

习 题 4.5

1. (1)所求积分为直线 $y=x$ 与 x 轴在区间$[0,1]$上围成的面积，等于$\dfrac{1}{2}$；

(2)曲线 $y=\sin x$ 与 x 轴在区间$[-\pi,\pi]$上围成的图形分为 x 轴上下两块，其面积相等，所求积分是这两块面积的代数和，故等于 0；

(3)曲线 $y=\sqrt{a^2-x^2}$ 表示圆心在原点，半径为 a 的圆在 x 轴上方的部分，所求积分为该面积在区间$[0,a]$的部分，故等于$\frac{1}{4}\pi a^2$；

(4)与(2)类似.

2. (1)$\int_{-1}^{2}x^2\mathrm{d}x$； (2)$\int_{0}^{\frac{\pi}{2}}\cos x\mathrm{d}x+\left|\int_{\frac{\pi}{2}}^{\pi}\cos x\mathrm{d}x\right|$； (3)$\int_{a}^{b}[f(x)-g(x)]\mathrm{d}x$； (4)$\int_{0}^{1}(1-x^2)\mathrm{d}x$.

3. (1)B； (2)B； (3)D； (4)D； (5)C； (6)C.

4. (1)$\int_{1}^{2}x^2\mathrm{d}x>\int_{1}^{2}x^4\mathrm{d}x$； (2)$\int_{0}^{\frac{\pi}{4}}\cos x\mathrm{d}x>\int_{0}^{\frac{\pi}{4}}\sin x\mathrm{d}x$； (3)$\int_{0}^{1}\mathrm{e}^x\mathrm{d}x<\int_{0}^{1}3^x\mathrm{d}x$；

(4)$\int_{0}^{1}x\mathrm{d}x>\int_{0}^{1}\ln x\mathrm{d}x$.

5. $\int_{-1}^{0}(-x)\mathrm{d}x+\int_{0}^{2}x\mathrm{d}x$.　　6. $\int_{-3}^{2}f(x)\mathrm{d}x$.

7. $10,-5,\frac{7}{3}$.　　8. (1)$[1,5]$； (2)$\left[\frac{\pi}{12},\frac{\sqrt{3}\pi}{12}\right]$.

9. 图略，$A=\int_{1}^{3}\ln x\mathrm{d}x$.

习　题　4.6

1. (1)$0,\sin x^2$； (2)$\sin x^2,-\sin x^2$； (3)$\frac{1}{3},1,\frac{\pi}{2},\frac{\sqrt{2}}{2}$.

2. (1)C； (2)C； (3)B； (4)B； (5)D； (6)B.

3. (1)2； (2)$\frac{1}{\ln 2}+\frac{1}{3}$； (3)$\frac{\pi}{4}$； (4)$-\frac{5}{2}$； (5)$\frac{271}{6}$； (6)$\mathrm{e}^2-3$； (7)$\frac{\pi}{4}-\frac{1}{2}$； (8)$\frac{2\mathrm{e}-1}{\ln 2+1}$； (9)2； (10)1.

4. $0,\frac{\sqrt{2}}{2}$.

习　题　4.7

1. (1)$\frac{4\pi}{3},\frac{2\pi}{3}$； (2)$\cos x;0,1$； (3)$2+3x,5,-4$； (4)$\sqrt{x},3,2$； (5)奇函数，0； (6)偶函数，$\frac{1}{3}$.

2. (1)0； (2)$\frac{1}{15}$； (3)$\frac{1}{4}$； (4)$\frac{1}{2}$； (5)$2\cos 1-2\cos 2$； (6)0.

3. (1)$1-2\mathrm{e}^{-1}$； (2)$\frac{\pi}{2}-1$.

4. (1) $2+2\ln\frac{2}{3}$； (2) $\frac{\pi}{2}$； (3)1； (4) $\frac{\pi}{4}-\frac{1}{2}$； (5) $2\sqrt{3}-2$； (6)2.

5. (1)0； (2)0； (3)0； (4) $2e-2$.

习 题 4.8

1. (1)2； (2) $\frac{1}{6}$； (3) $e^2+e^{-2}-2$； (4) $\frac{5}{2}\ln 2-\frac{3}{2}$.

2. (1) $\frac{15\pi}{2}$； (2) $\frac{8\pi}{15}$.

3. 9.

4. 250 元.

5. 3 J.

6. 6.22×10^7 kg·m.

习 题 4.9

(1)(2 * (x^3+x^2)^(1/2) * (3 * x^2+x-2))/(15 * x)；

(2)-(exp(2 * x) * (cos(x)-2 * sin(x)))/5；

(3)2^(1/2) * atan((2^(1/2) * (x -2)^(1/2))/2)；

(4)1/2；

(5)2 * pi；

(6)2.

习 题 5.1

1. (1) $x-1$； (2)1； (3)1； (4)-14； (5)6； (6)-36.

2. (1)B； (2)D.

3. $M_{23}=\begin{vmatrix}1 & 2\\5 & a\end{vmatrix}, A_{12}=-\begin{vmatrix}a & -4\\5 & 0\end{vmatrix}$.

4. (1) $-2\begin{vmatrix}0&2&1\\1&4&5\\0&0&0\end{vmatrix}-\begin{vmatrix}1&0&1\\3&1&5\\1&0&0\end{vmatrix}$；

(2) $3\begin{vmatrix}0&2&1\\0&1&0\\0&0&0\end{vmatrix}-\begin{vmatrix}1&2&1\\2&1&0\\1&0&0\end{vmatrix}+4\begin{vmatrix}1&0&1\\2&0&0\\1&0&0\end{vmatrix}-5\begin{vmatrix}1&0&2\\2&0&1\\1&0&0\end{vmatrix}$；

(3) $-\begin{vmatrix}0&2&1\\0&1&0\\1&4&5\end{vmatrix}=1$.

5. -2.

习 题 5.2

1.(1)0； (2)0； (3)2； (4)$a(a+c)$； (5)0； (6)6.

2.(1)m； (2)8； (3)2.

3.$-4m$.

4.1.

5.$-8m$.

习 题 5.3

1.(1)C； (2)B.

2.(1)$x_1=-\frac{2}{7},x_2=\frac{9}{7}$； (2)$x_1=-1,x_2=3,x_3=-1$； (3)$x_1=-1,x_2=-1,x_3=0$；(4)$x_1=1,x_2=1,x_3=-2$.

3.$a_0=3,a_1=-\frac{3}{2},a_2=2,a_3=-\frac{1}{2}$.

4.$k\neq-1,k\neq5$.

5.$k\neq2$.

习 题 5.4

1.(1)×； (2)×； (3)×； (4)√.

2.(1)行矩阵； (2)零矩阵； (3)单位矩阵； (4)三角矩阵.

3.$x=5,y=1$.

4.$\begin{pmatrix}10&20&15\\30&40&20\\10&15&10\end{pmatrix}$.

5.
$$\begin{array}{c|cccc} & A & B & C & D\\ \hline A & 0&1&1&0\\ B&1&0&1&1\\ C&1&1&0&1\\ D&0&1&0&0\end{array}$$

习 题 5.5

1.$\begin{pmatrix}3&-6&6\\3&9&15\end{pmatrix},\begin{pmatrix}6&-2&2\\4&0&2\end{pmatrix},\begin{pmatrix}7&-4&4\\5&3&7\end{pmatrix},\begin{pmatrix}-2&-1&1\\-1&3&4\end{pmatrix}$.

2.(1)否； (2)否； (3)否.

3.$\begin{pmatrix}7&3\\3&10\end{pmatrix}$.

4.-54.

5.D.

6.(1)$\begin{pmatrix}14\\6\\35\end{pmatrix}$； (2)1； (3)$\begin{pmatrix}-2&4\\-1&2\\-3&6\end{pmatrix}$； (4)$\begin{pmatrix}8&-7&-6\\-3&0&-3\\5&-7&-9\end{pmatrix}$； (5)$\begin{pmatrix}0&0\\0&0\\0&0\end{pmatrix}$； (6)$\begin{pmatrix}1&2\\1&3\end{pmatrix}$；

(7)$\begin{pmatrix} 1 & 8 \\ 0 & 12 \end{pmatrix}$； (8)$\begin{pmatrix} 1 & 1 \\ 0 & 0 \end{pmatrix}$.

7. 24.

习 题 5.6

1. $|\boldsymbol{A}|=36$, $\boldsymbol{AB}=\begin{pmatrix} 10 & -4 \\ 8 & -2 \\ -2 & 17 \end{pmatrix}$, $\boldsymbol{B}'=\begin{pmatrix} 1 & 3 & -1 \\ 2 & -2 & 5 \end{pmatrix}$, $\boldsymbol{A}^{-1}=\begin{pmatrix} \frac{1}{3} & -\frac{1}{4} & \frac{1}{6} \\ \frac{2}{9} & \frac{1}{12} & -\frac{1}{18} \\ -\frac{1}{9} & \frac{1}{12} & \frac{5}{18} \end{pmatrix}$.

2. (1)$x_1=1, x_2=1, x_3=4$； (2)$x_1=-1, x_2=0, x_3=1$.

3. $x_1=-8, x_2=0, x_3=0, x_4=-3$.

4. $\boldsymbol{X}=\begin{pmatrix} 2 & -1 & 0 \\ 1 & 3 & -4 \\ 1 & 0 & -2 \end{pmatrix}$.

参　考　文　献

[1]　罗柳容,何闰丰.应用高等数学[M].北京:机械工业出版社,2015.

[2]　秦立春,吴昊.高等数学:上册[M].2版.北京:中国铁道出版社,2016.

[3]　邱红.实用高等数学[M].青岛:中国海洋大学出版社,2011.

[4]　郑铁鹏,李娜.应用高等数学[M].成都:电子科技大学出版社,2012.

[5]　朱玉清.线性代数[M].北京:国防工业出版社,2007.